2007年江苏省精品教材建设立项资助

艺术教育丛书

园林艺术教育

何小弟　仇必鳌⊙著

杨恩寰　梅宝树　主编

人民出版社

丛书总序

（一）

    跨入 21 世纪的中国，为推进社会主义现代化建设事业，落实科教兴国战略，已把教育放在优先发展的基础地位；为培养社会主义事业的建设者和接班人，实施全面素质教育，又十分明确地把美育纳入社会主义教育方针中来，给予美育以应有的地位，终于使社会主义教育成为一种完全的教育。

    实施美育或审美教育，其最根本的形式或主要的形式，就是艺术教育，因为艺术比其他事物的审美含量都充盈而集中。但是，艺术教育绝不等同于审美教育，把二者等同起来的观点，实是一种误解。艺术教育除了包含审美教育的内容、功能之外，还包含非审美教育的内容和功能。尽管有这样的不同，却都涉及全面素质教育。如果说德育、智育、体育、劳动教育涉及不同层面的素质教育，那么，艺术教育和审美教育却可以或可能涉及全面素质教育。就某一层面的素质教育而言，艺术教育和审美教育远不及德育、智育、体育、劳动教育那样突出、确定、深刻、有力；就全面的素质教育而言，德育、智育、体育、劳动教育又不及艺术教育和审美教育那样广泛、整合、融通，富有韵致。审美教育和艺术教育的优点和长处，表明它是全面素质教育不可或缺的一种教育方式。

    所谓全面素质并非单指个体生理心理的先天特征，而应包含后天培养、训练所得的文化因素。素质包含了个体与群体先天素质和后天素养之所得，应包括：（1）身体素质指体质、体能、体魄以及身体力量运动的诸多特性；（2）心理素质指认识意志情感机能、品质及其特性；（3）知识经验（科学、文化、专业）；（4）价值理念（政治思想、道德观念、法制纪律、目标信念、价值取向、思想态度）；（5）实践操作（物质性和精神性的）；（6）人际交往。可见，素质教育涉及和指向的是个体和群体全面素质的培养、提高和发展。实现这样的素质教育，必须全面贯彻和执行社会主义教育方针，使受教育者在德、智、体、美、劳几个方面得到全面谐调的发展。毫无疑问，艺术教育在实现和落实素质教育的实践过程中，有其不可取代的作用。

艺术教育是以艺术为媒介的施教与受教双方共同参与运作的活动，其性质和功能都与艺术有关，确切地说，都受制于艺术本性。艺术作为创制意象的心灵活动，无论倾向再现还是倾向表现，其所构制的意象，作为心灵创造的世界，就不是实际的现实世界，而是一种虚拟的世界，想象世界，意象世界。就意象而言，艺术创造的世界，是对现实世界的超越，是非现实的。可以说，艺术就是一种意象活动，一种情感形式、情感符号、情感表象活动，借助一定的感性物质媒介，意象物态化而构成艺术品。无论是作为活动的艺术，还是作为产品的艺术，始终离不开"形式"、"象"，但这"形式"或"象"又不是无序的堆砌，而是有序的组合，构成一个有机整体。其基础和动力，就是情，情与象融合的中介就是理智的想象，即康德说的悟性与想像力的谐调活动；经由理智与想象中介组合而成的情感表象，就是意象。中西美学中的种种提法，"使情成体"，"缘情生梦"，日神精神与酒神精神、欲望在幻想中的满足等等，都涉及到意象这个艺术的核心问题。所以从美学上说，意象作为多种心理机能的创制，是感性与理性渗透融合统一的活动，有序而自由的活动，意象乃是艺术的审美本质。

从美学上说，意象活动构成艺术的本质，可以站得住，但是从艺术学上说，又不够，正如说艺术是社会生活的形象反映，从艺术社会学上可以成立，而从审美心理学上说又不完善一样。因为美学只涉及艺术的审美层面，如果只就这方面谈艺术，就构成所谓的纯艺术，艺术学中的形式主义、唯美主义，往往由此衍生而来。如果这样，艺术也就丧失了它对社会或心理的生活反映、评价和导向，丧失了它的本性。尽管艺术总是创制性的，却又总是反映性的，包容或融合着这样或那样的情欲观念内容，如情爱、伦理、政治、宗教等等。不管艺术以什么样的意象、形式、符号存在，它总渗透或融解着社会文化心理内容—情欲观念。艺术不等于意象（审美），还包含非审美的东西（情欲观念），正因为如此，艺术始终是审美（意象）与非审美（情欲观念）的统一，亦即审美超越性与非审美功利性的融合统一。艺术中非审美的东西始终渗透融解在审美意象之中，当然这种渗透、融解程度有时不同，却始终保持这种融解，因而艺术所传达、表现的非审美的东西，无论是情欲还是观念，始终是含蓄的，始终是隐显沉浮的，绝不是隐显两极。一旦非审美东西只显而不隐，或成为理性观念说教，或成为感性情欲宣泄，那也就不成其为艺术。

艺术这种本性决定艺术教育不同于一般生活，也不同于严格意义的知识教育、道德教育。艺术教育（性质）始终是审美与非审美的融合统一，超越与功利的融合统一，感性与理性的融合统一。因此，艺术教育就不能只讲感性不讲理性，只讲超越不讲功利，只讲审美不讲非审美。艺术教育功能，是多元而又整合的。诸如审美的、科学的、道德的、哲学的、政治的、经济的，以及生活的，总之，涉及人生的各个层面和人文社会的各个领域。根据艺术教育的性质，可以把其功能分为两大类：一类是审美功能；一类是非审美功能。而在实际活动中审美与非审美这两类功能是不可分离的，始终是融合在一起的，就是说非审美东西始终通过审美来实现，始终通过意象来传达表现的，总是具有非概念确定性、模糊性而意味深长。

艺术教育的非审美功能，涉及人生的诸多方面，如情爱的、科学的、伦理的、政治的等等，着重给予生活的满足、认知和教化，这种重功利的功能，尽管是采取想象的方式，却可以在心灵中发生影响和作用。艺术教育非审美功能所导致的效应是非常明显的，也是容易理解的，如给人以知识，给人以理想，给人以教喻，导致社会文明与进步，与德育、智育所给予的是一样的；由于其融解于审美之中而带有情感性、形象性，感染力、吸引力、渗透力似乎更强一些，其感性模糊性、不确定性正好与德育、智育的理性明确性、确定性互补。艺术教育的审美功能，亦即通过审美观照满足（适合）审美需要而引起的审美（自由超越）快乐所具有的功能，所导致的直接效应主要在于：通过审美观照（领悟、把玩、操作）可以培育、锻炼、提高审美能力，即自由把握和创造形式的能力，以及感官与心灵对意象的感悟与品味能力；感受和体验审美快乐，即超越性快乐，自由快乐，可以陶冶、塑造、提升人生境界，走向不断超越功利意识而逐步取得自由的审美境界，从而完善人性和文化心理结构，使之自由和谐全面发

展。进而，必然发生延伸效应，导致身体、心性走向健康、自由、创造发展之路。审美关系到审美主体体态、动作、行为、举止的自由和谐，有助于自身自由均衡、富有活力的健康的发展。审美渗透融解于劳动生产活动，可以引导劳动活动摆脱实际功利的强制走上自由发展的道路，帮助劳动技术操作提高把握和创造形式的能力，促进技术的艺术（审美）化，可以改变劳动技术那单一的理性规范控制的操作方式转变为出自意愿的自觉自由的操作方式。审美可以开启理性思维模式转化为自由直观，由理性认知转化为自由创造，审美中那种感性与理性渗透融合、"可相容性"，正是理性走向感性的中介，为一般智力认知走向自由直观和创造能力开辟一个渠道。审美情感把道德引向与个体感性欲求的结合、融合，从而使道德"他律"化为"自律"即意志行为自由。正是审美的理性因素与道德情感相通，而审美的情感因素又牵动道德情感走向与个体感情融合，从而构成道德认知、道德行为转化为道德自由的中介。

可以肯定，艺术教育审美效应落实在个体身体和心理能力与境界方面，与非审美效应落实在个体知识经验、理念价值和实践操作方面共同构成个体全面素质的发展。

艺术教育效应远不限于个体素质的培养和陶冶，对群体素质的建构和培养作用也是巨大的，当然，艺术教育对个体素质教育，实际也构成了对群体素质教育的重要基础，二者是不可分开的。如果着眼于艺术教育对群体素质的陶冶和培育，确实又有其不同于对个体素质教育的内容和领域，要涉及社会理念、民族精神、科技、道德、制度、人际、风俗、宗教、器物等文化和文明素质，实际关系到社会文明建设与进步。艺术教育非审美效应对群体素质发展和提高的影响仍然比较容易理解，同时这种影响依然是得通过审美，所以就艺术教育的审美效应去谈对群体素质教育的作用，就显得十分必要。

艺术教育以其自由、超越的审美快乐使人们的情欲受到规范、节制和净化，从而陶冶和塑造人们一种超越的人生境界，赋予人们一种超脱精神，一种旷达的人生态度。假如一个群体、社会中人人都或多或少的具有这种超脱精神、审美态度，对待生活就可能不会时刻为单纯追求个人情欲与实际功利目的所困扰，就会减少乃至消除由追求情欲和功利目的的满足而带来的烦恼、焦虑、痛苦。对待别人，就会摆脱因利害计较而引起的人际关系的纠葛、矛盾、冲突以及诸多不和谐。对待工作，就会以工作本身为需要和目的，执著于工作本身的兴趣和乐趣，从而取得更大的绩效与成就。对待困难、艰险甚至不幸与灾难，就会不计利害得失，从容而自由选择自己的意志行为，知难而进，奋勇前行，显示一种无私无畏的精神。假如这种超脱精神、审美情怀融入群体道德意识和道德行为，可以净化行为中感性冲动的盲目性，走向与理性融合而自由自觉，随之而来的是群体行为的和谐、有序而自由。审美绝非对群体道德行为的干扰、破坏，而是对道德行为走向有序自由的一种催化与推动。超脱精神、审美情怀融入群团活动、组织行为、制度运作以及习俗礼仪，能够使情感有序而自由的交流，突破心理障碍，化解或淡化矛盾冲突，增强认同感，提高亲和力和凝聚力，在人际、组织、制度、习俗中发挥一种净化、交流、沟通、组织、导向功能，有助于社会稳定、有序而自由运行。

艺术教育以其自由把握和创造形式的审美观照，呈现为一个多样统一的意象世界。这种功能渗透或融入科学活动，有助于科学认识真理。审美把握事物形式的多样性，可以作为科学认知的起点，从多样化的现象中去寻找事物的因果秩序，审美把握形式的统一性，可以有助于科学直接认识真理的实在性，因为真理作为因果实在总与一定形式结构秩序（统一性）相关联。艺术审美与科学认识可以相融不悖。审美作为创造形式活动，培养和锻炼人们对形式的自由直观、操作和制造能力，融入或转化为技艺和技术，构成物质性的自由造型力量，从而实际创造一个审美的物质文化世界。现实广泛存在的器物，如生产工具、生活用品，乃至人文景观，大都是审美创造能力与活动渗入社会群体生产实践技术操作之中，把审美造型与实用目的融合起来制造的，从而以其悦人的造型为社会所接受、使用、交流、传播。

艺术教育审美效应落实在个体素质的陶冶和塑造，使个体素质走向全面谐调而自由的发展；落实在群体素质的陶冶与建构，使社会群体和谐有序而自由的发展，从而促进社会文明的建设和提高。

艺术教育如此重要，为适应普通高等学校开展艺术教育的需要，我们编写了《艺术教育丛书》。这套丛书由三个层面的内容组成。第一个层面艺术学，讲述艺术理论知识，第二个层面艺术教育学，讲述艺术教育理论、知识和方法，第三个层面门类艺术教育，讲述门类艺术教育实施的技

术和方法。这三个层面显示一种从艺术理论到艺术教育实施、操作的走向。但总的说，三个层面的内容依然是一种理论、知识、方法的教育，尽管结合各种艺术进行，本质上仍然是一种知识教育。这种理论、知识、方法的教育，只是为艺术教育的实施运作做某种准备，使施教者和受教者对艺术教育有足够的理解，提高参与的自觉性，顺利地进入运作过程，绝不能以这种艺术教育理论知识方法的教育取代实际运作的艺术教育活动。

艺术教育，作为一种以艺术产品为媒介或手段施教与受教双方共同运作的活动，要求施教者创造、选择、运用艺术，充分发挥艺术教育功能，要求受教者自觉自由地接受艺术感染、陶冶、锻炼，实现艺术教育效应。自然，这样的艺术教育不仅要求施受双方自由平等共同参与运作，而且特别强调受教者在观照中领悟，在应对中操作，在反映中创造，无论是意念的还是动作的，不能一味静观，而要"游于艺"。那种只强调静观，或是只强调理论知识的艺术教育，均与这种活生生的操作性创造性的艺术教育相去甚远。

编写这套《艺术教育丛书》，就是为这样的艺术教育活动的实施操作做理论、知识、方法准备的，只是为开展艺术教育活动提供一般的理论原则、操作方法、运作模式。艺术教育的实际运作，仍需要有关领导、管理部门，特别是施教者，在实践中不断探索，不断创新，不断总结，使之形式灵活多样，而又适应全面素质教育要求。

杨恩寰

1999 年 10 月 28 日

（二）

《艺术教育丛书》第一辑出版时，我曾写了一个序，时过八年，《艺术教育丛书》第二辑又将出版，我又写了这个序。两个序前后承续，一个主题，就是对艺术教育的宗旨做陈述，把大学生个体素质和群体素质的全面均衡发展作为艺术教育实施的目标，前一个序突出艺术教育对素质教育的价值意义，而艺术教育对人生教育的价值意义虽有涉及，却谈论得并不充分。所以在写这个序时，就想就艺术教育能为人生教育提供哪些思想文化资源这个问题做一个补充性的续写。

解决人生问题，要靠人生实践，靠健康、合理、可行的理念指引的伟大的物质生产实践，不过人生教育也是不可或缺的。艺术教育作为人生教育的一种方式，也是必要的。因为艺术就是人的生存、生活的一种方式。艺术教育指向人生进行教育，应是题中应有之义。

艺术教育提供和传播一种生存理念和生活理想，指引人生为什么而生存、为什么而生活，展现一种人生愿景，培养人生信念和追求目标。艺术所提供和传播的生存理念和生活理想，必然是意象性的，就是说，是经过艺术技巧处理制作，融情感与观念于一体的符号体系，涉及或包容人生许多层面，如欲望、情感、知识、科学、道德、伦理、宗教、哲理、技术、艺术、审美、心理、行为、操作、实践等等，概言之，是功利与超越、感性与理性、心理与行为的交融而成的有机整体。因而这种人生理念、理想，作为艺术意象，给予受众提供的必然是一幅人生图景，丰富多彩而又谐调有序，培育的是人生的认同感、凝聚力、共同的生存理念和理想，从而有助于和谐文化与和谐社会的构建，同时又必然塑造富有个性、创造性、自由性的生存理念和理想，从而又有助于创新型社会的建设。

艺术教育提供、传播和塑造一种艺术审美境界，作为暂时摆脱日常生活欲求而出现的一种内在心灵的自由状态，一种超越性的情感愉快体验，外显为一种审美态度。具有这种审美境界，可以净化人生私欲，使心灵澄明，能够以淡泊、旷达的心态、精神、情怀去对待人生苦难、不幸以及生死计虑，从而产生一种遇险不惊、从容以对、知难而进、无畏进取的创新精神。超越私欲、私利才能无畏。无畏才能进取创造，显示并高扬一种积极、乐观、进取、创造的精神。就这个意义说，艺术教育为人生、人的生存和生活提供一种可自由选择的富于进取、创造、乐观的精神家园。

艺术教育提供、传播、培养和锻炼一种艺术自由造型能力，给予人的不只是生命内在心灵对形式的自由观照和把握，而且是生命外显行为操作对形式的适应、选择和创造。如果这种艺术创造力，融入人生的实践造型活动，构成人生所特有的伟大实践自由的造型力量，那么就会提高自由造型的质量，丰富提高产品的技术、艺术、审美的含量，从而取得产品更大

的经济效益和社会效益。

艺术教育所提供、传播、培育的审美精神、情怀以及操作技巧，完全可以渗入、融合到日常生活和事业活动中去，淡化或净化日常生活和事业活动的个体私利欲求，去观照、把握日常生活和事业活动本真存在的形式秩序，并自由创造一种符合生活、事业本真秩序结构的活动形式，以消解生活、事业与艺术、审美之间的界限，实现日常生活、事业活动的审美化、艺术化。超越的审美情怀和自由造型的艺术技巧，是构成生活、事业审美化、艺术化的两个重要因素，而艺术教育恰是培育这两个因素不可或缺的途径和方式。

以上几点，是我编写《艺术教育丛书》过程中不断思考之所得，作为总序（一）的补充，续写在这里，供读者参考。

杨恩寰

2007 年 12 月 19 日

园林艺术教育是艺术教育学中门类艺术教育的重要分支，是艺术教育的主要内容之一，它有着区别于其他任何一种艺术形式教育的特殊性质和优势。因此，对园林艺术教育概念的界定，结构组织、教育方法和原则的制定，以及教育内容框架的设计，就不但具有很重要的理论建设意义，而且更有着实际指导作用。

Yuanlin yishu jiaoyu

园林 艺术 教育

第一章 园林艺术教育概论

第一节　园林艺术教育的概念

所谓园林艺术教育是以园林艺术品为教育媒介，面向普通的观众和受教者，培养人的艺术能力和艺术境界的自由有序的系列活动。也就是说，园林艺术教育是通过对园林艺术的审美、观照来陶冶情操、塑造人性的一种教育活动。园林艺术教育与音乐、舞蹈、书法、绘画、影视、雕塑等门类艺术教育共同构成艺术教育体系。

一、园林艺术教育概念解析

在引言中，我们已给园林艺术教育下了一个简要的定义，这个定义强调了教育的目的、教育的手段和教育的形式三个方面的问题。首先是园林艺术教育的目的，它是为了培养人的艺术能力和艺术境界，这不同于科学理论或道德伦理的教育。人的所谓艺术能力，包括艺术语言的运用、艺术技巧的掌握、意象的构成能力等。所谓艺术境界，是一种现实的执著与理想的超越相结合的绚丽多彩的自由人生。通过对园林艺术的观赏和品评这一主要教育手段启迪人的思想、规范人的道德、开发人的智力、发展人的心理功能、培养人的审美能力，使之在真善美的追求中创造人生。我们可以这样说：园林艺术教育就是通过园林艺术的熏陶，来实现对人性的塑造。

园林艺术教育包括审美方面和非审美方面两个层面。就人的文化心理结构来说，它包含着认知、伦理、审美，即知、意、情三个层面，分别属于审美的和非审美的两个方面，人的任何精神活动都是在这一心理结构上来完成的。就园林艺术教育的媒介——园林本身来说，它也具有审美形态和非审美形态的双重性质。从审美形态方面说，一切园林作品都是对象化了的审美经验，造园家在审美创造过程中把构思而成的意象世界，凭借一定的造园手段，物化为园林艺术作品，成为现实的艺术审美存在。基于此，园林艺术教育中的园林艺术作品首先是作为审美对象呈现在受教者的面前的。通过对它的审美欣赏观照，受教者的审美能力和审美境界最终得到提高和完善。从意识形态方面说，园林艺术包括大量的真和善的生活内容，它必然会对受教者的思想观点、伦理道德、理想追求等方面产生这样或那样的影响，从而使受教者在非审美层面上获得效益。当然，我们只是在思辨中将审美、非审美两个层面分开来谈，其实在实际的园林艺术教育过程中，二者是融合统一的。这是因为从心理结构上来说，人的精神活动是在知、情、意的综合作用下进行的；从园林本身说，它所蕴涵的真、善、美三个方面也是不可分割的。当然，我们在具体的园林观赏品评中，园林艺术作品首先是作为审美对象进入人的审美经验的，作品中所激发出来的非审美的道德、哲学观念等都是在美感的大前提下实现的。这就是说，受教者对作品非审美因素的把握是通过审美因素来实现的，或者说二者是融合统一不可分割的。在这一前提下，园林艺术教育的多个层面呈现为相辅相成、相得益彰的和谐状态。

可见，无论是审美层面的教育还是非审美层面的教育，其教育作用的诱发者都是作为审美对象的园林艺术作品。而园林艺术作品之所以成为审美对象，正是在于它提供了一个由审美经验所构成、由想象力所创造的审美意象，是主观情意和外在物象结合的产物。园林艺术教育以园林艺术品为教育媒介，就是借助于园林艺术这个意象感染来激发情感，领悟其中的艺术奥妙，接受艺术熏陶。徜徉在这诗情画意的境界中，观赏者都会情不自禁地为此所动，在感知、想象、情感、理解等一系列心理功能的综合作用下，对其作出审美判断，并一步寻索玩味，探索其中的艺术真谛、人生哲理和思想教益，使自己的心灵升华到另一个新的境界。包括园林艺术教育在内的一切艺术教育，和主要靠理性传授并通过科学的分析、严密的说理灌输知识或思想的非艺术教育是有明显区别的。

园林艺术教育概念中的第三层意义是一种自由有序的系统活动。由于园林艺术教育媒介的感性直观性，它需要施教者和受教者的情感投入，以情感的方式来实现艺术教育的功能。情感生活对个人来说是独特的，它是以个体的生活经验为基础，个体在介入艺术的过程中，是以自己的知识经验、情感模式和艺术进行交往，从这种意义上来说，园林艺术教育是自由的。再加上园林艺术教育多作为非学校艺术教育形式而存在，它很少受到群体约束性的理解而表现为更多的带有个体随意性的轻松协调的自由活动。再从深一层的意义上来说，以园林艺术作为欣赏对象的审美活动，欣赏者在美感中得到净化陶冶，也是处于超越功利的精神自由状态下的一种自由情境中的教育活动。我们说有序，是指园林艺术教育的规范性和系统性，尤其是学校园林艺术教育，是一种有组织、有计划、有具体教育目的的群体教育活动，是以特定的系统结构、特定的运作方法、在特定的层面组合和特定的目标指向的规范下对人进行的陶冶和塑造。当然，这种规范性还包括一定社会文化的制约和影响。可见，园林艺术教育的这种自由是在一定组织结构、一定导向控制下的自由塑造，是审美的自由性和规范性紧密结合的系统活动。

真正要弄清楚园林艺术教育概念，还应注意以下几方面的问题。

园林艺术教育不同于园林艺术专业教育。园林艺术作为诸多艺术门类中的一种形式，它是在一定区域范围内，或利用并改造天然山水地貌，或人工叠山理水，结合观赏花木的栽植、观赏动物的豢养以及建筑的配设，从而构成一个供人们游赏、休息和居住的环境，一般称这样一个创造的全过程为"造园"，宋代画家在论山水时曾有"山水有可行者，有可塑者，有可游者，有可居者"（郭熙《林泉高致》）之语，亦即为园林艺术的基本思想。园林艺术的研究，包括其构成、特点、风格、流派、价值以及与其他艺术门类的关系等，都是围绕园林自身展开的，是对"可行、可望、

第一章 园林艺术教育概论

可游、可居"这些园林基本思想的全面了解和技艺的掌握。当然园林艺术教育也必然涉及诸如物质建构、风格构成、审美意境生成规律等园林基本知识，也要涉及诸如建筑、叠山、理水、莳花等具体造园的技艺技巧，但涉及更多的是对园林艺术的品赏与审美文化心理。因此，从园林艺术教育的目的和手段来看，园林艺术教育和园林艺术专业教育有联系，但区别是非常明显的。

园林艺术教育也不同于一般的艺术教育学，它是一种充满活力又独具特色的教育形式。一般艺术教育学是教育学的一个分支，是侧重于对艺术教育现象研究的学科，是对艺术教育现象的理论概括，具体是把这一教育现象提高到诸如学科定位、形成历史的理论上加以认识，研究其对象、范围、任务、方法等，从而构建一个科学的逻辑体系。园林艺术教育是以具体的对象——园林艺术进行观照感悟和造园技巧的操作训练为主要手段，直接目标培养的是人的艺术能力和艺术境界。如果说艺术教育学告诉人们在理论上"是什么"和"应该怎样"的话，园林艺术教育则是指导人们在实践活动中懂得"怎样做"和"实际怎样"。

综上所述，园林艺术教育是以园林艺术为媒介，有序、有效地帮助受教者在对园林艺术的观摩、欣赏中，获得审美与非审美的教育，从而培养和提高人的综合素质，特别是艺术修养方面的素质。我们所理解的园林艺术教育，是指以园林为媒介或载体，是施教者与受教者双方面共同运作的活动，强调的是沐浴在园林艺术教育之中，在自觉自由地接受园林艺术的感染、熏陶和锻炼的过程中，在对园林艺术的观照、领悟和操作训练中，实现艺术教育的多重效应。园林艺术教育是一个"园林"、"艺术"、"教育"多元整合的结构。重视"园林性"，使园林艺术教育过程成为一种活生生的操作性、创造性的过程，以提高受教者的创新精神和实践能力；重视"教育性"，致力于发掘和发挥园林艺术教育的多种教育功能和效应，实现它在提高受教者综合素质方面所具有的其他教育所不可替代的作用；重视"艺术性"，使整个园林艺术教育始终沐浴在审美的洗礼中，在艺术美的熏陶和启发中潜移默化。

二、园林艺术教育的构成

在以媒介进行艺术教育的过程中，它有一个结构链，施教者、受教者、媒介这三个部分构成一个完整、稳定性结构。

（一）施教者

园林艺术教育的施教者是指提供、选择、运用教育媒体来组织、引导受教者参加园林艺术教育活动，使之获得艺术能力和艺术境界的主体。就一般性的艺术教育来说，施教者包括政府部门、社会群体、宣传媒体，包括园林艺术家、教师、文物工作者、导游等，但就严格的学校园林艺术教育来说，施教者是指进行园林艺术教育的教育工作者。

艺术世界丰富多样，没有广博的知识是难以胜任解读和施教任务的。园林艺术是集大成艺术，建筑、文学、书画、戏曲、音乐以及政治、宗教、社会生活的各个方面都有涉及，这就对园林教育工作者的自身素质提出了更高的要求。

首先，要具备与本学科教育内容相适应的广博的知识结构，包括园林艺术的基本知识及与其相关的知识。园林艺术教育工作者不同于旅游观光的观众，要能对园林艺术这种集萃式的艺术所包含的诸多内容做有效的接受，应该具备足够的自然、社会、人类以及各门类艺术的初步知识，这是园林艺术教育的艺术储备。没有丰富的知识作为认识和研究园林的基础，园林艺术的教育是无法进行的。

其次，要有系统的思维和想象能力。园林艺术是一种综合性的艺术，许多艺术在园林创作的表现上互相渗透又各显其能，这就要求施教者必须具备全方位的思维能力，对园林艺术的信息进行多层次剖析和综合处理，为园林艺术从形式到内蕴的理解和认识提供接受的可能，并能运用想象的能力，把蕴涵在一切造型手段中的思想、精神、意味提炼出来，传授出去。

第三，要有良好的心理状态和高水平的审美判断能力。园林艺术教育的目的是使受教者提高艺术能力和艺术境界，施教者自己必须先于他人对园林艺术对象进行审美的感知和理解。否则，无法与受教者之间进行交流，更不用说能启迪他人。

作为园林艺术教育的教师还应该具备教育表现能力、教育媒体的提供选择和运用能力、教育组织引导能力。当然，这些能力也是作为艺术教育的教师所应该具备的最为基本的能力。

第一章 园林艺术教育概论

（二）受教者

园林艺术的受教者，包括的应该是非园林艺术专业的学生、社会群体等。学校园林艺术教育的受教者就是指接受园林艺术教育的学生。受教者在园林艺术教育系统中有着双重身份：对施教者来说，他是教育的对象；对于园林作品来说，他又是欣赏或创作的主体。

从接受对象的角度来说，由于受教者的层次是多样性的，不同的文化素养、不同的生活环境、不同的人生经历，就会有不同的审美观赏能力，这对有效地施行教育带来了一定的困难。当然，受教者的先天生理心理条件是差异的，先天的禀赋为受教者在某一方面艺术能力的发展提供了可能性，但它并不能决定一切。禀赋与艺术教育的接受程度之间也不是完全的线性的关系，受教者还要具备后天的文化素养。后天的文化素养是由学习形成的，这就要求受教者通过一些艺术门类的辅导教育和实施艺术教育教师的鼓励和引导，来补充和储备一定的审美知识。

从欣赏和创作的主体角度来说，主体的精神个性起着积极的能动作用。艺术教育的内容不能像从一个水罐倒进另一个水罐的水那样，从艺术作品转移到欣赏者的头脑中，需要欣赏主体本人再造和再现，也就是所谓的"二度创造"。1970年伊瑟尔在其著作《本文的召唤结构》中，把艺术作品看做艺术本文和欣赏者相互作用的结果，艺术本文具有一系列重要特征，为欣赏者的参与提供了广阔空间。认为其中一个重要特征是艺术本文具有结构上的"空白"，这种空白存在于艺术本文的各层结构上，它给欣赏者提供的只是一个图式化的框架或轮廓，中间有许多不确定性，这就要召唤欣赏者以创造性想象去填补。所以，在艺术教育中，受教者的主观因素，如思想修养、艺术素质、接受能力和参与态度，都能在一定程度上影响教育效果。可见，受教者本身的素质能力在包括园林艺术教育在内的艺术教育中是相当重要的。

（三）教育媒介

园林艺术中的教育媒介当然就是园林艺术作品，它是实施园林艺术教育结构链上的重要一环。当然我们进行园林艺术教育，不可能以所有的园林作品为媒介，这就需要施教者来提供、选择，把针对性和灵活性结合起来，选择有意义的媒介来进行教育活动。哪些媒介具有这样的价值和特性呢？一般应有以下几个方面考虑：

首先是价值多元。作为媒介的园林作品，应兼顾其审美和非审美两个方面。审美方面，要考虑它应具有不同的审美趣味、审美观念和审美理想。非审美方面，要考虑其社会价值、文化价值。

其次是要考虑其代表性。中国园林应选择艺术风格、表现形式、艺术技艺的个性和典型性。扬州个园的"四季假山"、苏州宅园的"庭院深深"等都是典范。西方园林中的一些花园设计对我们城市绿地、城市广场建设都有着极其重要的借鉴作用。

另外还要考虑其可接受性。这是施教原则在媒介选择方面的体现，这要从受教者的接受能力出发，其题材、内容、意义、教法等方面和受教者的文化知识水平、生活阅历、审美素养相结合。

园林艺术教育的最终目的是为社会、时代培养高素质的人才，媒介的选择要注重挖掘与社会和时代相适应的部分，不断给受教者以新的美感和启迪。

园林艺术教育的结构系统是一个由施教者、受教者、教育媒介三个因素有机组合的动态系统。在这一动态系统中，三个因素中各自的素质、能力、特性差异以及三者之间的联系，交流、反馈的广度和深度，将直接影响园林艺术教育的功能和效应。

三、园林艺术教育的特性

在以园林艺术为媒介的艺术教育实施过程中，尽管这种媒介与其他门类艺术教育的媒介有共同的特征，但它还有许多特殊构成，这就自然而然地在园林艺术教育上打上了特殊的烙印，在感性和理性的交融上显示为感性快乐、直觉体验和理性解读的多重变奏，从而构成了诸多自身的特点。

（一）形式观照与情意把握的统一

形式的观照是指艺术教育的形象性。艺术教育是通过艺术作品呈现的意象来诱发和感染受教者的，艺术教育中的意象是以具体可感的形象方式存在的，它离不开具体硬性的形象。园林中的叠石和理水是通过中国山水画的画理来表现的，否则仅是一堆废弃的山石。艺术教育把这种意象诉诸

第一章　园林艺术教育概论

受教者的感官，才能引起受教者强烈的身心感受。受教者从这些对象形式的直观开始艺术品的审美感受，和能唤起情感的、有意味的形式特征进行对话，感受它的形式构成，进而去把握所包含的理性内容。对形式的观照不是单纯的官能感受或理性认识，是感知、情绪、想象、理解等各种心理功能共同发生作用的结果。扬州二十四桥景区，曲桥两侧设为坐凳，桥堍上是一吹箫亭，月明之夜，半圆桥洞与倒影正如满月，若有歌女在此吹箫弄笛，天上月华、水中月影相映成趣，不就是"二十四桥明月夜，玉人何处教吹箫"意境的再现，不就是对意象中所含意味的把握和领悟吗？对形式的观照是在具体形象的感受中把握情理内容，这个内容称之为情意。

园林艺术教育处处包含着对感性的理性化把握，这里面也还包含着反映与创造的一种统一。首先是要反映，熟悉了情景的表达就有了艺术活动的前提和基础，这样才能进入殿堂的门径。光停留在反映上还不行，还要能够进行艺术操作中的创造和艺术欣赏中的创造。当然在艺术教育中反映和创造这是一对矛盾，但它们也具有内在的统一性。实际上，无论是欣赏还是艺术操作中的创造同时也是反映的过程，反过来对艺术活动、艺术品的情感性把握也离不开创造。如果我们对园林意境的审美构成不甚清楚，那么园艺家和工匠就没有区别了。获得创造能力除了受教者的天分之外，前人艺术经验和理论的学习以及对自己艺术活动经验的总结也是非常重要的方面，它可以使艺术活动得到升华，从单纯的游园踏青达到对园林艺术的品评，从而获得更为深厚的文化内涵和底蕴。

（二）功利的执迷与超越的统一

园林艺术教育是以审美意象活动为前提的，因此，没有审美就没有园林艺术教育。但这并不是说园林艺术教育完全等于审美教育，因为，园林艺术教育是审美的超越性与非审美的功利性相统一的教育活动。

首先，审美是不带有实用功利目的的。审美所产生的情感愉悦，是审美观照满足主体的审美需要而产生的，而不是满足主体的实用感性欲念。"植物之花，所以成实也，而吾人赏花，决非作忠实可食之想"[①]。我们观赏园林，并不一定是自己想享有，尽管园林有"可居"的功能，但也是一

---

① 蔡元培：《蔡元培教育文选》，人民教育出版社 1980 年版，第 31 页。

种完全脱离实用功利目的的自由快乐，体会一种人与环境的和谐共生共存，完全是一种纯粹的超越性快乐。因此，它可以使人走向自由境界，进而完善心理和人性结构。园林观赏就是这样一个审美过程，因为它可以使人生得到净化，从而提升境界，实现超越。

除了审美以外，园林艺术教育也带有一定的功利目的，当然这种功利不是满足个体实用的私利，而是观念性的、想象性的功利。这种功利一方面来自园林艺术本身，中国古代文论重视伦理，有"文以载道"的传统，那么园林也有宗教意识、重文意识、政治伦理意识，强调的就是园林艺术的社会功利性。另一方面，这种功利也来自于教育，教育的本性就是功利性的。教育有明确的目的，为达到这种目的需要采取一定的技术、手段，也需要对教育所取得的效果进行评估。园林艺术教育给人以知识，给人以理想，给人以教喻，导致人与人之间的群体交往交际，人与环境的和谐共生共存，受教者的素质提高，从而导致和建构受教者全面发展的素质。

园林艺术教育将功利的执迷与超越，亦即审美的超越性和非审美的功利性有机地融合在一起，其手段是具有审美超越性的，它使受教者在园林意象提供的审美情境中感受、领悟、体验，在超越物欲中实现审美能力的提高和人生境界的升华；其目的是具有非审美功利性的，它使受教者将审美过程中培养的情感体验和各种能力转化为思想观念和实践行为，进而实现科学的、伦理的、政治的、经济的等功利目的。

（三）活动的引导与自由的统一

作为一种教育活动的园林艺术教育，离不开按教学目的、规律对受教者进行引导。因园林艺术教育媒介的特殊意象形式，它又需要自由，要在教育的愉悦状态中，达到教育目的。因此，在具体教育的实施过程中，引导与自由呈现出的是一种有机统一的状态。

园林艺术教育不像其他类型教育那样培养理性化的个人，而是一种对园林意象进行的审美活动，以审美意象的形象性和感染性打动受教者，使其沉淀在身心愉悦的情感体验之中。因此在这一过程中既要求施教者的自由性，又要求受教者的自由性。在教学过程中，前者不能像纯粹的智力教育那样让受教者接受刻板的推理，也不能仅作为别人思想和情感的传声筒，更不能成为仅仅教会学生进行艺术操作的"艺匠"。施教者要在对教材和教学内容进行精心加工和创新处理的基础上，针对受教者的内心世界和思想实际采取适当的方式，对艺术品进行创造性认知和体验后，来激发受教者的自由创新能力，来丰富发挥受教者的创造才能。对后者来说，要求受教者根据施教者的引导，来进行自身的阐释和体验，摆脱物质追求欲念，心灵升腾于一种至善至美的艺术境界，并在这一状态下，真正实现受教者与艺术品的精神对话，完善道德、沟通情感、启迪智慧、升华思想，达到自由和超越。

当然，园林艺术教育既然是一种教育活动，就必然受到规范性的调控和制约。对园林意象的审美是园林艺术教育的手段和途径，这就要求施教者在运作过程中进行适当的调控，这是实现既定目的的重要保证。首先体现在对具体媒介的选择上，中外古今大量的园林作品，由于历史的、文化的、地理的不同，再加上造园手法和审美意境构成手段的高下不一，这就要求施教者既要有理论，又要有实践，有针对性地选择具有特定意义和价值的园林作品作为教育媒介，这是完成教育活动的前提。其次是教育过程中的引导，这种引导不是把施教者的认识和理解强加给受教者，而是情理皆备地进行调解，使受教者在掌握园林艺术创作和观赏的规律、方法以及自身所特有的经验的基础上，去自由体会、开阔思路，提升和增进自身的艺术感受能力。从某种意义上讲，这是园林艺术教育成败的关键之所在。

在艺术教育中没有引导就不成其为教育，没有自由则不成艺术教育，这是进行艺术教育的基本规律。当然，过度的引导可能会扼制受教者的艺术能力，引导的不足无法使受教者步入园林艺术殿堂。缺乏自由，愉悦的体验和超越的境界就无从谈起。可见自由和引导的相互统一，是我们进行园林艺术教育的重要一环。

第二节　园林艺术教育的原则和方法

园林艺术教育是一种理论形态走向实践操作过程或实践操作提升为理论形态的一种中介学科。它既需要一般园林艺术学和教育学的基本理论依据，又需要具体的艺术教育行为，这样就有了园林艺术教育区别于其他门类艺术教育的独特原则和方法。

一、园林艺术教育的原则

关于艺术教育的原则，近年来许多艺术教育理论工作者做了大量有益的探讨，提出了许多颇有理论高度和实践操作性的原则。作为艺术教育中一员的园林艺术教育，尽管有着自身的许多特点，教育原则的大体精神应该是相通的。但考虑到整个学校教育，园林艺术教育还存在许多问题，比如其教学运作大多还处于经验性或随意性的层面上，这就使园林艺术教育的效果大打折扣。这里就园林艺术教育的实际意义，对其教育原则作一简单的勾描。

（一）媒介感染性原则

这是园林艺术教育的最基本原则。园林艺术教育主要是通过媒介的讲授和接纳使受教者在对施教内容感知了解的基础上，心灵被感动，情感被调动，情绪被感染。如果我们脱离具体媒介而架空清谈，就难以体味媒介美、技术美如何升华为艺术美。正是由于媒介本身的大量内容吸引受教者，它一旦进入审美视界，其所表达的情感就会被激活，就会触发受教者的欣赏欲望，调动、诱惑、吸引、影响受教者，使受教者被园林艺术所创造的意境所陶醉，从而由园林艺术被直观接纳，进而深入其中解读，使感性的接受逐渐变为理性的解读。

当然，园林艺术作品被受教者接纳、情感被触发的前提，是作为媒介的园林艺术作品本身必须有较高的艺术高度和审美内容，像陈从周先生在其《说园》中说："中国园林妙在含蓄，一山一石，耐人寻味……奈何今天有许多好心肠的人，惟恐游者不了解，水池中装了人工大鱼，熊猫馆前站着泥塑熊猫，如做着大广告，与含蓄两字背道而驰，失去了中国园林的精神所在，真大煞风景。"这些问题施教者在选择媒介时应不得不察，这一点本章在前面已有所述。艺术教育的成效不是靠理性的说教，而是靠媒介的感染、动情，是靠媒介自身。康德所说的艺术不是靠理论说明而是靠范本在发挥作用，就是这个意思。园林艺术教育就是把园林媒介本身表现出的诸如建筑、山水、花木、自然性的天时这些物质元素和社会性人文因素以及园林意境整合成所隐含的规律，这些符号直接和人的情感相契合，呈现出生命的形式和特征。这些艺术符号在人的情感上引起共鸣，使观赏者在其中能暂时忘怀世俗，对所处的客观世界持超然的态度，获得一种自由感、解放感，真正步入一种"天地本无私，春花秋月尽我留连，得闲便是主人，且莫问平泉草木"的境界。

（二）动情自由性原则

园林艺术教育过程中，媒介感染固然重要，但施教者对园林艺术理论知识的讲解和对园林艺术审美经验的分析及讲述，是受教者被媒介迅速感染而达到有效目的的重要措施之一。在这一过程中，需要注意的是施教者虽然居主导地位，但他同受教者处于相同的艺术情境，面对的是相同的园林艺术媒介，双方共同感受和赏析，共同接受教育，共欢愉、同忧伤。施教者以其几乎全部生活经验的感受来描述艺术品的情感性，受教者也几乎以其全部生活经验来接受艺术品的情感性，共同得到深刻的感染。

对艺术体验来说，各人均有自己的特殊性，这种特殊性表现在生命的节奏、韵律的各自式样中，结合自己的人生经验和情感模式而进行情感层次的感受和体验，每个接受者都有着属于自己的情感生活。所以，我们在进行艺术教育时媒介的信息不是施教者的直接灌输和说教，而是一种在双方平等、气氛活跃和轻松自由的对话状态下来达到教育目的，这就是所谓的动情自由性原则。

在讨论园林艺术教育的概念时谈到了自由，但要求的是在自由中掌握规范。所以在园林艺术教育的教学过程中，情感投入、动情，自由、无严格的规范控制并不是意味着施教者无所适从，而是施教者在解释艺术品所包含的意义、规则时把感受和审美经验描述给受教者，通过启发和诱导唤起受教者的情感体验，使之对艺术品进行"情感内化"式的理解，在这一过程中更要掌握规范。具体地是这一原则体现为施教者以优秀的园林作品欣赏提高受教者的兴趣，发挥其主动的想象能力，在知识和技能的教学中注意增加生动活泼的生活内容，使这种教学具有趣味性，避免知识和技能的枯燥呆板，注意培养受教者的艺术兴趣，使其好奇心和灵敏性得到加强，以激发创造力。

（三）信息领悟性原则

园林艺术教育的成功靠的是教育媒介的强烈感染，但也不能完全限定在纯粹的形式层面，不能仅仅适应感官来进行，它还包含着观念性的生活内容教育。

园林艺术教育的信息内容包含着艺术技艺的掌握和手法的理解以及意蕴的领悟上。艺术技艺的掌握和手法的理解是园林艺术教育的重要内容和效果评价的可供操作的指标。其实对任何艺术教育也一样，各种艺术都有技巧、手法，它们的创造、改进根据所借以表现的媒介的物理性质和情感性质。如对园林艺术物质性建构的掌握，对不同色彩、体量、造型技巧的掌握等，都是我们进入园林艺术殿堂的重要步骤。如果我们对园林的意境构成不了解，对园林精神性的显露不明确，要收到好的园林艺术教育效果也是不可想象的。当然，意蕴的领悟是理念于意象中的"抽象"，是在意象的感受中得到深刻的理性内容，给受教者以观念性的信息。这种意蕴的领悟是和受教者的文化背景、个人经历和艺术敏感力息息相关的，它和艺术技巧方面的掌握相比，较难给定可供操作的评价指标，但它是园林艺术教育获得最后成功的标志。

在具体的园林艺术教育过程中，意蕴领悟和艺术操作的技巧是不能割裂的，意蕴和意义通过艺术技巧和手法来呈现，艺术技巧和手法又受到意蕴和意义的生命灌注，它们又都是以情感的方式来进行的，感性中渗透着理性，形式中积淀着内容。

园林艺术教育的原则还包括实践性和实用性方面的教育原则，这同其他形式的艺术教育没有明确的区别。园林艺术教育要注重受教者的亲身实践，可以适当组织受教者在某些环节进行亲身经历，如校园小景观的设计，其目的就是使受教者不做纸上谈兵的空洞学习，同时也有利于对园林艺术本身内容的理解。另外，园林艺术教育的过程是一个不限于课堂和抽象理论的开放过程，可以选择实际园林进行动静观赏，直接感受园林的审美和审美的内容，来切实提高受教者的艺术欣赏和审美能力。

二、园林艺术教育的方法

园林艺术教育遵循艺术教育的普遍性方法，但由于园林这一艺术门类的艺术语言、物质媒介、表达技巧、表现方式的不同，它又有着不同于其他艺术门类的具体教育方法。园林本体的生动直观，决定了园林艺术教育方法更要体现其艺术性。

园林艺术教育方法很多，如媒介感染、理性引导、信息领悟、操作渐进等。这里结合这些内容仅作简单的讨论。

（一）观照感悟互渗

园林艺术活动中，尤其是园林观赏活动，强调的是身临其境、静动观赏结合，这就要求观照和感悟这两个特定的心理活动的参与。观照是对艺术形式的直观感知，并由此生发联想、想象、理解等心理活动，在此基础上形成新的意象。感悟是在观照的基础上，经过反复细心的品味体验，对对象深层意蕴和真谛的发现和阐释，实际上是情感深入体验下的新意象创造。观照和感悟是艺术欣赏过程中的两个基本阶段，只有在此基础上才能进入心灵升华的欣赏极境。

园林艺术教育离不开具体的园林观赏。这就更加要求在具体过程中把握好这两个基本环节。园林艺术教育中的一切环节都应该落实到提高受教者的能力和素质上，如此，园林艺术教育就不全等同于园林知识的介绍。就受教者一方来说，欣赏园林，除了需要园林相关知识积累，更重要的是直接在过程中开发智力、陶冶情操，使身心得到放松和愉悦，而这一切必须是建立在观照感悟基础之上的。把诸多心理功能调动和激发出来；同时，在感悟中再观照，在观照中加深感悟，如此反复。可见，观照感悟是一个主体积极参与的动态过程，是一个主体实践和创造过程，因而也是一个飞跃和升华的过程。

在具体的教育过程中，受教者要借助于具体的园林艺术媒介去积极、主动地进行创造，使媒介发挥多方面的教育作用。因为从接受美学看来，艺术品的价值在欣赏过程中才能表现出来，并赋予其现实的生命力，同时它也赋予了接受者参与作品意义构成的权利。西方美学家科林伍德说："我们所倾听的音乐并不是听到的声音，而是由听者的想象力用各种方式加以修补过的那种声音，其他艺术也是如此。"[①] 鉴赏力是审美意识和审美能力的集中体现，鉴赏就是判断美的一种能力。所以，在具体教育过程中需要使受教者接触大量的园林作品，参与其鉴赏活动，增加鉴赏的实践经验，从而培养受教者的艺术感受力和鉴赏能力。

---

① ［英］科林伍德：《艺术原理》，中国社会科学出版社 1985 年版，第 147 页。

（二）操作能力训练

操作训练是园林艺术教育中一种更富于实践性和创造性的手段。

园林自身的营造是一个复杂的过程，它需要许多方面的知识和能力，它熔铸着主体诸多心理功能和倾注着主体独特的情感意志、理想愿望，所以园林艺术品的创构过程除去物质方面，更可以理解为是一个强化能力、激励情志的过程。因此，园林的意境和风貌取决于营造者（园主）的文化素养，这也是许多名园出自文人、画家之手的原因。著名的造园家几乎都工于绘画，构图与吟诗作画有着相似的美学标准和精神诉求。园林的建造常常出于文思，园林的妙趣更赖以文传，园林与诗文、书画等其他门类艺术彼此呼应，互相渗透。当然，我们的园林教育只是艺术教育的门类艺术教育，不是专门的园林景观创构教育，我们可以激发受教者对一些校园景观、城市景观的参与，丰富自己的表象储存，开拓想象空间，强化情感体验，锻炼思维能力，在实际生活中加深人与自然的和谐共生共存，提高自己的素质。

园林是自然风景景观和人为艺术景观的综合产物，园林艺术的构成要素主要含自然景观、人文景观和工程设施等三个方面。我国的山川秀丽、风景宜人，山岳平原、江海湖泊、森林植被、天象气候等丰富的自然景观早就闻名于世，为中外游人所青睐；人文景观包含名胜古迹、文物珍品、民间习俗、地域风情及绝活技艺类等中华民族文化的瑰丽珍宝，是园林中的社会、艺术与历史性要素；工程设施主要指建筑主体、辅助设施、园林小品与室内陈饰等，如亭台楼阁、路桥山石、水岸铺桩、楹联题刻，都是我国古典园林中最丰富多彩、最特色鲜明的艺术表现手法。

第二章 园林艺术知识教育

第一节　自然景观气象万千

　　园林是自然和人工的完美结合，既是对自然的模拟，也是对自然的升华，一草一木都能显示造园的匠心。自然景观的气象万千为园林艺术提供了不息的创作源泉。

一、山岳雄姿昭示

（一）山岳的类别特征

　　山体是构成大地景观的骨架，是水体、生物、天象依附而存的载体，山体在很大程度上决定自然景观的性格特征。

　　山体形成于大自然的两种力量作用：一是地壳构造运动的内部力量。因地壳褶皱产生波状弯曲变形而成的山体叫做"褶皱山"，大多数名山均属此类；由地壳断裂错动升降而成的块状山体称为"断块山"，其特点是山体的边缘平直、多悬崖峭壁，如恒山、泰山、武当山、庐山、衡山等均为此典型；地壳先褶皱再断裂抬升而成的山则是"褶皱断块山"，有嵩山、峨眉山、华山等。二是流水、风化、冰川等侵蚀作用的外部力量。岩石表层风化而成的土壤覆盖着山岩，土壤剥蚀之后则山岩又露出峥嵘。经过大自然内、外两种力量的鬼斧神工，险峰幽谷、悬崖峭壁、擎天石柱、峰林岩群、奇石异洞的山体景观便被塑造出来。

山岳由若干彼此相连的山体组合而成，参差错落、高低各异，其主峰有绝对高度（海拔高度）和相对高度（山峰本身的高度）两层意义。以绝对高度区分，海拔 3500 米以上的均属"高山"，大多分布在青藏高原和西南、西北、东北的部分地区，内地极少。中山和低山大多分布在华北、东北、中原、华南和东南的广大地域，"中山"为海拔 3500 米至 1000 米之间，一般山坡陡峻、河谷深切；"低山"则在海拔 1000 米至 500 米之间，在强烈的流水侵蚀下，风化作用显著、地形比较破碎，河谷较宽、山坡变缓。海拔 500 米以下的则称为"丘陵"。按地理学的标准，以海拔 5000 米为"雪线"，在雪线以上的山体终年积雪、氧气稀薄，一般游人难以到达，如被称为我国冰川博物馆的云南丽江玉龙雪山，纵有美景亦只能远观其姿。海拔 3000 米至 5000 米之间的山地，由于高寒气候变幻无常、不适合人类居住，如峨眉山的金顶（海拔 3099 米），游人仅可偶一攀登，片刻欣赏冰雪世界的壮丽景色。

从风景学的角度来衡量，正常人的生理、心理作用和身体承受能力应该是判断山峰高度感觉的主要因素[①]，因此山峰的高低以山麓平地至峰顶的相对高度来区分：超过 1000 米的为"高山"，如泰山、恒山、华山、衡山、嵩山、黄山、庐山、峨眉山、天柱山、九华山、武当山、崂山等。1000 米至 350 米之间的"中山"较多，350 米至 150 米之间的"低山"型，则难于形成山岳景观。

山岳景观在总体构成上显示比例、主从、均衡、节奏、层次、虚实等形式美的规律，体现多样性与统一性的辩证关系。而山体形象还必须具备足以成景的基本素质——奇，方能突出其异乎寻常的性格特征。古人常用"鬼斧神工"来形容山体之奇，"奇"可以理解为山岳景观资源中的共性

---

① 参见丁文魁：《风景科学导论》，上海科技教育出版社 1993 年版。

自然要素，"奇"在程度上又有所差异，内容也不尽相同。相传徐霞客曾说过："五岳归来不看山，黄山归来不看岳"，此话并非褒此贬彼，意在说明五岳之奇乃是相对于其周围地区而言，而黄山之奇则是相对于五岳亦即全国广大范围而言，"黄山天下奇"主要是指它的"四绝"——石、松、云海、温泉之不同一般的奇特性状而言。中国园林艺术中出神入化的叠山造峰，皆源于人类对自然山岳景观的提炼升华。

（二）山岳的景观因素

历代文学作品如《诗经》、《楚辞》、《汉赋》，以及魏晋、明清的山水诗文中，经过千百年的积累而有许多界定山岳形象的词汇。仅就单字的名词而言，收集在清《康熙字典》和现代《辞源》中的将近50余个，分别界定了不同的山体形象：如岳（高大的山体）、峭（陡直的山体）、岑（瘦而高的山体）、峦（小而锐峭的山体）、岩（高峻的山体）、岭（连绵的山体）、崮（四面陡峭而顶上较平坦的山体）、岗（脊部明显的山体）、屺（不长草木的山体）、峰（山体之上段）、巅（山之顶部）、峪（山谷）、崖（山体的边际）、岔（山脉分歧之处）、峡（两山夹水之处）、岙（山坳近水处）等。对山体形象作出如此细致的用词界定，非其他国家文字可以比拟，足见山在中华民族心目中所占的重要地位，也足以体现中国园林以山水园林著称于世的深刻内涵。

1. 峰峦、岩崖

包括峰、峦、岭、崮等不同的自然景象，因岩质不同而异彩纷呈：如华山、黄山，花岗岩山峰高耸威严；桂林山水和云南石林，石灰岩山峰柔和清秀；武夷山、丹霞山，红砂岩山峰赤壁奇观；石英砂的断裂风化，形成了湖南武陵源、张家界的柱状峰林；变质杂岩而生成的台升山峰，造就了泰山五岳独尊的宏伟气势。山峰既是登高远眺的佳处，又表现出千姿百态的绝妙意境，如黄山的梦笔生花、云南石林的阿诗玛影像、武夷山的玉女峰、张家界的夫妻岩等。

由地壳升降、断裂风化而形成的悬崖危岩，则令人由衷感叹大自然的鬼斧神工，有庐山的龙首崖，泰山的舍身崖、扇子崖、探海石（日观峰），桂林的象鼻岩，厦门的鼓浪屿、日光岩，海南的天涯海角石等。

2. 涧峡、洞府

涧峡与峰峦相反，以其切割深陷的地形、曲折迂回的溪流、湿润芬芳的花草而引人入胜，是山岳风景中的重要因素。如武夷山的九曲溪，蜿蜒7500米回环而下，成为游客乘筏畅游的仙境；贵州郊区的花溪，每年春夏邀来多少情侣携游；台湾花莲县的太鲁峡谷，峡内断崖落差千米，瀑布飞流，景色宜人。

洞府构成了山腹中的神奇世界，特别是喀斯特地形所造就的石灰岩溶洞，以仿若地下水晶宫般的神奇构造而著称于世：洞内的石钟乳、石笋、石柱、石幔、石花、石床、云盆等光怪陆离，地下泉水、湍流更是神奇莫测。中国著名的溶洞景观有：广东七星岩，浙江瑶琳仙境，江苏善卷洞，安徽广德洞，湖北神农架冰洞山中的风洞、雷洞、闪洞等。

二、水脉柔情曲波

水是生命的起源，水是自然景观的灵神。广义的水景包括海洋、江河、湖泊、池沼、泉涧、瀑潭等，是山水景观的重要构成要素：大河名川、奔泻万里，大有排山倒海之势；小河山溪、徘徊千谷，细有曲水流觞之趣。中国园林于咫尺幅地中开池引水，多小中见大、师法自然，构成山水园的景观艺术中心。

（一）水域胜景的启迪

1. 江、河、湖、海

江河是大地的血脉，自北至南，排列着黑龙江、辽河、松花江、海河、淮河、钱塘江、珠江、万泉河，还有祖国西部的三江峡谷（金沙江、澜沧江和怒江）、美丽如画的漓江风光等。著名的长江、黄河是中华民族文化的发源地，孕育着千载文明，承载着千种风情，描绘着千里画卷，装点着万里江山。

湖泊像是水域景观项链上的宝石，又像洒在大地上的明珠，其宽阔平静的水面带来悠荡与安详。从宏观着眼，我国湖区类型大体有云贵、青藏、蒙新高原湖区，东北平原山地湖区和长江中下游平原湖区。著名的湖泊景区有新疆的天池、天鹅湖，黑龙江的镜泊湖、五大连池，青海的青海湖，云南的滇池、洱海，河北的白洋淀，湖南湖北的鄱阳湖、洞庭湖，安徽的巢湖，山东的微山湖，江苏的太湖、洪泽湖，浙江的西湖、千岛湖，广东的星湖，台湾的日月潭等。

我国东部海疆气象万千，有海市蜃楼幻景，有浪卷沙鸥风光，有海蚀石景奇观。著名的滨海景观胜地有：河北的北戴河，山东的青岛、烟台、威海，江苏的连云港，浙江宁波的普陀山，福建厦门的鼓浪屿，广东深圳的大鹏湾、珠海的香炉湾，海南三亚的亚龙湾等。自然海滨景观多为人们所仿效，再现于城市园林的水域岸边，如山石驳岸、卵石沙滩、树木掩映等。

2. 岛屿

我国自古以来就有东海仙岛和灵丹妙药的神话传说，导致不少帝王东渡求仙，也构成了中国古典园林中一池三山（蓬莱、方丈、瀛洲）的传统格局。由于岛屿给人们带来的神秘感受，在现代园林的水体中也少不了聚土为岛、植树点亭或设专类园于岛上，既增加水体的景观层次，又增添游人的探求情趣。知名的自然岛屿有：哈尔滨的太阳岛，青岛的琴岛，烟台的养马岛，威海的刘公岛，厦门的鼓浪屿，苏州太湖的东山岛。园林中模仿或写意于自然的人工岛屿，数杭州西湖的三潭印月、北京颐和园的昆明湖三岛等最负盛名。

（二）自然山水的真谛

"山，骨于石，褥于林，灵于水"，山水相依的动静结合可增加景观的活力氛围，高山流水一向被视为人品高尚的象征，因而更增益了山岳风景的灵气，是山岳景观不可或缺的组成部分。山间水体蒸发为云雾而形成的局部小气候特征，以及潺潺流水的美妙音符，成为独特的山岳生态环境景观。山间水体随山势而呈现为丰富多变的形态，它的位置、清浊、明暗、色泽、动静都能诱发人们无尽的遐想情思。

1. 地泉

泉是地下水在适宜的地形、地质、水文条件下的天然露头，涌出如玉线、喷薄如串珠。因沟谷侵蚀下切而涌出的叫侵蚀泉，因与隔水层接触面的断裂而涌出的叫接触泉，因地质断裂受阻而出的叫断层泉，遇隔水体而上涌地表的叫溢流泉（济南的趵突泉），顺岩层裂隙而涌出地面者叫裂隙泉（杭州虎跑泉）。泉又因水温不同而分冷泉和温泉，如台湾有阳明山、北投、关子岭、四重溪四大温泉，西安华清池温泉则以贵妃池为最具盛名。文人墨客的诗文画作中经常以泉作为吟咏的对象，古人并以水质容重等条件品评出中国十大名泉：北京玉泉（天下第一泉）、无锡惠泉（天下第二泉）、杭州虎跑泉（天下第三泉）……现均为盛名天下的园林佳境。

中国是世界上泉水资源最多的国家，依托于青山、茂林、峭岩，清冽可观。辅以亭阁装点、文墨宣传，能成为极具吸引力的园林景观。素有泉城之称的山东济南，地下溶洞储水丰富，因地势由南向北流动，遇火成岩回流，与南来之水相激产生压力，遇地面裂隙喷射而出。著名的趵突泉为七十二泉之首，三窟并发、状如白雪三堆，声若隐雷、势如鼎沸。郦道元《水经注》云："泉源上奋，水涌若轮。"

2. 溪涧

泉聚下行成涧，穿行于两山夹峙的山谷中，流水潺潺，于幽静中透出一派生意。山道往往沿着它的两侧布设，引导游人于行进中收摄极富魅力的水景。溪河水量较大，多为山涧汇聚于峡谷或山麓，形成两山夹一水或一水绕青山的态势，最富山重水复、柳暗花明的景观意趣。由山涧或溪河汇诸于山坡或山麓形成较大的湖面静态水景尤为妩媚，山体形象倒映在如镜的水中，上下天光交辉融合，内外关联不尽遐思。如浙江杭州龙井九溪十八涧，起源于杨梅岭的杨家坞，然后汇合九个山坞的细流成溪。清代学者傅樲有极为形象的写照诗："重重迭迭山，曲曲环环路，咚咚叮叮泉，高高下下树"。贵州的花溪河三次出入于两山夹峙之中，入则幽深、不知所向，出则平衍、田畴交错，或突兀孤立、或蜿蜒绵亘，形成山环水绕、水清山绿、堰塘层叠、河滩十里的绮丽风光。

利用山石流水营造仿效自然佳境的溪涧景观，展示水景空间的迂回曲折和开合收放的韵律，是中国园林艺术中孜孜以求的上乘境界，不乏精品佳作传世。

3. 瀑布

瀑布是山间溪涧在流经较大的地势高差处跌落而成的动态水景，似万马奔腾、若白雪银花，是高山流水的精华所在，其形态各异、声色有别，气势磅礴、撼人心弦。号称庐山第一瀑的匡庐飞瀑，山涧汇聚流经香山峰、拔剑峰与鸣峰之间的悬崖断壁，跌落百余米，喷珠溅玉、声若雷鸣，其壮观之景因李白《望庐山瀑布》诗中"飞流直下三千尺，疑是银河落九天"的名句而著称于世。我国目前最大的贵州黄果树瀑布，宽 81 米，落差 74 米。另外知名的还有：黑龙江的镜泊湖吊水楼瀑布，吉林的长白瀑布，浙江雁荡山的大、小龙湫瀑布，建德市的葫芦瀑，江西庐山的王家坡双瀑以及黄龙潭、玉帘泉、乌龙潭瀑布等。

丰富的自然瀑布景观常年奔流不息，令山峰动色，使大地回声，是人工园林中叠山造瀑的蓝本精髓：有的似一衣带水迭转而下，雄姿飞舞；有的像宽阔水帘漫落奔腾，画面壮丽；凡落差不大的瀑布，多做成小散瀑，将山石立面叠构成凹凸不平的斜面，把瀑面分成高差不一的数股，以更显贴切自然。

三、天象变幻奇妙

天象为天文、气象等自然现象所构成的天候自然景观，如云海、雾凇、雪霁、雨丝、朝晖、晚霞、月色、极光、海市蜃楼等。天象的发生与特定的地理环境和气候特征紧密相关，以其变幻无穷、奇妙无比的特殊神韵成为难得的景观资源，正如汤垕《画论》所云："山水之为物，禀造化之秀。阴阳晦冥，晴雨寒暑，朝昏昼夜，随形改步，有无穷之趣。"天象景观能够赋予某一景点以迥然有异的意趣，如听雨轩、留听阁等，有的甚至成为该景区独特的"奇观绝景"，在中国园林艺术中是体现"天人合一"意境的最佳自然景观借用，因而备受人们的青睐。对于园林中特定天象景观的文学描述或取名，给人们以更加深刻的诗情画意，如对月亮的形容有宝蟾、如镜、玉盘、银台、玉兔、悬弓、婵娟、嫦娥、蟾宫等。国务院命名的首批历史文化名城——江苏扬州，则以"天下三分明月夜，二分无赖在扬州"的清秀柔媚，而蜚声古今、播名中外。"二十四桥明月夜，玉人何处教吹箫"，更凭借扬州园林的艺术魅力征服了海内外慕名而至的游众。

（一）日出、晚霞

1. 日出

日出象征着紫气东来、万物复苏，日出彰显着朝气蓬勃、催人奋进。登泰山观日出是人生一大快事，近代诗人徐志摩在《泰山日出》中描写道：

> 东方有的是瑰丽荣华的色彩，东方有的是伟大普照的光明
> ——出现了，到了，在这里了……

玫瑰汁、葡萄浆、紫荆液、玛瑙精、霜枫叶——大量的染工，在层累的云底工作；无数蜿蜒的鱼龙，爬进了苍白色的云堆。

一方的异彩，揭去了满天的睡意，唤醒了四隅的明霞——光明的神驹，在热奋地驰骋……

云海也活了；眠熟了兽形的涛澜，又回复了伟大的呼啸，昂头摇尾的向着我们朝露染青馒形的小岛冲洗，激起了四岸的水沫浪花，震荡着这生命的浮礁，似在报告光明与欢欣之临莅……

再看东方——海句力士已经扫荡了他的阻碍，雀屏似的金霞，从无垠的肩上产生，展开在大地的边沿。起……起……用力，用力，纯焰的圆颅，一探再探地跃出了地平，翻登了云背，临照在天空……

歌唱呀，赞美呀，这是东方的复活，这是光明的胜利……①

此外，衡山祝融峰望日台、华山朝阳峰朝阳台、五台山黛螺顶、峨眉山金项、莫干山观台亦是观日出的最佳胜地：一轮红日喷薄而出，满天霞光气象万千；在黄山、泰山等高山的极顶，还能看到"云海日出"的壮丽景象。而大连老虎滩、河北北戴河、江苏启东、浙江普陀山等地，则又是海上观日出的绝好去处：朝阳跃升，红霞漫天，波光粼粼，海天一色，一番难以忘怀的动人感受。

2. 晚霞

晚霞呈现出霞光夕照、万紫千红、流光溢彩，令人陶醉。杭州西湖的"雷峰夕照"，嘉峪关的"雄关夕照"，普陀山的"普陀夕照"，潇湘八景之一的"渔村夕照"，燕京八景之一的"金台夕照"，吴江八景之一的"西山夕照"，桂林十二景之一的"西峰夕照"等，均是静观晚霞的最佳景点。

（二）云雾、佛光

1. 云雾

云雾对于自然山岳景观的形成极为重要，中国山水画论也特别注重烟

---

① 王锦良：《徐志摩散文选》，百花文艺出版社 1985 年版。

云的渲染。宋代画家郭熙曾说："山以水为血脉，以草木为毛发，以烟云为神采。故山得水而活，得草木而华，得烟云而秀媚"。乘雾登山，俯瞰云海，仿若腾云驾雾，飘飘欲仙。海拔 1500 米以上的山区，均可出现雾凇雪景、瀑布云流、云海翻波的气候奇观。号称黄山风景一绝的"云海"奇观：缥缈于山谷间的云雾，一望无际犹如海涛翻滚，露出的山峰仿佛海面的大小岛屿；泰山极顶的云雾奇观：每逢晨昏，云雾聚散、奔涌、升降、飘逸，把山峰幻化为海上仙山。武当山著名的"七十二峰朝大顶"，由于云海的烘托，愈显其磅礴的气势；云南点苍山的十九峰，每到夏秋经常会出现一条水平云带环绕诸峰的山腰，形成罕见的"玉带云"奇观。

2. 佛光

"佛光"是自然光线在云雾中折射的结果，因现万千绮丽而堪称高山景观之绝。如泰山佛光，多出现于 6—8 月，约 6 天，黄山佛光约 42 天，而峨眉山佛光有 71 天，且冬季较多。峨眉上中山区的洪椿坪，周围山林环抱、地僻境深，每当炎夏清晨，林中湿度饱和的空气经过凉夜骤然冷却，凝结而成的水点仿佛霏霏细雨，"山行本无雨，空翠湿人衣"，这就是"洪椿晓雨"之景，自高山区的金顶东岩俯瞰，其下云雾缭绕。如果这种小气候条件与一定的日照条件相偶合，即下午的阳光恰巧斜照在云雾上，人们便能看到一个彩色光环，光环中心隐约显出自己的身影，人动影随，十分神奇，这就是著名的"峨眉祥光"之景。

3. 海市蜃楼

海市蜃楼多出现在春季，是因"逆温"（气温回升快、海温回升慢）导致上下空气层密度悬殊产生光影折射的结果。闻名于世的山东蓬莱"海市蜃楼"，那变幻莫测的影像，缥缈而又真实，令人感叹不已。这种景象在沙漠中也有出现。广东惠来县神泉港海面上的龙穴岛"神仙幻境"，有时可长达 4—6 小时，更是令人啧啧称奇、不可思议。另外在海滨日出、日落时，亦可罕见天际线处闪耀绿宝石般光芒的"绿光"景观。

四、植物季相更替

利用植物器官性状的季节变化创造四时景观，在园林艺术中被广泛应用。例如花有春桃、夏荷、秋菊、冬梅，树有春柳、夏槐、秋枫、冬柏。西湖四季景观，春有柳浪闻莺、夏有曲院风荷、秋有平湖秋月、冬有断桥残雪；南京四季郊游，春游梅花山、夏游清凉山、秋游栖霞山、冬游覆舟山。

季相彩叶园林树种，是园林植物景观中数量类型最为繁多、色彩谱系最为丰富、生态景象最为显著、选择应用最为广泛的资源。秋色叶树种的主流色系有红、黄两大类别，树种类型较丰富。秋叶金黄的著名树种有金钱松、银杏、无患子、七叶树、马褂木、杨树、柳树、槐树、石榴等，秋叶由橙黄转赭红的树种主要有水杉、池杉、落羽杉等，秋叶红艳的树种有榉树、乌桕、丝绵木、重阳木、枫香、漆树、槭树、栎树等。

秋红叶园林树种是秋色叶类群中的生力军，也是季相彩叶树种中色叶景观表现最为波澜壮阔的。我国自古以来就有秋赏红叶的习俗，南北各地佳境纷繁、气象万千：北京的香山东南山坡，每当霜秋季节，那10万株黄栌叶换丹红，其中杂以柿、槭等色叶树种，赤、橙、黄、紫，色彩斑斓，诗人陈毅元帅赞誉道："西山红叶好，霜重色愈浓，红叶遍西山，红于二月花。"南京城东北22公里处的栖霞山，霜降时节，满山的槭树如火如荼、浓淡交织，且与常绿青翠的柏树交相辉映，更显色彩缤纷。湖南长沙湘江岸边岳麓山腰的青枫峡谷，那聚结成片、延绵不绝的百年枫树，每到深秋红叶流丹、风舞彩蹈，引一代伟人毛泽东抒"看万山红遍，层林尽染"的博大情怀。江苏吴县灵岩山以北约5公里处世称"万丈红霞"的天平山枫林，林海深处那400余株400年以上高龄的三角枫，霜叶渐红的演变过程由绿变黄、再而橙、终而紫，而攀至半山的"望枫台"观景，枫叶的色彩变化则是循序渐进，由顶部先红、渐次往下，远望如一抹红霞飘忽山间，又是一番奇观。以"大树华盖闻九州"著称的浙江临安天目山，其秋色叶景观更为壮阔，可分为上、中、下三个层次：在海拔1400米以上的仙人顶一带，以"天目琼花"唱主角，秋叶红艳、灿如彩霞，红果缀枝、浑如珠玑；海拔1100米开山老殿一带的幽石洞底，火红的红枫、羊角槭藏娇于成片的古柳山林和混交阔叶林中，片片红叶似火、株株彩霞如锦；山麓禅源寺周边的古枫林，辅以成千上万的银杏、柳杉，在秋风秋雨的点化下，更呈现出枫叶喷红、银杏飞金、柳杉镶翠的多彩景观，编织出又一道绮丽美艳的秋色叶风景线。

第二节 人文景观历史积淀

人文景观是历代宗教、世俗活动遗留下来的建设成果，以及不同阶层、社会集团的人们根据各自需要而创造出来的人文因素积淀，表现为各种物质和人群活动的形态；经过千百年来优胜劣汰的筛选，其中不断完美而约定俗成的被确立为人们鉴赏的对象。园林名胜，上溯秦汉、下迄明清，乃是人文景观积淀之精华，形象地从一个侧面纪录了中国园林文化的漫长演进历程。作为人文景观构成诸要素的重要内涵，其中有许多是历史流传下来的具有很高艺术价值、纪念意义、观赏效果的各类建设遗迹、建筑物等，被政府颁定为国家级或省、市各级不等的重点文物保护单位，它们所展示的内容乃是研究中国园林艺术的一份极为珍贵的实物资料，具有深厚的历史内涵和科学价值。

一、建筑古韵神采

我国古典园林建筑的历史悠久、形式多样、结构严谨、空间巧妙，在建筑艺术和园林艺术方面都达到相当高的造诣，在中国古代建筑史上占有辉煌的一页，是中国园林中的重要人文景观。其中，寺庙、塔陵、教堂合称宗教与祭祀建筑；亭台、楼阁有独立存在的，也有附属在宫殿、府衙及园居中的。跨类而具有综合性的"东方三大殿"为北京故宫太和殿、山东岱庙天贶殿、山东曲阜孔庙大成殿，"江南三大楼"有湖南长沙岳阳楼、湖北武昌黄鹤楼、江西南昌滕王阁。

（一）帝王宫殿园林

世界多数国家都保留着古代帝王宫殿建筑，而以中国所保留的最多、最完整。如以紫禁城闻名于世的北京故宫，为明、清两朝皇室的宫殿，代表了中国古代建筑组群的最高水平，是中国现存规模最大、保存最完整的古建筑群，分为外朝、内廷两大区：外朝居前部，由中轴线上的前三殿（太和殿、中和殿、保和殿）与其东西两侧对称的文华殿、武英殿组成；内廷在前三殿之后，由后三宫、东西六宫、乾东西五所组成。

7 世纪始建、17 世纪重建的西藏布达拉宫，是世代达赖喇嘛摄政居住、处理政务的地方，包括红山上的宫堡群、山前的方城和山后龙王潭花园三部分：用块石依山就势建造的宫堡群在山南坡，成不规则东西长、南北窄的布置，高达 117 米；中央红宫高九层，第五层中央为西大殿，殿内和壁画廊内绘制着布达拉宫建造历史和五世达赖喇嘛的宗教活动、藏汉人民之间的友好往来与文化交流等壁画；上四层中部为天井，四周建有灵塔殿，以回廊相连通。红宫东侧为白宫，是达赖喇嘛理政、居住之所；两侧为僧房，东翼为僧官学校。方（藏语为"雪"）城，在宫堡群南面，三面各辟一门，南墙东西两角各有一座碉楼；山后龙王潭花园面积约 15 公顷，有马道通往。布达拉宫集中反映了藏族建筑的特点和成就，是了解藏族文化、艺术、历史和民俗的宝库。

（二）皇室陵寝园林

皇室陵寝，以其悠久的历史、恢弘的造势、精湛的技艺，成为现代人慕名前往的园林名胜，著名的有陕西桥山黄帝陵、临潼秦始皇陵、乾县唐高宗与武则天合葬的乾陵。河南巩县嵩山北的宋陵，为北宋太祖之父与太祖之后七代皇帝的陵寝，是我国古代最早集中布置的帝陵。北京明十三陵，是我国古代整体性最强、最善利用地形的规模最大的陵寝建筑群。辽宁沈阳清昭陵，俗称北陵，为清太宗皇太极之墓，其神道成梯形排列，利用透视错觉增加神道的长度感，很富有特色；河北遵化清东陵，为顺治、康熙、乾隆、咸丰、同治五帝及后妃之陵；河北易县清西陵，为雍正、嘉庆、道光、光绪四帝之陵。

（三）宗教祭坛园林

我国现存的宗教园林以道教、佛教为多。道教如四川成都青羊宫、青城山三青殿，山西永济县（今芮城县）永乐宫，河南登封中岳庙，山东崂山道观，江苏苏州玄妙观（三清殿）等。佛教寺庙现存最多，其中有佛教四大名山：山西五台山，四川峨眉山，浙江普陀山，安徽九华山。

祭坛园林，北京天坛是现今保存最完整、最有高度艺术水平的优秀古建筑群之一，主体为建在砖台之上的祈年殿，正中有祈谷台。祈年殿位于坛中央，结构雄伟，构架精巧，有强烈向上的动感，表现出人天相接、以祈丰年的意向。祭祀建筑，以山东曲阜孔庙历史最悠久、规模最大，从春秋末至清代，历代都有修建、复建，其规模仅次于北京的故宫，是大型古祠庙建筑群。

（四）名人居宅园林

古代及近代历史上保存下来具有纪念性意义及研究价值的名人居宅建筑，今多辟为纪念堂馆或成园林名胜。古代的如四川成都诗圣的杜甫草堂，浙江绍兴明代画家徐渭的青藤书屋，江苏江阴明代旅游学、地理学家徐霞客的旧居，北京西山清代文学家曹雪芹的旧居等。近代的如孙中山故居、客居，有广东中山县的中山故居、广州中山堂、南京总统府等。

扬州，作为国务院第一批公布的二十四座历史文化名城之一，因其唐宋时期、特别是康乾盛清以来的经济繁荣，遗留下大批保存完好的名院大宅，成为构建"国家园林城"的璀璨明珠，如著名的晚清第一园"何园"、全国四大名园之一的"个园"，以及小盘谷、二分明月楼和新近修葺开放的汪氏小苑、吴道台故居等，均以其精妙绝伦的园林风采和博大精深的文化风韵，引无数中外嘉宾竞赞叹。

二、文物艺术灿烂

文物艺术景观指石窟、壁画、碑刻、摩崖石刻、雕塑、峰石、名人字画、特殊工艺品等文化、艺术制作品，以及古人类文化遗址、化石等，是中华民族智慧的结晶、中华民族文化的瑰宝，也是园林艺术中经常伴其左右的经典组成部分。

洞窟、造像、石刻、经幢等是绘画与书法的载体，反映了历史的雕刻、书法艺术水平，堪称华夏文物的精华荟萃，为名副其实的"形象的史书"，是园林艺术中不可多得的精品显示；园林题名、题咏等本就是中国园林艺术中的重要人文景观，多为名家政要的墨宝，起到增光添彩、昭示内涵的特殊功效；名人字画、峰石、特殊工艺品等，是园林中必备收藏陈列的珍品，是园主文化品位和身份地位的象征，是园林艺术构成中不可或缺的重要精神财富。

（一）建筑图像

1. 石窟、碑文

我国现存历史久远、形式多样、数量众多、内容丰富的石窟，是世界罕见的综合艺术宝库。其上凿刻、雕塑着古代建筑、佛像、佛经故事等形象，艺术水平很高，历史与文化价值无量。闻名世界的有甘肃敦煌石窟（莫高窟），从东晋（366年）至元代，工程延续约千年，是我国古代文化、艺术贮藏丰富的一座宝库；河南洛阳龙门石窟，是北魏后期至唐代所建大型石窟群，是古代建筑、雕塑、书法等艺术资料的宝库。

摩崖石刻，是在山崖上镌刻文字，除题名赋景外，多为名山铭文、佛经经文。其中以山东泰山摩崖石刻最为丰富，被誉为我国石刻博物馆：山下经石峪有"大字鼻祖"《金刚经》岩刻，篇幅巨大，气势磅礴；山上碧霞元君祠东北石崖上镌有唐玄宗手书《纪泰山铭》全文，高13米多、宽5米余，蔚为壮观。

碑文，指在石碑上镌刻文字，是中国书法艺术的特殊载体。如东岳泰山的秦李斯碑、岱庙碑林，曲阜孔庙碑林，西安碑林，南京六朝碑亭、唐碑亭，以及清代康熙、乾隆在北京与江南所题御碑等，均是极为珍贵的碑刻遗存，是中国园林中不可多得的稀世至宝。

2. 壁画、雕塑

壁画是绘于建筑墙壁或影壁上的图画，有些经千百年流传仍色彩艳丽、栩栩如生，具有极高的历史、艺术、科学和观赏价值。如表现为大量建筑图像的山西繁峙县山寺壁画，1158年开始绘制，是现存规模最大、艺术水平最高的金代壁画。泰山岱庙正殿天贶殿的大型壁画《泰山神启跸回銮图》，全长62米，造像完美生动，是宋代绘画艺术的精品。著名的影壁壁画有北京北海九龙壁，清乾隆年间建，上有九龙浮雕图像，体态矫健、形象生动，是清代壁画艺术的杰作。

雕塑艺术品，指用石、木雕刻与泥塑各种艺术形象的作品，古代以佛像、神像及珍奇动物形象为多，其中珍奇动物形象雕塑，自汉代起至清代在古典园林中就作为园景点缀或自成景观。宫苑中多为龙、鱼雕像，且与水景制作相结合，如九龙吐水、喷水。人物雕像则多与园门砖雕、厅门木雕等艺术形式紧密相连，常表现帝王将相、才子佳人等经典戏文，或二十四孝、四书五经等道德典故。花鸟鱼虫等动植物图形，在中国园林艺术中的应用极为普遍，多以吉祥如意、平安富贵等题材为主要内容，表现形式不拘一格、生动灵活。

（二）楹联匾额

中国古典园林的最大特征之一就是深受古代文学、绘画艺术的影响，带有浓厚的诗情画意。楹联和匾额既是诗文与造园艺术最直接结合、表现园林"诗情"的主要手段，也是文人参与园林创作、表述园林意境的主要手段。楹联和匾额是中国园林思维空间范畴内情景交融的产物，是我国园林艺术表达中文化色彩集聚的浓重表现，自古以来就吸引了不少文人画家、园林建筑家以至皇帝亲自制作和参与，而昭示景区特征的景点匾额，要数承德避暑山庄最为洋洋大观、脍炙人口：康熙题"四字景"三十六处，有南山积雪、烟波致爽、水流云在、风泉清听、水芳岩秀、濠濮间想、锤峰落照、万壑松风、梨花伴月、青枫绿屿等；乾隆题"三字景"三十六处，有千尺雪、一片云、如意湖、烟雨楼、水心榭、文津阁、畅远台、山近轩、翠云岩、青雀舫、松鹤斋、知鱼矶、驯鹿坡、冷香亭、观莲所、采菱渡等。

楹联和匾额的文字点出了景观的精粹所在，使得园林内的大多数景象得以"寓情于景"；文字作者的借景抒情也感染游人从而激起他们的联翩浮想，使得园林内的大多数景象皆可"即景生情"。因此，中国古典园林内的重要建筑物上一般都悬挂匾、联。建置在滇池畔的昆明大观楼，悬挂着当地名士孙髯翁所作的180字长联，号称"天下第一长联"：

　　五百里滇池，奔来眼底，披襟岸帻，喜茫茫空阔无边。看：东骧神骏，西翥灵仪，北走蜿蜒，南翔缟素，高人韵士，何妨选胜登临，趁蟹屿螺洲，梳裹就风鬟雾鬓，更萍天苇地，点缀些翠羽丹霞。莫辜负四围香稻，万顷晴沙，九夏芙蓉，三春杨柳。

　　数千年往事，注到心头，把酒凌虚，叹滚滚英雄谁在。想：汉习楼船，唐标铁柱，宋挥玉斧，元跨革囊，伟烈丰功，费尽移山心力，尽珠帘画栋，卷不及暮雨朝云，便断碣残碑，都付与苍烟落照。只赢得几杵疏钟，半江渔火，两行秋雁，一枕清霜。

上联咏景，林林总总，把眼前的景物状写得细腻入微；下联述史，洋洋洒洒，把萌生的情怀抒发得淋漓尽致。其所表述的意境仿佛延绵无尽，给人的感受也就当然至深。

杭州西湖天下景的楹联更富有诗意，"水水山山处处明明秀秀，晴晴雨雨时时好好奇奇"，展现了西湖美景的气象大观；"水光潋滟晴方好，山色空濛雨亦奇"（宋·苏轼），点出了西湖佳景的时空美感。杭州灵隐寺用"飞来峰"景名给人带来无限的神秘感，山石上大肚弥勒佛两侧的石刻楹联"大肚能容容世间难容之事，佛颜常笑笑天下可笑之人"，应对大肚佛憨笑之神态，更是点到佳处、发人深思。济南大明湖有"四面荷花三面柳，一城山色半城湖"的诗联，贴切描绘出了济南的湖光山色之美。苏州环秀山庄"丘壑在胸中，看叠石疏泉，有天然画意；园林甲天下，愿携琴载酒，作人外清游"的诗联，更体现了古人造园艺术境界的高超。

三、古树名木览胜

我国幅员辽阔、地理复杂、气候多样、历史悠久，现存古树名木中已有千年寿龄的不在少数，它们虽老态龙钟却依然生机盎然，展现着古朴典雅的身姿，为伟大祖国的灿烂文化和壮丽山河增光添彩，如闻名中外的黄山"迎客松"、泰山"卧龙松"、北京中山公园的"槐柏合抱"等，都是国宝级的文物。2005年由江苏省建设厅编制的首部《江苏省城市古树名木汇编》揭示：全省共有古树名木5265株，其中昆山市的1700年银杏为年龄最老的树王，南京市的树王为位于东南大学的1500年圆柏（又名六朝松），无锡市的树王为位于江阴顾山镇的1400年红豆树，苏州市的树王为1010年山茶。

古树名木是人类社会历史发展的佐证，是一种独特的自然和历史景观，其本身就具有极高的历史、人文与景观的价值；随着人类文明的不断发展，古树名木也愈来愈受到社会各界的关注和重视，成为发展旅游、览胜园林的不可再生的重要生态景观元素。

（一）古树名木的身份界定

《中国农业百科全书》的身份界定：树龄在百年以上的大树，具有历史、文化、科学或社会意义的木本植物。

建设部的分级标准（2000 年 9 月重新颁布）：树龄在一百年以上的树木为古树，国内外稀有的、具有历史价值和纪念意义以及重要科研价值的树木为名木，凡树龄在 300 年以上，或者特别珍贵稀有、具有重要历史价值和纪念意义的古树名木，为一级古树名木，其余为二级古树名木。

国家环保总局的分级标准：一般树龄在百年以上的大树即为古树；而那些树种稀有、名贵或具有历史价值、纪念意义的树木则可称为名木。并相应作出了更为明确的说明：如胸径（距地面 1.2 米处的树干直径）在 60 厘米以上的柏树类、白皮松、七叶树，胸径在 70 厘米以上的油松，胸径在 100 厘米以上的银杏、国槐、楸树、榆树等，且树龄在 300 年以上的，定为一级古树；胸径分别对应在 30、40 和 50 厘米以上，树龄在 100 年以上 300 年以下的，定为二级古树。稀有名贵树木指树龄 20 年以上或胸径在 25 厘米以上的各类珍稀引进树种，外国朋友赠送的礼品树、友谊树以及有纪念意义的树木，其中国家元首亲自种植的定为一级保护名木，其他定为二级保护名木。

（二）古树名木的珍贵价值

1. 历史见证

古树名木是自然与人类历史文化的宝贵遗产，是中华民族悠久历史和灿烂文化的佐证，它们历尽沧桑、饱经风霜，上下几千年依然风姿绰约。如传说中的周柏、秦松、汉槐、隋梅、唐杏（银杏）、宋柳都是树龄高达千年的树中寿星，更有山东莒县浮来山 3000 年以上的"银杏王"，台湾 2700 年的"神木"红桧，西藏 2500 年以上的巨柏，陕西省长安县温国寺和北京戒台寺 1300 多年的白皮松等，更引注人们瞻仰。古树名木不仅连接我国的悠久文明和灿烂文化，有些还与重要的历史事件相连：如明崇祯皇帝在北京景山自缢的国槐，应是农民起义创造历史的见证；北京颐和园东间门内的两排古柏，在靠近建筑物的一面保留着的火烧痕迹，那是八国联军侵华罪行的真实记录。

2. 文化传奇

我国现存的古树名木，有些与历代帝王、名士、文人、学者紧密相连，留下许多脍炙人口的精彩诗篇文赋、流传百世的精美泼墨画作，成为我国文化艺术宝库中的珍品。如陕西黄陵"轩辕庙"内的二株古柏，一株

"皇帝手植柏",是我国目前最长寿的古柏；另一株"挂甲柏",枝干"斑痕累累,纵横成行,柏液渗出,晶莹夺目",相传为汉武帝挂甲所致。"扬州八怪"中的李鱓,其名画《五大夫松》,是泰山名松的艺术再现；嵩阳书院的"将军柏",更有明、清文人赋诗30余首之多。另如苏州拙政园内有一株文徵明手植的明代紫藤,其茎蔓直径逾20厘米,枝蔓夭娇盘曲、鹤形龙势,攀架缘墙、垂蔓墙外,花开烂漫,虽经五百年依然明艳照人,似乎给我们解读着拙政园的过往和未来。旁立光绪三十年江苏巡抚端方题写的"文徵明先生手植紫藤"青石碑。名园、名木、名碑,被朱德的老师李根源先生誉为"苏州三绝"之一,具极高的人文旅游价值。江苏扬州驼岭巷古槐道院旧址的千年槐树,相传为唐代传奇"黄粱一梦"中卢生的梦枕之物,虽片干残枝、苍虬向天、却老树新枝、绿荫一隅,现被政府有关部门围栏立碑,立为历史文化名城解读工程的重要场所,结合毗邻的"扬州八怪纪念馆"东扩,成为扬城交融唐、清文化的精髓力作。

3. 名胜佳景

古树名木是重要的风景旅游资源,景观价值突出。它们苍劲挺拔、风姿卓绝,或镶嵌在名山峻岭之中独成一景,或成为景观的重要组成部分与园林主景融为一体。如以"迎客松"为首的黄山十大名松和泰山的"卧龙松"等,均是自然风景中的珍品；而北京天坛公园的"九龙柏"、北海公园的油松"遮荫侯"以及苏州东山光福寺的"清、奇、古、怪"四株古圆柏,也都是古树名木中的瑰宝,吸引得众多游客感叹不止、流连忘返。扬州瘦西湖畔小金山景区的"枯木逢春"景点,两片古银杏的残躯,一大一小、一高一矮,色泽古朴、参差互望；脚下缀以山石、配之天竺、围护低栏；顶空攀蔓凌霄,春来盎然的绿叶繁茂,夏到如火的红花欢腾,其独到的匠意令人叫绝,其深邃的意念给人启迪。

再如扬州市文昌中路和淮海路交道口的中心绿岛,雄踞着一株1200余年的唐代银杏,树高15米、树径需6人合抱,干体曾因雷击开裂为二,在城建园林部门精心细致的管理养护下,树冠苍翠挺拔、傲首苍穹,博怀迎宾、谦礼送客,与西侧原唐木兰院的千年石塔一起,成为旅游名城的特色园林街景,著名诗人艾煊评价"它是扬州城市的载体,它是扬州文化的灵魂,它是一座有生命的扬州城的城标"。特别是深秋季节金冠辉煌,更引游人交口赞叹。

第三节　园林构造精妙绝伦

中国园林着重意境的塑造，园中的山、水、植物、建筑及其空间关系，这些组成园林美的物质性建构直接影响园林美的精神性建构，正如克莱夫·贝尔在《艺术》中所说，艺术品中的每一个形式，都得让它有审美的意味，而且每一个形式也都得成为一个有意味的整体的一个组成部分……

一、庭院建筑严谨

中国古典园林中的前宅建筑群在大多数情况下都是由若干个体建筑围合成方整的院落，即所谓"合院"的布局。院落中央为露天的庭院，也叫做"天井"，北方地区的庭院较宽敞，南方的小一些。最小的建筑群只有一进院落，大一些的为前后延展的多进院落，更大的则再向左右两侧延展而成为多进、多跨的格局，这就是中国建筑典型的群体布局模式。这种模式不仅全面地满足了汉民族居住、生活的功能要求和审美要求，其所反映的中心观念、等级观念、空间观念、封闭观念，也是中国封建社会的政治、经济、文化对建筑艺术的深刻影响结果。经过长期积淀而形成独特的、严谨的布局格律，体现了儒、道学说中"礼制"的伦理规范和道德理想，也可以理解为封建社会的意识形态在具体建筑上的"物化"，中国古代的汉民族建筑以及受汉文化影响较深的少数民族建筑中，大多数都在不同程度上受到这些格律的制约。

（一）中心观念

中国的封建社会以小农经济的血缘家庭为基础，"国"是"家"的放大，"家"是"国"的缩微。在汉民族的传统意识中，中心观念非常强烈：国有国君，家有家长，构成统治权力的中心，发挥其凝聚力量的作用。儒家倡导"允执厥中"，认为任何事物都必须有一个中心，也只能有一个中心。有中心必有陪衬、烘托，反映在建筑群体布局上，就必然要突出正房的主要建筑物形象，并由此延伸出一条中轴线作为全局统揽，其他的建筑物和院落则分列前后或两侧作为陪衬，在形象上起到烘托中心的作用，这便形成一正两厢、中轴对称的基本格律。

（二）等级观念

儒家为了从政治体制上巩固以君权为中心的封建统治而倡导礼乐教化、纲纪伦常，强调君臣、父子的大义名分，把"家"与"国"的成员纳入极为森严的封建礼制等级序列之中，建筑群作为家庭聚居和社会活动的载体，其布局也相应地反映了这种情况。一座院落，必有正房、厢房、倒座之分：邸宅的正房是家长或长辈居住的地方，建筑体量高大。厢房是晚辈居住的地方，体量相对要低矮一些。多进院落必有前院、后院之分，后院一般为内眷居住，外客不可擅入。各自的建筑体量也相应地有所差异，以严内外之别。多跨院落的建筑群必有正院和跨院之分，正院为主人起居、接待、举行仪典的场所，院落比较宽大宏敞。两侧的跨院为其他用途，院落相对而言要狭小一些。凡此种种，都形象地显示出建筑群体布局上的等级格律。

（三）虚实观念

以儒家和道家为代表的中国传统哲学都讲究阴阳相生、虚实相辅、有无相成的辩证之道，任何事物既呈现为"有"的实体，同时也包含着"无"的虚体，而因后者往往更能体现事物的本质，故其重要性更甚于前者。所以，中国传统艺术非常重视有无、虚实的关系，如绘画艺术的留空布白，书法篆刻的计白当黑，音乐戏曲的有声与无声等。庭院建筑也不例外，无论从功能或者审美方面考虑，不仅关注建筑实体的设计，而且特别讲究建筑实体围合而成的虚体——庭院空间的规划。庭院既是户外活动的场地，同时也作为邸宅内部的交通和公共交往的枢纽，它在建筑群中占着很重要的地位。为了增加建筑群内部的生活气氛、淡化其严谨格律，庭院内往往进行适当的绿化和园林化的处理，把虚、实的关系转化为人工氛围与自然环境的相互补充，使得两者交融而谐调在一个整体之中。

（四）封闭观念

一个建筑群，无论院落多寡都用墙垣围合起来而与外界呈相对隔离的封闭状态，它所表现的封闭观念正是封建血缘家庭作为一个相对独立的政治、经济实体——宗法制度下"小朝廷"的形象反映，也完全适应于家庭聚居时日常生活和安全防卫的功能需要。封闭的建筑群必然要在外墙上设门作为出入的交通孔道，因而门尤其是正门在传统建筑中占有极其重要的地位。正门的形制亦有严格的等级之分，从它的形象、规模和装饰上往往能够判断建筑的性质、主人的身份地位和财富情况。园林建筑对门的设计规划更受到特别的关注，门的形象也最丰富、活便。

二、叠山理水透灵

山与水的关系密切，山嵌水抱一向被认为是最佳的成景态势，也反映了阴阳相生的辩证哲理。体现在古典园林的创作上，"叠山"和"理水"不仅成为造园的专门技艺，两者之间相辅相成的关系也是十分密切的。造园家李渔认为："幽斋垒石，原非得意。不能置身岩下与木石居，故以一拳代山，一勺代水，所谓无聊之极思也。"

（一）一拳则太华千寻

1. 叠山置石

在园内使用天然石块堆筑成山的特殊技艺称为"叠山"，匠师们利用不同石材的造型、纹理、色泽，以多种堆叠风格创作形成的若干流派，集中体现了中国古典园林艺术源于自然、高于自然的魅力。叠石为山的风气盛行，几乎达到"无园不石"的艺术境界，石的本身也逐渐成了人们鉴赏品玩的对象：选择整块天然石材陈设在室外作为观赏对象的做法叫做"置石"，用作置石的石材不仅具有"瘦、漏、透、皱"的优美奇特造型，而且能够引起人们对耸山高峰的联想，即所谓"一拳则太华千寻"，故又称之为"峰石"。

中国山水画派着意"咫尺之内，而瞻万里之遥；方寸之中，乃辨千寻之峻"，其画理常指导叠山理水，其风格亦影响造园意匠；中国园林以表现"多方胜景，咫尺山林"见长，"夫理假山，要人说好，片山块石，似有野致"[1]。我国名园中现存的优秀叠山作品，一般高不过八九米，无论模

---

[1] 计成：《园冶》，吉林文史出版社1998年版。

拟真山的全貌或撷取一角，都贵在以小尺度而创造出峰、峦、岭、岫、洞、谷、悬岩、峭壁等的形象写照，从堆叠章法和构图经营上概括、提炼出天然山岳的构成规律，在有限的空间地段上幻化成千岩万壑的气势。

扬州无山，园林中常采用平地叠石之法，其叠石增山技艺很有讲究，有"扬州以名园胜，名园以叠石胜"之说。扬州地处江淮，无石可产，他方之石，运载不便，不可能有许多巨峰大石，园林叠石就在于运用高度技巧，将小石拼镶成巨峰，其石块的大小、纹理组合巧妙，勾带连络。拼接之处有自然之势而无斧凿之痕，且多用阴拼，即石块的拼接涂料全部暗含在内，外表缝隙犹如画的线条，遵循"峰与皴合，皴自峰生"、"依皴合缀"的画论。这在何园"片石山房"中得到完美的体现。

片石山房建于清乾隆年间，一名"双槐园"，据传出自石涛的手笔。石涛，清代著名的山水画家，是明靖江王朱亨嘉的长子，为避清统治者的迫害，出家为僧。亡国之痛使之寄情山水，饱餐"五老"、"三叠"之胜，又能在叠石时将胸中丘壑转化为佳山秀水。片石山房总体布局为"外实内空"：上有蹬道可攀，中有山屋可居，下有山麓水边汀步可跨，"一峰突起，连冈断堑，变化顷刻，似续不续"。片石山房分东山和西山，皆以湖石迭就。东向是一横长的倚墙假山，转角向南，与墙头游山高低错落，山巅有小叶罗汉松一株，树龄已逾百年，青碧苍茂，更使山有古拙之感。西首的主峰高近十米，挺然高出园墙，由于系平地一峰突起，更显得高峻峭拔。山顶老梅一株，已逾百年，曲干虬枝，更觉幽深寒冷；古藤翠蔓从石隙中伸出，或垂山巅、或穿石脚，似觉岚气雾霭，烟云毕至。沿蹬道上山巅，周围怪石突兀、堆叠巧妙，一块块如老人额首，一组组似仙女采撷。拾级而下，道路左盘右曲，待到山脚，忽见藤蔓之中藏一洞口，入洞深幽，初觉狭窄，进内竟然是方形石屋两间，此时再看前方贴壁砖刻"片石山房"，顿时领悟该景原指片石堆叠的山中洞府。

石峰前一渐清池，岚影波光，上下辉映。南岸有明末楠木大厅一座，面阔三格，造型质朴，用料粗壮，结构简练。西山墙建不系舟一艘，下为白石围栏，三面临水，水中游鱼细石清晰可见。轩窗三面，皆为梅花冰裂纹雕花窗槅洞门。倚于"美人靠"之上远眺"片石山房"，便可看出石山极合石涛作画技法，气势、体面、形状、虚实处理、细部经营与画论相合。更可贵者，主峰、大厅、不系舟等皆以曲廊周接，廊壁镶嵌诗条石碑，皆依石涛的诗词遗墨镌刻，书法笔力古拙、秀劲绝俗。窗棂、门扇皆精心设计，仅以门形为例，有月牙、古瓶、宫灯等。厅前山后，或种一树，或点一石。进门处的三叠泉、水榭内的涌泉井、山坳处的水中月、廊转折处的半亭，妙手天成，令人叫绝："四边水色茫无际，别有寻思不在鱼。莫谓此中天地小，卷舒收放卓然庐。"

2. 分峰造石

分峰造石为扬州园林叠石的一大特色，即采用不同的石材堆叠各异的山峰，形成个性鲜明的山景，再将诸多山景汇于一园，相互映衬比照，给予技艺高超、意念隽永的美感享受。誉称"全国四大名园"之一的个园是这方面的杰出代表，游览后顿生"园林方半日，山中已一年"的强烈感悟。

个园建于清嘉庆二十三年（1818年），为两淮盐总黄至筠于（明）寿芝园旧址重建。后为（清）马曰琯、马曰璐兄弟别墅，又称小玲珑山馆。黄虽为巨商，但"性爱竹"，取"月映竹成千个字"（袁枚）之意，号"个园"，并以之作为园名。该园据说亦出自石涛手笔，他一生多游历名山大川，"搜尽奇峰打草稿"，在个园设计中取材自然、却又敢破常格，以四季假山汇于一园的独特叠石艺术而闻名遐迩。园林艺术大师陈从周先生在《扬州个园》一文中写道：

> 个园以假山叠石的精巧而出名。在建造时，就有超出扬州其他园林之上的意图，故以石斗奇，采取分峰用石的手法，号称四季假山，为国内唯一孤例。……这种假山似乎概括了画家所谓'春山淡冶而如笑，夏山苍翠而如滴，秋山明净而如妆，冬山惨淡而如睡'（见郭熙《林泉高致》），以及'春山宜游，夏山宜看，秋山宜登，冬山宜居'（见戴熙《习苦斋题画》）的画理，实为扬州园林中最具地方特色的一景。

个园是中国传统意义上的前宅后园结构。月洞形园门东、西两侧透空花墙之下，各有一个青砖砌就的花境，疏竹间石绿斑驳的笋石依门：竹石相配，一真一假、一动一静，组合出蓬勃向上的朝气，象征着满目春意的山林。着笔不多，借助新笋破土、节节向上的春之气息，完成了春山的创作理念。用地不大，给人稍不留意、一览而过的视觉态势，诠释了春意匆

第二章　园林艺术知识教育

匆的警世明理。筱竹劲挺，缕缕阳光把稀疏竹影映射在园门的墙上，形成"个"字形的花纹图案，烘托着园门正中的"个园"匾额，既使人感悟到绿竹漪漪满园栽的春光媚景，也使人联想到绿竿芊芊满腔虚的高风亮节。构园者虽未特别指出，但抓住最能体现春意的翠竹、石笋，昭示画景，感受欣欣向荣朝气蓬勃的审美，从而揭示趣理，感悟春意虽好稍纵即逝的哲理。

春山是序幕，进入园门，扑面映入眼帘的就是夏山：前临深池，东依长楼"宜雨轩"。山体多以湖石堆叠，透漏瘦皱、天姿玲珑、延绵起伏、峰峦多姿。主峰高耸约6米，鹤亭檐角飞张、古松绿荫如伞、一架紫藤虬枝盘旋。瀑布悬于山壁，山体俊俏而秀美。步入曲桥，两旁奇石有的如玉鹤独立、形态自若，有的似犀牛望月、憨态可掬，佳景俏石，使人目不暇接。抬头看，谷口上飞石外挑，恰如喜鹊登梅，笑迎远客；远处眺，山顶上群猴戏闹，乐不可支。过青石飞梁、步石，可至主峰下曲洞，洞谷如屋、境深邃幽静，磴道盘旋、可攀峰登楼。山洞石缝中，广玉兰盘根错节；窗前沿阶下，扇芭蕉亭亭玉立。

秋山位于园之东侧，是一座大型的黄石假山，其石有的赭黄如土、有的赤红如染，其势如刀劈斧削、棱角刚毅；山隙间丹枫斜伸，曲干虬枝与嶙峋山势浑然天成；山顶翼然飞亭，登峰远眺，群峰低昂脚下，烟岚飘隐其中。虽是咫尺之图，却有百千里之景的磅礴气势。大的山体构筑，讲求山势的高下起伏、脉络的绵延断续，秋山有西、东、南三峰，似断还续、蜿蜒曲折；大的山体构筑，峦要高峻，参差布列，峰要峭拔，挺举欲飞。秋山三峰因地制宜、随势而立，山势起于西而东行、南去，形成一个大体上的直角形态，西、南二峰如宾如从，拱卫高耸峻拔的主东峰。主峰高约9米，耸峙于长楼之东，峰、峦、岫、谷、悬崖、峭壁、飞梁、深涧聚于一体。磴道崎岖，峰回路转，时而巨石迎面，时而峭壁在前。磴道间有两株古柏，虬曲如苍龙。峰侧有"驻秋阁"，门楣郑板桥联："秋从夏雨声中入，春在寒梅蕊上寻。"阁西南向小门旁，有扬州著名学者孙龙父先生书联："安得素心人乐与数晨夕，却疑尘世外别有一山川。"主峰北侧有三处洞口，东、西两入口的洞穴较宽，光线明亮。游人自东而入，绕向山南，必定西出。若自西入，亦周绕一圈，必从东出。中间一洞，洞口较窄，光线暗弱，盘旋而下可达上层洞室。此洞室较大，可容十数人，有数个洞口与外界相通，但其中仅一个能与下层洞室连通，需掌握"大道不通小道通，明处不通暗处通"的要诀，如果尽捡宽、亮处入，反而不至。下层洞室宽敞明亮，东、南、西均置门洞，北壁内凹处有石床，南壁穴窗下置石桌、石凳，可以小坐对弈。出南洞门，已是山外，但似一幽深山谷，能容十数人，四周皆是石壁高岩。回望主峰，峰峦似直上云霄，半山中悬崖、峭壁、小桥——在望，小亭似展翅欲飞。正在"山重水复疑无路"时，谷南一巨石后，现出一条小道，两边山石夹道，随道曲折即出，已至南峰西麓。

秋山主体在园的东墙前，每当夕阳晚霞映照，黄石山体上下一片橙黄，呈现出金秋绚丽的色彩。主峰之侧的小亭，更可以招云邀月、驰目骋怀，应秋日宜登高望远之习；主体巉岩间红枫摇曳，更显秋日的绚丽和秋山的多姿。如果夏景是以清秀曲美的太湖石表现秀雅恬静的意境，那么秋景则以粗犷豪放的黄山石一展雄健粗犷的壮观。一秉南方山水之秀，一具北方山岭之雄，秀美、峻峭的风格迥异，却又在咫尺之内巧以抱山楼前长廊相连，浑然一体而不割裂，和谐统一极富画意。

从秋山东峰步石而下，南行至"透风漏月"厅前，即为用宣石堆叠的冬山，山势作东西向起伏蜿蜒，偏西部分略微突兀向上，势如主峰。宣石颜色洁白、石英斑驳，俨然似白雪皑皑、经年不融的冰山美景。宣石线条柔滑、体态蜷曲，鲜活如翻滚扑跳、憨态可掬的雪狮起舞。冬山位于高高的南墙脚下，白色的墙面上设计出一组四排二十四个风洞，隆冬季节，更增添北风呼啸、雪海茫茫的彻骨寒意。山前地坪为白石冰裂纹铺状，山畔冬梅点点、暗香浮动，霜高梅孕一身花；天竺枝枝、珠红影疏，雪厚竺着满头果。冬山虽不高峻，却似一幅用笔简朴、高远雅致的元人雪山图景。令人惊叹不已的，还在于冬山西侧墙面上洞开的两扇圆形漏窗，东、北两侧各置一巨宣石，犹如一对可爱的小狮，相互召唤、探望着隔墙绿竹轻摇、笋石直上的春山美景。冬、春两山一墙巧隔，冬、春两景一窗妙连，暗喻冬去春来、大地复苏的设计构思和意念灵感，可谓匠心独具、叹为观止。

个园的四季假山，创意独辟蹊径，组合浑然天成。分峰造石之外，园中又因势散落布置一些厅馆楼台、石桥小筑，整个园景犹如一幅精美绝伦的山水画卷，真是"春夏秋冬山光异趣，风晴雨露竹影多姿"。再配上联对匾额、花草树木，更是愉悦感官、舒展心情，正如今人吴奔星《忆扬州个园》所赞："个"字形容好，参天节节高。狂飙歌一曲，如对万支箫。

计成在《园冶》中云："园中掇山，非士大夫好事者不为也。"点出了叠山置石所需的高超技艺与苛求品位，故在现存古典园林中留世的上乘佳作并不多见。特别应该引起我们重视的是，叠山造景在某些现代园林建设中几乎已到了滥用的境地，毫无意趣可言，更谈不上什么园林意境，除了在设计创意上苍白无知外，叠山技艺的粗糙拙劣也是问题所在。

（二）一勺则江湖万里

水体在大自然的景观构成中是一个最活跃的因素，静则亲切谦和、动则欢腾奔泻、喜则跳跃叮咚、怒则如雷轰鸣。水体在园林中也是最有吸引力的因素，小者清澈明净、不可捉摸，似少女的眉目传情；大者宽广畅舒、草木华滋，如母亲的博爱胸怀。水体是创作园林美的源泉之一，蓄之成库、悬之成瀑、积之成潭、散之成珠、喷之成雾、举之成柱、旋之成涡。人工理水务必做到"虽由人作，宛自天开"，哪怕再小的水面亦必曲折有致，并利用山石点缀岸、矶，在有限的空间内尽量模仿天然水景的全貌，这就是"一勺则江湖万里"之立意。园林内开凿的各种水体，都是自然界中河、湖、溪、涧、泉、瀑等的艺术概括，稍大一些的水面，则必堆筑岛堤、架设桥梁，有的还特意做出一弯港汊，以形成源流脉脉、无限幽深的意境。

先秦上林苑不但拥有数量众多的大小池沼作为附属水体，而且具备了太液池、昆明池这样水面浩瀚的主水，主、附水体之间已有明确的仰承呼应关系，昆明池遗址的面积至今仍是清代圆明园、长春园、万春园面积总和的三四倍。在先前单纯以山或高台建筑为核心、以道路建筑为纽带的园林形式中，加入了以水体为核心的新格局，建立以水体为纽带的山、水、建筑组合关系，促进山、水、建筑及植物景观间更复杂的穿插、渗透、映衬等组合关系的出现和发展。数量众多、千姿百态的水体穿插于庞大的宫苑建筑和山体之间，产生高低错落、起伏有致的和谐韵律，为传统园林最终采取一种流畅柔美、富于自然韵致的组合方式准备了必要的条件。

在城市山林中，许多住宅园林无水，但园无水不活，于是挖池蓄水，而有时造园家另辟蹊径，采取旱园水做之法，则让人耳目一新。誉为晚清第一园的扬州"何园"即为旱园，构园者另辟蹊径，旱园水做：进园处贴壁山林前筑一湾曲水，池旁湖石或如峭壁凌空、或如矶石俯瞰，池内游鱼怡然，山上葛藤倒悬，更有山色楼台倩影映水，令你情不自禁地暗自叹绝。更有前园牡丹厅旁安排的船厅，周围都是石山，厅处于深谷之中。厅为四面厅，四周的廊台严整，且高于地面一阶，将厅周的地面压低。厅前铺装，用小瓦、鹅卵石铺成水波浪纹，起伏有致，似见波光粼粼、似听裂岸涛声。厅的主体则筑于高基之上，望之似乎就置于池水之中，此时再看那船厅的楹联："月作主人梅作客，花为四壁船为家"，你顿会产生幻觉，疑为在湖滨漫步、船内荡桨，忘却这是旱园。再看看厅前的石峰、厅东的贴壁假山，定会感到"无水而有水意，无山却有山情"的艺术内涵。这是中国传统绘画艺术"意到笔不到"的表现方式在园林中的精妙应用，如果四周挖水筑池，反会使人感到过实而无悬念，兴致索然。

三、花木掩映生趣

精美的树，是一首诗，它颂咏着生命的真谛，春华秋实，万物繁衍。

精美的树，是一支曲，它讴歌着生命的激情，夏荫冬姿，千载不息。

精美的树，是一幅画，它渲释着生命的辉煌，秋红春绿，百色争艳。

精美的树，是一部书，它诠绎着生命的奉献，冬芽夏枝，一落归根。[1]

园林植物姹紫嫣红、争奇斗娇，最能让人联想到大自然的勃勃生机。此外，园林植物还按其形、色、香而"拟人化"，被赋予不同的性格和品德，在园林造景中尽量显示其象征寓意。园林植物的选择是否恰当，最能反映园林绿地的建设水平。功能应用是否得体，最能鉴赏绿地景观的布局品位，最能反映园林设计、施工的独具匠心。树木栽植不讲究成行成列，但亦非随意参差，往往以三五成丛使人以蓊郁之感，运用少量树木的艺术概括而表现天然植被的万千气象。

---

[1] 何小弟：《彩色园林树种选择与应用集锦》，中国农业出版社 2005 年版。

（一） 名花佳木竞辉

园林植物的种类繁多，形态丰富，景观作用显著：既可观形、赏叶，又可观花、赏果；既有参天伴云的高大乔木，也有高不盈尺的矮小灌木。常绿、落叶相宜，孤植、丛植可意，不受时空影响，不拘地形限制。看似随意洒脱、信马由缰，意却主题鲜明、功能清晰。

竹，既有风雅宜人的姿态，又具竹报平安的吉祥，自古以来就是陶冶情操、美化宅院的祥株佳木，中国古代园林已到了无竹不成园的崇高境界。特别是在我国江南地区，因其地形复杂，又受亚热带季风影响，综合环境条件形成了丘陵、山地、河谷、平原等不同类型的自然群系，园林用竹更是达到了登峰造极的境地。其中，最负盛名的当数扬州个园：园主性爱竹，取半个"竹"字，植满园风雅；叠四季假山，赢天下美誉。此外，南京的随园、芥子园，苏州的留园、西园等，均是以竹造景的典范：通幽竹径、粉墙竹影、漏窗竹景、山石竹伴，无一不充分显示了竿竿修竹的婵娟挺秀、芊芊幽簧的潇洒飘逸。近代科学的论证，更表明有高叶面积指数的竹，其吸收二氧化碳、放出氧气的光合作用能力是同投影面积落叶乔木的 1.5 倍，减弱噪音的能力也比落叶乔木强，其突出的经济、社会、环境三大效益，更符合现代人居理念的时尚潮流，成为当今中外园林建设中的植物宠儿。

棕榈科植物作为单子叶纲中一个非常特殊的类群，以其独特的风格、显明的个性、突出的体征，成为营造园林热带植物景观的优良树种，最早流行于欧美园艺界，后被许多国际旅游城市广泛采用，特别是在海边、湖畔临水群植及在草坪、土丘上丛植效果尤佳。叶状独特、树形多样的棕榈科植物，或茎秆粗壮高大，具雄伟之力；或修直耸立，有劲秀之美；或丛生灌木状，拥茂盛之态。近 10 年来开发应用的耐寒、耐旱品种如粗干华盛顿葵、加拿利海枣、银海枣、欧洲棕、布迪椰子等，能很好适应我国广大温带地区降霜和缺水的环境条件。茎秆高大雄伟、色泽多彩俏丽的彩色茎秆类棕榈科树种，如椰子、大王椰子、狐尾椰子、油棕、槟榔等，在公园、广场、河滨等较开阔地带配植，构成棕榈林或棕榈岛，营造出绮丽多姿的南亚热带风光；或作庭园衬景或建筑物的背景，以荫庇烈日、活跃视野。而茎秆低矮奇特、色泽典雅清丽的种类，如散尾葵、三角椰子、酒瓶椰子等，则可适量种植在山脚、水旁、古建筑的前庭等较小绿地，用以衬托山石、水体等景观；道路两侧、建筑物旁，若用俾斯麦榈、红柄椰、红棕榈等彩叶种类作点缀，又是别有一番景色。

彩色园林树种，更以其独特的景观魅力，成为园林植物配置的热点话题。彩叶类树种中数量类型最为繁多、色彩谱系最为丰富、生态景观最为显著、选择应用最为广泛的季相彩叶树种，从彩叶性状显现的季相特征观察，春色叶树种的主流色系为红色，如五角枫、红枫、羽毛枫、山麻杆、石楠、香樟、臭椿、紫叶桃等。秋色叶树种的主流色系则有红、黄两大类别，树种类型也较春色叶树种丰富得多。秋叶金黄的著名树种有金钱松、杨树、柳树、银杏、七叶树、槐树、马褂木、石榴等，秋叶由橙黄转赭红的树种主要有水杉、池杉、落羽杉等，秋叶红艳的树种有榉树、乌桕、丝绵木、重阳木、枫香等，而漆树科、槭树科、壳斗科栎属以及蔷薇科梅属中的樱花等，则因树种、品种的差异呈现出更加丰富的彩幻变化。常年彩叶树种，虽叶色的季相动态变化不尽明显，但其色彩稳定、持效长久，是修剪彩篱、构建色块、镶拼模纹的绝佳材料。我国自主培育的常彩叶新品种红花檵木，20年来不断更新、佳品迭出，载誉大江南北，深得业界青睐；从欧洲引进的杂交新品种金叶女贞，以其亮丽金黄的彩叶性状，扮靓南北园林，称雄霸主地位，十余年如一日，至今风采不衰。而近年来从日本引进的新品种紫叶矮樱，又异军突起，以其耐寒易植、靓丽紫艳的优良特性，挺进常彩叶树种大军；新近从荷兰引进栽培的地被植物新品种金叶过路黄，彩叶期长达9个月以上，金艳靓丽的景观效果十分卓越，被公认为地被植物之精品，在华东、华中、华南等地发展迅速，极大地丰富了园林植物生态景观。

园林树木的枝干，大多为深浅不等的褐色，特别是进入壮、老年期以后，其枝干表皮粗裂，虽其强干劲枝的空中轮廓不失为一道别致的风景线，但隆冬落叶后尤显一片萧瑟。而彩色枝干类树种，或因其光洁色丽，或因其斑驳色趣，在园林景观中别具一格、独领风骚。这里有灰白色枝干的柠檬桉，青绿色枝干的梧桐，金黄色枝干的金枝国槐、金枝柳，淡紫褐色枝干的紫薇，红色枝干的赤松、红瑞木，鲜红色幼枝的香樟、香椿、红果树；也有斑驳中漏出青白鲜嫩皮色的白皮松、豹皮樟、二球悬铃木，斑驳中漏出红褐或灰白皮色的榔榆、木瓜；枝干表皮呈纸片状剥离的桦树，色泽因种类而异，有红桦、白桦之分；枝干灰白色的毛白杨和淡茶色的菩提树，其主干上的目状皮孔，更给其彩干性状增添了神奇精邃的魅力。

（二）居室良友相伴

三千年前《诗经·大雅》中的《生民之计·卷阿》篇，是古代最早留下梧桐栖凤凰的文字记述："凤凰鸣矣，于彼高岗。梧桐生矣，于彼朝阳。"原为周成王（公元前1082年）游卷阿时，随臣对成王的赞美诗，寓有规劝成王求贤用贤之意。后因庄子（公元前286年）又有"凤凰非梧桐不栖"之言，遂使梧桐成为庭院之吉祥树木，上起皇家宫苑，下至百姓院落，都喜植梧桐，希冀引凤。（宋）司马光《梧桐》诗云："紫极宫庭阔，扶疏四五栽。初闻一叶落，知是九秋来。实满风前地，根添雨后苔。群仙傥来会，灵凤必徘徊。"

宋元以来，我国的许多文人学者喜为自己的书斋冠名，其中有不少即与园林植物关联。如宋代名相李纲常以桂花自勉，亲植桂花以明志，将自己的书斋命名为"桂斋"。明代大书画家徐文长，无法忘情于幼年时手植的一株青藤，便将其作为书斋的名称，甚至变成自己的别号，写字作画，落款常署名"徐青藤"。清代经学家周惕曾从东禅寺移植一株红豆树于庭前，甚为珍爱，遂命名其书屋为"红豆书庄"。国画大师齐白石，38岁时租住一处周围栽满梅花的房屋，为表达喜爱之情，将其冠名"百梅书屋"。著名哲学家冯友兰，曾居北京大学燕南园三十余载，因出于对家中庭院三株挺拔的松树的喜爱，将其斋定名为"三松堂"。著名画家、文学家丰子恺，1922年应邀到浙江上虞县春晖中学任教，在住所墙角亲植一株杨柳，并常以柳作画，遂将居室取名为"小杨柳屋"。著名红学家俞平伯，迁入北平时，因家中庭院有株古槐，便将书斋起名"古槐书屋"。著名语言学家王力，1943年迁入昆明粤秀中学居住，小院里有株笔直的棕榈树，他十分喜爱，将书斋命名为"棕榈轩"。

园林植物的种类繁多，性状各异：松柏类植物，青翠常绿，雄伟庄穆；孤植清秀，列植划一。常绿阔叶树种，雍容华贵，绿荫如盖，独立丰满，群落浩瀚。花果木佳品，花开满树、灿若云霞，果挂满枝、形若珠玑。春来，做报时的使者；秋至，是季节的象征。竹的清姿脱俗，如同一泓清泉，滋润着人的心灵。棕榈的秀景雅丽，带来一片南国的风光：孤植如独木撑天，给人以力的启迪；群植似峰峦叠嶂，给人以美的震撼。

依中国的国风民俗，传统十大名花有梅花、牡丹、菊花、兰花、月季、杜鹃、茶花、荷花、桂花、水仙；我国现有的市树、市花中，除前述十大名花全部有主外，尚有玫瑰、丁香、紫薇、木芙蓉、叶子花、迎春、石榴、栀子花、缅桂、茉莉、木棉、红柳、紫荆、红花檵木、腊梅、扶桑、刺桐、瑞香、玉兰、广玉兰、凤凰木、银杏、杨柳、琼花、芍药等数十余种榜上有名，在各地的园林植物选择与应用中形成特有地域生态特色。如以丁香为市树（花）的冰城哈尔滨，据园林部门统计，从国际已知的30余种丁香属植物中引种栽培了近20余种、约250余万株，丁香园、丁香林、丁香山随处可见，好一座美丽的园林之城。初春季节花海荡漾，有半个世纪之久的丁香林荫大道，更是吸引众多的国内外游客和专家学者慕名前往观光、考察。

第二章 园林艺术知识教育

现实是历史的延续。园林艺术从诞生、拓展、演化等各个环节构成了其优秀的历史文化传统，并给予后世以深远的、多方面的影响。因此，在园林艺术教育中需要系统地讲述园林发生发展的历史，对某一地域、某一时代的主导风格有大致的了解，以便进入以园林艺术作为媒介的教育活动。

第二章 园林发展历程教育

第一节　中国园林艺术的历史发展及其特色

中国园林艺术在近五千年的历史长河里留下了它深深的履痕，是中华民族悠久历史和古老文化的见证。中国园林持续时间最长、分布范围最广，是世界文化遗产宝库中一颗璀璨夺目的明珠。中国园林是一个博大精深而源远流长的风景式园林体系，为世界三大园林体系（中国、西亚和古希腊）之最。

一、中国园林的发展历程

中国园林艺术发展至唐宋已经形成自己独特而完整的艺术体系。从发展阶段看，由囿到苑，到写实自然山水园，到写意自然山水园；从表现手法看，由利用自然到稚拙描写自然，到精确描写自然，到不经意描写自然；就艺术追求而言，由写景到写情，到写意，由不似到似，到"似与不似之间"。

中国古典园林历史悠久，大约从公元前 11 世纪的奴隶社会末期直到 19 世纪末封建社会解体为止，在 3000 余年漫长而不间断的发展过程中形成了世界上独树一帜的风景式园林体系——中国园林体系。中国古典园林得以持续演进的契机便是经济、政治、意识形态三者之间的平衡和再平衡，其逐渐完善的主要动力亦得之于三者间的自我调整而促成的物质文明和精神文明的进步。

（一）对自然简单占有的原始阶段——商、周时代的园、囿

一般认为，商、周的园、囿是中国古代园林萌发的开始，主要是皇家苑园、囿，规模虽大，但基本上只是圈地的性质，但在客观上为后来的人工山水园林和自然风景园林的开发奠定了基础。商、周时代的"园"，一是有园墙、有藩的竹木"篱笆"，二是在这个闭合的空间内有"树木"（指人工种植）。所谓"囿"，《初学记》定义为"养禽兽曰囿"，就是把自然景色优美的地方圈起来放养禽兽以供帝王狩猎，所以也叫游囿。天子、诸侯都有囿，只是在范围和规格等级上有差别，"天子百里，诸侯四十"。中国最早见之于文字记载的园林是《诗经·灵台》篇中记述的灵囿：周文王建灵囿"方七十里，其间草木茂盛，鸟兽繁衍"。

（二）采集或自然主义的仿写阶段——春秋、战国、秦、汉的宫苑和私家园林

这一时期的园林较之商、周时期已少了很多生产和军事性质，开始具有了较多的观赏功能，宫苑建筑由"团块美"转为"结构美"，呈现出一种过渡或演化的形式。春秋、战国时期各国竞相经营带观赏性质的宫室园囿，如吴王夫差所筑的姑苏台、天池、海灵馆、馆娃阁等，还有梧桐园、葡萄园等一类非宫苑性的主题园林，开始出现了生产、观赏并重的"主题园"和以游宴、观赏为主旨的"宫苑"的分野。

秦统一全国后，在都城咸阳大建宫室，并于渭水之阳作上林苑，"引渭水为池，筑为蓬、瀛"，在囿的基础上发展出新的园林形式——苑：苑中养百兽，供帝王射猎取乐，保存了囿的传统；苑中有宫、观，成为以建筑组群为主体的宫苑。除布置园景供皇帝游憩之外，还举行朝贺、处理朝政，是内涵更为丰富的多义性大型园林群体的集合。

汉武帝刘彻扩建上林苑，周围三百里，地跨今西安市和咸宁、周至、

户县、蓝田县境，关中八条大河贯穿于苑内辽阔的平原、丘陵，自然景观极其恢弘："上林苑门十二，中有苑三十六，宫十三，观三十五"。建章宫就是其中最大的一个。汉武帝时虽独尊儒家，但他却又相信方士神仙之说，故在宫内开太液池，并在池内置蓬莱、方丈、瀛洲诸山，以象征东海神山。这种"一池三山"的形式，成为后世宫苑中池山之筑的范例。除皇家宫苑外，西汉时已有贵族、富豪的私园，以建筑组群结合自然山水，内容仍不脱囿和苑的传统，是皇家宫苑的一种缩写或住宅的延伸、扩大。梁孝王刘武的梁园，所采撷的园林山水要素，形体大小逼近真山真水。茂陵富人袁广汉更于北邙山下筑园，构石为山，园中有大量建筑组群，景色大体比较粗放，这种园林形式一直延续到东汉末期。

（三）诗画结合、追求意境的阶段——魏晋、南北朝、隋唐、五代、两宋的写意山水园

魏晋南北朝是我国社会发展史上一个重要时期，一度社会经济繁荣、文化昌盛，士大夫阶层追求自然环境美，游历名山大川成为社会上层普遍风尚。在意识形态方面则突破了儒学的正统地位，呈现为诸家争鸣、思想活跃的局面。豪门士族在一定程度上削弱了官僚机构的权贵统治，民间的私家园林异军突起。佛教和道教的流行使得寺观园林也开始兴盛起来，尤其是不少贵族官僚舍宅为寺，原有宅园成为寺庙的园林部分。园林形式由粗略地模仿真山真水转到用写实手法再现山水，园林植物由欣赏奇花异木转到种草栽树、追求野致。园林建筑不再徘徊连属，而是结合山水、点缀成景。此期的造园活动初步确立了园林美学思想，奠定了山水、植物和建筑相互结合的自然山水园林发展的基础，奠定了我国古代私家园林的基本风格和诗情画意的写意境界，并转而深刻地影响了皇家园林的发展。很多建于郊外或选山水胜地营建的寺庙，不仅是信徒朝拜进香的圣地，而且逐渐成为风景游览胜地。此外，一些风景优美的胜区逐渐有了山居、别业、庄园和聚徒讲学的精舍，自然风景中渗入了人文内涵，使自然和文化在园林这个范畴内更多更紧密地相结合，逐步发展成为今天具有中国特色的风景名胜区。

隋朝结束了魏晋南北朝后期的战乱状态，社会经济一度繁荣，造园之风大兴。隋炀帝杨广即位后，"亲自看天下山水图，求胜地造宫苑"。迁都洛阳之后，"征发大江以南，五岭以北的奇材异石，以及嘉木异草，珍禽

奇兽"，大力营建宫殿苑囿。其中以西苑最著名，其风格明显受到南北朝自然山水园的影响，采取了以湖、渠水系为主体，将宫苑建筑融于山水之中，成为中国园林从建筑宫苑演变到山水建筑宫苑的转折点。盛唐时代宫廷御苑设计更愈发精致，特别是由于石雕工艺已经娴熟，宫殿建筑雕栏砌玉格外华丽。此期中国山水画出现了寄兴写情的画风，园林方面也开始有体现山水之情的创作。总体上看，这一时期的皇家园林与宫殿、宫城紧密结合，层次严谨，在统一中求变化。苑囿本身虽沿袭仙海神山传统，但在以山水为骨架的格局中，水体景观显得更加突出。隋唐宫苑堪称中国封建文化的纪念碑，展示出恢弘气魄的灿烂光辉。

从中晚唐到宋，士大夫们渴求不出家门就能享"主人山门绿，水隐湖中花"的乐趣，于是在宅旁葺园地、在近郊置别业，仿效自然山水建造园苑。大批文人、画家参与造园，运用诗画传统表现手法，把诗画作品所描绘的意境情趣引用到园景创作上，甚至直接用绘画作品为底稿，寓画意于景、寄山水为情。在面积不大的宅旁地里，因高就低、掇山理水，表现山壑溪池之胜；点景起亭、览胜筑台，尽享悠闲抒情之乐。茂林蔽天、繁花覆地，小桥流水、曲径通幽，更得自然之趣。唐朝的王维辞官隐居到蓝田县辋川相地造园，园内山风溪流、堂前小桥亭台，都依照他所绘的画图布局筑建，如诗如画的园景完全表达出他的诗、画风格，正如苏轼所说："味摩诘之诗，诗中有画，观摩诘之画，画中有诗。"

经过唐代对园林意境的开拓，再得两宋的进一步发展，造园者据对山水的艺术认识和生活需求，因地制宜地表现山水真情和诗情画意，逐渐把造园艺术从自然山水园阶段推进到写意山水园阶段，为中国古典园林艺术独立成派、从而登入艺术大雅之堂奠定了基础。

（四）成为独立的艺术品类和理论总结阶段——元、明、清的皇家园林，江南私家园林，计成《园冶》的刊行

元、明、清三代建都北京，历经营建完成了西苑三海、故宫御花园、圆明园、清漪园、静宜园、静明园及承德避暑山庄等著名宫苑。这些总结了几千年传统的造园经验、融会了南北主要的风格流派、集全国名园之大成的集锦式园林宫苑，在艺术上达到了几近完美的境界，成为中国园林的撼世经典艺术，是中国古典园林遗产中的重要宝藏。

隋唐盛世之后的中国封建社会发育定型，封建文化的发展虽已失去了

汉、唐的闳放风度，但市民文化的兴起为传统文化注入了新鲜血液，在日益个性化的精致境界中实现着从总体到细节的自我完善，园林的发展升华逐步进入富于创造进取精神的完全成熟境地。如苏州名园狮子林，是元朝天如和尚与山水画大师倪瓒合作建造的，虽历经数百年沧桑，迄今仍以景象奇异而倾倒无数中外游客，成为世界文化遗产的园林瑰宝。

明朝在建筑、文学、绘画等艺术领域都有很大的开拓，特别是砖石建筑的普遍运用、大批能工巧匠的出现，促进了园林建筑业的发展。此期从文人中分化出一部分专业从事园林艺术创作的人士，他们同工匠出身的造园家汇合成一股新的推动力量，激发了造园事业向更高境界的发展。其中，计成著、刊行于明崇祯七年（1634年）的《园冶》，是中国古代留存下来的唯一造园学专著：全书共三卷，分为兴造论、园说、相地、立基、屋宇、装拆、门窗、墙垣、铺地、掇山、选石和借景等十二个篇章，集中国古典园林艺术和造园工艺经验之大成。

明清时期，江浙一带经济繁荣、文化发达，宅园兴筑盛极一时：如苏州拙政园是明正德年间御史王献臣始建的，无锡寄畅园是明正德兵部尚书秦金在原来的两座僧房旧址上改建的，扬州个园是清嘉庆年间两淮盐运总督黄应泰在原小玲珑山馆旧址复建的。从魏晋南北朝的"以舍为寺"、隋唐时期的郊外别墅花园，到宋元时期大量兴起、明清两代广为出现的"城市山林"，直至"盛在明清，胜在江南"的私家园林，它们虽然没有王府宫苑那般华丽，但古朴、幽静、典雅，具备日常居用和游玩观赏的双重作用。这类在唐宋写意山水园基础上发展而来的园林，强调主观意兴与心绪表达，重视掇山、叠石、理水等技巧，突出山水植物之美，注重园林的文学趣味，称为人文山水园。

清中叶到清末，随着西方帝国主义势力入侵，封建社会盛极而衰、渐趋解体，封建文化也愈来愈呈现衰颓的迹象。此期园林的发展，一方面继承前期的优良传统而更趋于精致，表现了中国古典园林的辉煌成就；另一方面已多少丧失前期积极、创新的精神，暴露出某些衰颓的倾向。清末民初，封建社会完全解体，西方文化大量涌入，历史发生急剧变化，中国园林的发展亦相应结束了它的古典时期，开始进入世界园林发展的第三阶段——近现代园林阶段。

（五）中国现代公园的产生

中国现代公园在群体结构上以 1949 年以来营建的大量新型公园为主，有广州的白云山公园、上海的人民公园等。中国现代公园的园景创作手法在继承传统的基础上有所创新，以求现代游憩生活内容与民族文化的园林艺术形式相统一。就山水创作而言，中国自然山水园的艺术传统得到了发扬，绝大多数新建公园的构景主体，多因山就水布置建筑、小品。就植物造景而言，首先通过对植物形态和生态习性所激发的情感来表现植物题材的个性特征，其次注重植物配置的艺术魅力。西方园林中的一些植物造景手法也得到很好运用，如杭州花港观鱼公园和南京药用植物园的大面积缓坡草坪景观。就园林建筑而言仍以民族形式为主，在空间构图、比例尺度和结构工艺上也引用现代建筑的材料结构、施工技术和艺术手法，出现了大批神似传统形式的现代园林建筑，如桂林芦笛岩公园。此外，中国园林注重文学情趣和哲理意义的传统在现代公园中得以传承发扬，根据设计构思和观赏效果的统一来命名景点、景区，主要园林建筑也配有诗词楹联或匾额题字，如广州兰圃。

中国现代公园在发展中也逐步形成了一些地方风格。如广州公园在植物造景上情调热烈、形成四季花潮，园林建筑布局上自由明朗，山水结构上注重水景的自然式布置，擅长运用塑石工艺和"园中园"的形式。哈尔滨公园多采取有轴线的规整式布局平面，园林建筑受俄罗斯建筑风格的影响并大量运用雕塑，绿地点景以五色草花坛营造夏季野游为主的游憩环境，以冰雕雪塑尽现北国风光的特色景观。上海长风公园则是利用原有的山形水势，将中国古典园林的造园手法与现代公园的营建理念有机结合的范例，尽显国际大都市洋为中用、兼收并蓄的包容，社会和经济效益并重的思想。沈阳北陵公园，又是将中国古代陵寝园林、西方规则式园林和现代自然式园林多种风格揉为一体的混合式园林的佳作，呈现出古今造园艺术传承、中西园林文化交融的豁达大方。

二、中国园林的类别划分

中国古典园林由农耕经济、集权政治、封建文化培育成长，在其漫长的发展过程中受地理、气候、政治、经济、文化等自然和社会条件的影响和制约，逐渐形成了形制有别、地域有异、功能分区的多种类别。

（一）按园林基址和开发方式区分

1. 天然山水园

包括山水园、山地园和水景园等，造园的关键在于选择恰当的基址，以少量的花费而获得远胜于人工山水园的天然风景之真趣。规模较小的利用天然山水的局部作为建园基址，规模大的则把完整的天然山水植被环境整体包含在园中，对基址的原始地貌因势利导做适当的调整、改造、加工，然后再配以花木栽植和建筑营构。因天然山水风景的真实感绝非人工山水园之缩移模拟所能取代，故《园冶》中论造园相地，以"山林地"为第一，强调身临其境的艺术感受。

2. 人工山水园

这是我国造园发展到完全自觉创造阶段而出现的审美境界最高的一类园林，即在平地上开凿水体、堆筑假山，人为地创设山水地貌，配以花木栽植和建筑营构，把天然山水风景缩移模拟在一个有限的空间范围之内。因其多在城镇的建筑大环境里创造模拟天然野趣的小环境，犹如点点绿洲，故又称之为"城市山林"。在人工山水园的设计和建造过程中，人的创造性得以最大限度地发挥、艺术表现游刃有余，造园手法和园林内涵的形式丰富多彩，从而成为最能代表中国古典园林艺术成就的一种类型。

（二）按园林属性特征区分

皇家园林、私家园林、寺观园林这三大类型是中国古典园林的主体，代表着造园活动的主流，荟萃了园林艺术的精华。此外还有一些并非主体、亦非主流的园林类型，如衙署园林、祠堂园林、书院园林、会馆园林以及茶楼酒肆的附属园林等，内容大都类似私家园林。

1. 皇家园林

古籍里称苑、苑囿、宫苑、御苑、御园等，为皇帝个人或皇室所有。

秦代开创了中央集权的封建帝国，形成了皇帝一人独夫统治的封建社会，皇帝号称天子，奉天承运，"普天之下，莫非王土"。严密的封建礼法和森严的等级制度构筑成一个统治权力的金字塔，凡属与皇帝有关的起居环境诸如宫殿、坛庙、园林等，莫不利用其建筑形象和总体布局来显示皇家气派和皇权至尊。皇帝能够利用其政治上的特殊权力和经济上的富厚财力，同时又不断汲取民间园林的造园艺术，从而丰富皇家园林的建造内容，提高宫廷造园的艺术水平。皇家园林虽是一项耗资甚巨的土木工事，但也是宏伟的艺术创作。

魏晋南北朝以后，随着宫廷园居生活的日益丰富多彩，皇家园林按其不同的使用情况有大内御苑、行宫御苑、离宫御苑之分。大内御苑建置在首都的宫城和皇城之内，紧邻皇居，便于皇帝日常临幸游憩；行宫御苑建置在都城近郊风景优美的地方，供皇帝偶一游憩或短期驻跸；离宫御苑则建置在远离都城的风景区域，作为皇帝较长期居住并处理朝政的地方，相当于除皇宫之外的又一处备用政治中心。此外，在皇帝出巡外地需要驻跸的地方，也视其时间长短而建置离宫御苑或行宫御苑。

承德避暑山庄占地 8400 余亩，比颐和园的面积大近一倍，是清王朝建造的皇家苑囿行宫，分成宫殿与苑景两个区域，是我国现存最大皇家园林。苑景区域内山势起伏、苍松蔽日、水流潺潺、杨柳袅袅，依山就势地点缀了七十二景，其中，芝径云堤仿自杭州西湖苏堤，烟雨楼仿自嘉兴南湖，金山仿镇江，万树园模拟蒙古草原风光。承德一带本属北国之境，这里却偏偏是洲岛交错、湖光潋滟，好一派塞外江南风光。山庄的外围还有八个大的建筑群，统称外八庙，具有我国各民族的建筑风格，以此衬托着避暑山庄，共同构成一个宏大的艺术空间，充分表现出了这座皇家园林所独具的"大、精、美"三大特色。

2. 私家园林

古籍资料称园、园亭、园墅、池馆、山庄、别业、草堂等，属于民间的富商、缙绅私有。

封建的礼法制度为了区分尊卑贵贱而对士民的生活和消费方式做出种种限定，违者罪为逾制和僭越，要受到严厉制裁。园林作为一种生活享受方式也必然要受到封建礼法的制约，因此相对于皇家的宫廷园林而言，私家园林无论在内容或形制方面都表现出许多与皇家园林的不同之处。封建士大夫的私家园林，多建在城市之中或近郊，与住宅相连，在不大的面积内，追求空间艺术的变化、素雅精巧的风格，达到平中求趣、拙间取华的意境，满足以欣赏为主的要求。

建置在城镇里面的私家园林，绝大多数为规模不等的"宅园"：依附于邸宅作为园主人日常游憩、宴乐、会友的场所，一般紧邻邸宅的后部呈前宅后园的格局，或位于邸宅的一侧而成跨院。宅园多是因阜掇山、因洼疏地，亭台楼阁众多、树木花草显胜的"城市山林"，在数量上几乎遍布全国各地，比较集中的地方有北方的北京，南方的苏州、扬州、杭州、南京。此外，还有少数单独建置、不依附于邸宅的"游憩园"，以及建在郊外山林风景地带的"别墅园"，因其受城市用地的限制较少，规模一般比宅园大一些，主要供园主人避暑、休养或短期居住之用。

江南园林中不乏私家园林的杰作，苏州耦园即为代表。园主沈秉成是清末安徽巡抚，丢官后携妻一起来到苏州隐居，请一位顾姓画家共同设计建造，其典型意境在于昭示夫妻真挚诚笃的"感情"。他出身贫寒，父亲靠织帘为生，故在西园有藏书楼、"织帘老屋"，四周有象征群山环抱的叠石假山，展示其继承父业、读书明志的意境。东园有"城曲草"、双照楼、枕波双隐轩，以示夫妻双栖、形影相怜、枕流赋诗的清贫生活；东南角有听橹楼，一展江南水乡的恬淡气息。园中央一湾溪流，假山环抱，南端有一水榭，额匾题名"山水洞"，取自欧阳修"醉翁之意不在酒，而在山水之间也"。东侧山上建吾爱亭，源自陶渊明"众鸟欣有托，吾亦爱吾庐。既耕亦已种，时还读我书"的抒情诗篇。

3. 寺观园林

即佛寺、道观和宗祠的附属园林，也包括寺观内部庭院和外围附属的园林环境。

中国封建社会的长期传承，重现实、尊人伦的儒家思想一直占据着意识形态的主导地位，无论是外来的佛教或本土成长的道教，公众的宗教信仰始终未曾出现过像西方那样狂热、偏执的激情，总是以儒家为正统，儒、道、佛互补互渗。在这种情况下，宗教建筑与世俗建筑不必有根本的差异，梵刹紫府的形象无须他求，历史上多有"舍宅为寺"的记载，实际就是世俗住宅的扩大和宫殿的缩小，它们并不表现超人性的宗教狂迷，反之却通过世俗建筑与园林艺术的相辅相成而更多地追求人间的赏心悦目、恬适宁静，与私家园林并没有什么根本性的区别。寺、观既建置独立的园林小环境，一如宅园的模式。也很讲究内部庭院的绿化，多以栽培名贵花木而闻名于世。郊野的寺、观大多修建在生态环境优美的风景区域，强调山林维护、禁止伐木采薪，因而古木参天、绿树成荫，再配以小桥流水或少许亭榭的点缀，形成内外环境雅致幽静的"园林寺观"。历代文人名士都喜欢借住其中读书养性，帝王以之作为驻跸行宫的情况也很常见。

封建统治者为了维护其封建统治，把宗教作为一种工具大力提倡，加之历史上寺、舍一体，促成了寺庙园林的兴旺。"深山藏古刹"，许多大型的庙宇都建筑在风光旖旎的地方：四川峨眉山，山西五台山，安徽九华山，浙江普陀山，是我国佛教四大名山，也是我国四大风景旅游胜地。"南朝四百八十寺，多少楼台烟雨中"，南京鸡鸣寺原来就是南朝的梁同泰寺，迄今仍是六朝古都南京的名胜之一；常熟虞山的破山寺，又叫兴福寺，唐代诗人常建《题破山寺后禅院》云："清晨入古寺，初日照高林。曲径通幽处，禅房花木深。山光悦鸟性，潭影空人心。万籁此都寂，但余钟磬音。"被诗人写得幽深寂静、禅味浓郁，可见游览寺庙园林的别具一番情趣；此外，南京的栖霞寺，镇江的金山寺和焦山寺，苏州的戒幢律寺，扬州的大明寺，也都建在得天独厚的地势之处。

（三）按地域文化特点区分

中国疆土辽阔、气候悬殊，地域间经济、文化发展不一，在园林总体规划布局、造园要素应用、形象技法表现等方面逐渐形成的江南、北方、岭南三大造园风格，代表了中国古典园林艺术发展的主流派别。

1. 江南园林

江南的封建文化比较发达，园林艺术受诗文绘画的直接影响也更多一些。不少文人画家同时也是造园家，而造园匠师也多能诗善画，故江南园林所达到的艺术境界也最能代表古代文人所追求的"诗情画意"。在小者一二亩、大者不过十余亩的范围内，凿池堆山、莳花栽木，再结合各种建筑的布局经营，因势随形、匠心独运，创造出重含蓄、贵神韵的咫尺山林，凸显出"妙在小，精在景，贵在变，长在情"的造园特点，彰显出我国古典园林艺术精华所在的小中见大景观效果。园林空间多样而又富于变化，甚至院角、廊侧、墙边亦做成极小的空间，散置花木、配以峰石，构成楚楚动人的小景，为定观组景、动观移景以及对景、框景、透景创造了更多的条件。

江南园林中的叠石造山深得自然山脉气势而呈现峰峦丘壑、洞府峭壁、曲岸石矶，或创为平岗小坂，或作空间之屏障，或倚墙抱楼筑作壁山，"高低曲折随人意，好处多从假字来"。石料种类以太湖石和黄石为主，大型假山石多于土，小型假山几乎全部叠石而成，更有以假山作为园林的主景，手法多样、技艺高超。园林建筑则以高度成熟的民间乡土建筑作为创作源泉，从中汲取艺术的精华：建筑形式极其丰富多样，个体形象表现玲珑轻盈，具有一种柔媚的小家碧玉气质；室内外空间通透、露明，木构件一般髹饰为赭黑色，灰砖青瓦、白粉墙垣，显示出恬淡雅致有若水墨渲染的中国画艺术格调。室内装修、家具陈设以及各种砖雕木刻、漏窗洞门、楹联匾额、花街铺地，均表现极精致的工艺水平。

江南气候温和湿润，花木种类繁多，园林植物以落叶树为主，配合若干常绿树，再辅以翠竹、藤萝、地被、草花等，构成四季分明的植物配景基调。园林植物的选择讲究造型和姿态、色彩、季相特征，虽以自然为宗，但布局极得章法、绝非丛莽一片；园林树木的配置讲究画意营构及其色、香、形的象征寓意，花木往往是某些景点的主题构思，园内建筑亦常以配置的花木命名。其安排原则大体如下：植高大乔木以遮蔽烈日，赏古朴树姿或秀丽树形（如丹桂、红枫、金橘、腊梅、秋菊等），品类繁多的翠竹可终年为园衬色，多植蔓草、藤萝以增加山林野趣，雨打芭蕉、莺啭蝉鸣更给人以世外桃源的感受。

江南园林以苏州、扬州、无锡、常熟、南京、湖州、上海等城市为主，其中又以苏州、扬州最为著称，也最具有代表性。地处江南水乡的苏州，城中水道纵横、气候适宜，植物繁茂、品种丰富，物资丰富、湖石灵秀，造园条件特别优越。明清时期，苏州经济发达，一时争相造园成为风尚，成为私家园林的集中地，造园之风达300余年之久，故有"江南园林甲天下，苏州园林甲江南"之美称。而从隋、唐开始经济繁荣的扬州，富商大贾麇集、文人雅士荟萃，对私家园林的发展起了极大的促进作用，至清康熙、乾隆年间，大小园林已有百余处。扬州地处南北之间，又融合了南北造园的艺术手法，形成所谓北雄南秀兼备的独特园林风格，故有"苏州以市肆胜，扬州以园亭胜"的赞誉。

2. 北方园林

北方园林深得皇家宫苑的影响，规划布局以中轴线、对景线的运用较多，园内的空间划分较少，整体性较强，不似江南园林之曲折多变。建筑形象稳重、敦实，皇家园林尤其如此，更赋予园林以凝重、严谨的格调，别具一种不同于江南园林的刚健之美。北方水资源相对匮乏，再加之冬季寒冷，园林水体的面积一般较小，甚至采用"旱园"的做法，这不仅使得水景的建置受到限制，也由于缺少挖池的土方致使筑土为山不能太多、太高。北方缺乏叠山石材的盛产之地，叠石造山的规模较小。北京园林的叠山多运用当地出产的北太湖石和青石，其形象均偏于浑厚凝重，与北方建筑的风格十分协调：青石纹理挺直类似江南的黄石，北太湖石洞孔小而密、不如南太湖石之玲珑剔透。北方叠山技法深受江南的影响，但其风格却又迥异于江南，颇能表现一种沉雄气度。

植物配植方面，园林植物的种类较少，松、柏、杨、柳、榆、槐和春、夏、秋三季更迭不断的丁香、海棠、月季、牡丹、芍药、荷花等显花植物，是构成北方园林植物造景的主题。因尤缺耐寒的常绿阔叶树种和冬季花木，每届隆冬，树叶凋落、水面冰莹，颇有萧疏寒林的画意。

3. 岭南园林

岭南园林的规模较小且多数是宅园，建筑形象在园林造景中起着举足轻重的决定性作用。建筑体量偏大，组合形式较之江南园林更为密集、紧凑，往往连宇成片、略显臃塞，视觉效果深邃有余而开朗不足。又因气候炎热，对室内降温的需要较高，建筑物的通透开敞更胜于江南，平屋顶多有做成"天台花园"。园林建筑的内部结构细致精良，尤以装修、壁塑、细木雕工见长，如栏杆、柱式、套色玻璃等多有运用西方艺术样式。外观形象富于轻快活泼的意趣，甚至整体采用西洋古典建筑的技法。叠山石景分为两大类："壁型"的主要特征是逶迤平阔、组峰连绵，没有显著突出的主峰；"峰型"的主要特征是顶峰突出、山径盘旋，造型险峻而富于动势。小型叠山或峰石特置与小型水体相结合而成的水石庭、水局，尺度亲切而婀娜多姿，姿态丰富而水云流畅，乃是岭南园林艺术之一绝。此外，著名的佛山梁园"群星草堂"石庭，由形象各异的单块石料特置构成，嶙峋突兀，造型不羁。

岭南园林植物品种繁多，亚热带的乡土树种有木棉、乌榄、白兰、黄兰、鸡蛋花、水松以及炮仗花、夜来香、勒杜鹃、麒麟尾等。园内一年四季花团锦簇、绿荫葱翠，尤以大面积浓荫遮蔽的榕树景观堪称岭南园林特色一绝。

第二节　外国园林艺术的历史发展及其特色

一、日本古典园林的发展与特色

日本早期园林是为防御、防灾或实用而建的宫苑，以宫殿为主体，周围开壕筑城、内部掘池建岛，其间列植树木。而后学习中国汉唐宫苑以观赏、游乐为主设景的布局原则，创造了崇尚自然的朴素园林特色。日本庭园受中国苑园的启发，属于东方系的自然山水园，但日本庭园的发展变化又根据本国的地理环境、社会历史和民族感情，创造出了独特的日本风格，并逐渐规范化。日本庭园对世界造园活动也产生了很大的影响，直到明治维新以后，才随着西方文化的输入有了新的转折，增添了西式造园形式和技艺。

（一）日本古代宫苑

日本古代的宫苑庭园全面地接受了中国汉唐以来的宫苑风格，多在水上做文章：掘池以象征海洋，起岛以象征仙境，布石植篱、瀑布细流以点化自然，并将亭阁、滨台（钓殿）置于湖畔绿荫之下，以享人间美景。天平时代圣武天皇的平城宫内，南苑、西池宫、松林苑、鸟池塘等苑园都具有这个特点。

公元6世纪中叶，佛教东渡到日本，钦明天皇的宫苑中开始筑有须弥山，以应佛国仙境之说，池中架设吴桥以仿中国苑园的特点。公元6世纪末，推古天皇更受佛教的启发，在宫苑的河边池畔或寺院之间广布石造，一时山石成为造园的主件，这种模仿中国汉代以来"一池三山"的做法，并从皇家宫苑遍及到贵族私宅庭园之中。公元8世纪末（794年），恒武天皇迁都平安京，皇家园林充分利用当地的天然池塘、涌泉、丘陵、山川、树木及石材等优良自然条件，进行广泛的造园活动。

平安时代近400年期间，日本把"一池三山"的格局进一步发展成为具有自己特点的"水石庭"，池和岛的主题表现已经形成，寝殿之前都有南池，殿前设有礼拜广庭，池中设数岛，其中最大的岛称为中岛，庭前近水处架设石桥或平桥。这个时期的造园仍尽量表现自然，建筑布局也不要求左右对称，呈现不规则状态。总结前代造园经验的日本第一部造庭秘法传书《前庭秘抄》，较全面地论述了庭园形态类型、立石方法、缩景表现、水景题材和山水意匠，以及石事、树事、泉事、杂事和寝殿造等。

12—13世纪武士执政期间，对贵族豪华虚荣的生活方式取轻视态度，而对朴素的实用生活方式则十分重视。在庭园中爱惜树木，造庭趋于简朴，不作华丽或玩乐设施。幕府时期（1338—1573年）将军执政，特别重视佛教的作用，佛教推行的净土真宗、宿命轮回和精神境界，深受幕府和御人家崇敬。此期从中国宋朝传入的禅宗思想更受欢迎，所以寺院庭造之风盛极一时。

14—15世纪的日本，幕府御家花园和禅宗寺院庭园比前代又有新的演变。中国宋代饮茶风气传入以后，在日本形成茶道，上层封建人家以茶道仪式为清高之举，茶道和禅宗净土结合之后更带有一种神秘色彩，根据茶道净土的环境要求，造庭形式出现了茶庭的创造。适应幕府、禅宗和茶道的发展形势需要，造庭又一度形成高峰，造庭师和造庭书籍不断涌现，并且在造庭式样上也有所创新。梦窗国师是枯山水式庭园的先驱，他所做的庭园具有广大的水池，池面呈"心"字形、池岸曲折多变，从置单石发展到迭组石，再进一步叠成假山，植树远近大小与山水建筑相配合，利用夸张和缩写的手法创造出残山剩水形式的枯山水风格。枯山水式庭园以京都龙安寺方丈南庭、大仙院方丈北东庭最为著名，寺园内以白沙和拳石象征海洋波涛和岛屿。龙安寺方丈庭园全用白沙敷设，其中掇石五处共15块（分为五、二、三、二、三），将白沙绕石耙出波纹状，以此想象海中山岛；大仙院方丈前庭以一组石造为主体，山石作有"瀑布"状态，以此象征峰峦起伏的山景，山下还有"溪流"，也是用白沙敷成"溪水"，并耙出流淌的波纹，借以高度概括出无水似有水、无声寓有声的山水意境，充分表现了含蓄而洗练的性格，被视为枯山水代表之作。

（二）日本后期的茶庭及离宫书院式庭园

室町末期至桃山初期，日本国内处于群雄割据的乱世局面，豪强群侯争雄夺势各据一方，建造高大而坚固的城堡以作防御，建造宏伟华丽的宅邸庭园以作享受。武士家的书院式庭园竞相兴盛，比较突出的有两条城、安士城、聚乐第、大阪城、伏见城等。其中主题仍以蓬莱山水为主流，石组多用大块石料，借以形成宏大凝重的气派，树木多见整形修剪式，还把成片的植物修剪成自由起伏的不规则状态，使总体构成大书院、大石组、大修剪的宏观特点。

桃山时代（1573—1600年），日本茶庭逐渐遍及各地，成为一种新式园林，同时也产生了许多流派。此期完成的又一本园林专著《嵯峨流庭古法秘传》，有地割、庭坪地形取图等内容，对水池、山岛等都确定了位置和比例，并标明水池居中而呈心字形，池后为守护石及泷，守护石前右为主人岛，前左为客人岛，池中心为中岛，池前为礼拜石和平滨。室町时代后期由于贸易发达财政富裕，足利氏期间产生出"金阁"、"银阁"式庭园，特别是鹿苑寺金阁和慈照寺银阁最为出名。茶庭形式到了桃山时代则更加勃兴起来，宅园庭院以居室和茶室相属相分，与茶室相对的庭园是茶园。茶庭是自然式的宅园，截取自然美景的一个片断再现茶庭之中，以供人们举行茶道仪式时在茶室里边向外欣赏，更有利于凝思默想以助雅兴。茶道仪式从上层社会人家已普及到一般民间，成为社会生活中的流行风尚。茶道往往把茶、画和庭三者合起来品赏，辅有石灯笼、洗手钵和飞石敷石的陈设增加了幽奥的气息，甚至阶苔生露、翠草洗尘，有如禅宗净土的妙境，这些都成为桃山时代茶庭园的特点。此期茶庭造园家首推小堀远州，由他建立的这一流派后来称为远州派。

江户时代开始兴盛起来的离宫书院式庭园，是独具民族风格的一种形式，其代表作品是桂离宫庭园：中心有个大的水池，池心三岛有桥相连。池岸曲绕，山岛有亭，水边有桥，园中道路曲折回环联系，轩阁庭院有树木掩映，石灯笼、蹲配石组布置其间，花草树木极其丰富多彩。桂离宫庭园内的主要建筑是古书院、中书院和新书院三大建筑群，排列自然，错落有致。修学院离宫与桂离宫齐名，且文人趣味浓厚，类似桂离宫的还有蓬莱园、小石川后乐园、纪洲公西园（赤坂离宫）、大久保侯的乐寿园（旧芝离宫）、滨御殿等。

（三）日本造园要素简介

1. 石组

石组是指在不进行任何人工修饰加工状态下的自然山石组合。石一般

延段、枯水

飞石、竹篱

手水洗、石灯笼

石灯笼、流水

役木

石组、竹篱

庭门、延段

竹篱、石灯笼

图1　日本造园要素实例

象征着"山"，另外还有永恒不灭、精神寄托的含意，一般有三尊石、须弥山石组、蓬莱石组、鹤龟石组、七五三石组、五行石和役石等。

2. 飞石、延段

日本庭园的园路一般用沙、沙砾、玉石、切石、飞石和延段等做成，特别是茶庭，用飞石和延段较多。飞石类似于中国园林中的汀步，按照不同的石块组合分四三连、二三连、千鸟打等；二条路交叉处放置一块较大石块，称踏分石。延段即由不同石块、石板组合而成的石路，石间距成缝状，不像飞石那样明显分离。

3. 潭和流水

潭常和瀑布成对出现，按落水形式不同分为向落、片落、结落等10种。为了模仿自然溪流，流水中设置了各种石块，转弯处有立石、水底设底石、稍露水面者称越石，而起分流添景之用者则称波分石。

4. 石灯笼

石灯笼最初是寺庙的献灯，后广泛用于庭园中。其形状多样，一般有春日形、莲华寺形、雪见形和奥院形等，石灯笼的设置根据庭园样式、规模、配置地的环境而定。

5. 石塔

石塔可分为五轮塔、多宝塔、三重塔、五重塔和多层塔等数种，其中体量较大的五重塔、多层塔可单独成景，体量较小者可作添景，一般应避免正面设塔。

6. 种植

日本庭园中的树木多加以整形，日本人称其为役木。役木分为独立形和添景形两种，独立形役木一般做主景观赏，添景形役木则配合其他物件使用，如灯笼役木配合石灯笼造景。

7. 手水钵

手水钵是洗手的石器，可分为见立物、创作形、自然石、社寺形等几种。较矮的手水钵一般旁配役石，合称蹲踞；较高者称立手水钵；如水钵与建筑物相连，则称缘手水钵。

8. 竹篱、庭门和庭桥

日本多竹，竹篱十分盛行，其做工十分考究。庭门和庭桥形式较独特，种类也丰富。

二、古埃及、西亚园林的发展与特色

埃及与西亚邻近，埃及的尼罗河流域与西亚的幼发拉底河、底格里斯河流域同为人类文明的两个发源地，园林出现也很早。

（一）古埃及的墓园和私园

埃及早在公元前4000年就进入了奴隶制社会，公元前28—23世纪，形成法老政体的中央集权制。法老（即国王）死后兴建金字塔作王陵，并建墓园。金字塔四周布置规则对称的林木，中轴为笔直的祭道，控制两侧均衡，塔前留有广场，与正门对应，造成庄严、肃穆的气氛。

古埃及奴隶主们为了追求荒诞的享乐方式，大肆营造私园。尼罗河谷的园艺一向是很发达的，树木园、葡萄园、蔬菜园等遍布谷地，到公元前16世纪时已演变成为祭司重臣所建、具有观赏和游憩功能并极具审美价值的私园。私园大部分设在奴隶主私宅的附近或在私宅的周围，其面积延伸很广，私宅附近还有特意进行艺术加工的庭园。私园周围有垣，其中除种植有果树、蔬菜之外，还有各种观赏树木和花草，甚至还养殖动物。私园营造把绿荫和湿润的小气候作为追求的主要目标，把树木和水池作为主要内容：园中栽植有许多树木或藤本棚架植物，配植鲜花美草。园中挖有池塘渠道，特别还利用机械工具桔槔进行人工灌溉。

（二）西亚地区的花园

位于亚洲西端的叙利亚和伊拉克也是人类文明发祥地之一。幼发拉底河和底格里斯河贯穿境内向南注入波斯湾，两河流域形成的美索不达米亚大平原，公元前3500年已经出现了高度发展的古代文明，形成了许多奴隶制的城市国家。奴隶主为了追求物质和精神的享受，在私宅附近建造各式花园，作为游憩观赏的乐园。私宅和花园一般都建在幼发拉底河沿岸的谷地平原上，花园内筑有水池或水渠以引水注园，道路纵横方直，花草树木充满其间，布置非常整齐美观。基督教圣经中记载为"天国乐园"的伊甸园，就在叙利亚首都大马士革城附近。在公元前2000年的巴比伦、亚述或大马士革等西亚广大地区有许多美丽的花园，距今3000年前新巴比伦王国宏大的都城中有五组异常华丽壮观的宫殿；国王尼布甲尼撒二世

（公元前604—公元前562年）为王妃波斯国公主塞米拉米斯建造的高达25米的"空中花园"，采用立体叠园手法在屋顶错落的平台加土植树种花草并埋设水管引水浇灌，依偎在幼发拉底河畔的该园远看似悬于空中，如同仙境，亦称"悬苑"，被誉为古代世界七大奇观之一。

（三）波斯天堂园及水法

古波斯帝国的奴隶主们常以祖先们经历过的狩猎生活为其娱乐方式，选地造园、圈养动物作为游猎园囿，以后又在园囿的基础上增强观赏功能发展成为游乐园。波斯地区一向名花异卉资源丰富，植物繁育技术应用也较早，在游乐园里，除树木外还大量种植花草。"天堂园"是其代表：园四面有围墙，园内以纵横"十"字形的道路构成轴线，分割出四块绿地栽种花草树木，道路交叉点修筑中心水池以象征天堂，故称之为"天堂园"。波斯地区多为雨水稀少、高温干旱的高原，因此水被看成是庭园的生命，所以西亚一带造园必有水。在园中对水的利用更加着意进行艺术加工，因此程式的水法创作也就应运而生。阿拉伯地区的自然条件与波斯相似，炎热干燥少雨、又多沙漠，更是把水看成是造园的灵魂，对水的利用给予特别的爱惜和敬仰，并且神化起来，甚至点点滴滴都蓄积成大大小小的水池，或穿地道或掘明沟延伸到各处种植绿地之间，尽量发挥水景的作用。阿拉伯多是伊斯兰教国，公元8世纪阿拉伯帝国征服波斯之后，也承袭了波斯的水法造园艺术，其后又跟随伊斯兰教军的远征传到了北非和西班牙各地，再由西班牙传入意大利之后就发展得更加巧妙、壮观了。水法造园艺术于公元13世纪传入印度北部和克什米尔。

三、欧洲古典园林的发展与特色

古希腊是欧洲文化的发源地，古希腊的建筑、园林开欧洲之先河，直接影响着古罗马、意大利及法国、英国等的建筑、园林风格。后来英国吸收了中国山水园的意境，融入造园之中，对欧洲造园也有很大影响。

（一）古希腊、古罗马、意大利、西班牙园林

1. 古希腊庭园、柱廊园

古希腊庭园的产生相当久远，公元前9世纪的史诗中歌咏了400年间

的庭园状况：大的有 1.5 公顷，周边有围篱，中间为领主的私宅。庭园内花草树木栽植很规整，有终年开花或结实累累的植物，如梨、栗、苹果、葡萄、无花果、石榴和橄榄树等。园中留有生产蔬菜的地方，还配有喷泉，特别在院落中央设置有喷水池，其喷泉或喷水的水法创作，对当时及以后世界造园工程产生了极大的影响，尤其对意大利、法国的水景造园影响更为明显。

公元前 3 世纪，古希腊哲学家伊壁鸠鲁在雅典建造了历史最早的文人园，利用此园对男女门徒进行讲学。公元 5 世纪，古希腊曾有人渡海东游从波斯学到了西亚的造园艺术，从此古希腊庭园由果菜园改造成装饰性的庭园：住宅方正规则，其内整齐地栽植花木，最终发展成了柱廊园。古希腊的柱廊园，改进了波斯在造园布局上结合自然的形式，而变成了喷水池占据中心位置的、有秩序的整形园，在联系西亚和欧洲两个系统的早期庭园形式与造园艺术方面起到了过渡作用。从 1784 年发掘的庞贝城遗址中可以清楚地看到柱廊园的布局形式：有明显的轴线，方正规则。每个家族的住宅都围成方正的院落，沿周排列居室，中心为庭园，围绕庭园的边界是一排柱廊，柱廊后边和居室连在一起。园内中间有喷泉和雕像，四处有规整的花树和葡萄篱架。廊内墙面上绘有逼真的林泉或花鸟，利用人的幻觉使空间产生扩大的效果，更有的在柱廊园外设置林荫小院，称之为绿廊。

2. 古罗马庄园

意大利是伸入地中海的半岛，多山岭溪泉，并有曲长的海滨和谷地，气候湿润，植被繁茂，自然风光极为优美。古罗马贵族除在城市里建有豪华的宅第之外，还在郊外选择风景极美的山阜营宅造园。古罗马山庄的造园艺术吸取了西亚、西班牙和古希腊的传统形式，特别对水法的创造更为奇妙。古罗马庄园又充分地结合山地和溪泉地形，逐渐发展成具有古罗马特点的台地柱廊园，以公元 117 年哈德良大帝在古罗马东郊建造的哈德良山庄最为典型：占地广袤达 18 公顷，由一系列馆阁庭院组成，层台柱廊罗列，气势十分壮观。特别是皇帝巡幸全国时所见到的异境名迹都仿造于山庄之内，形成了古罗马历史上首次出现的最壮丽的建筑群，同时也是最大的苑园。

古罗马的山庄或园庭极为规整，如图案式的花坛、修饰成形的树木，更有迷阵式绿篱，绿地装饰已有很大的发展，园中水池更为普遍。从公元5世纪以后的800多年里，欧洲处于黑暗时代，造园也处于低潮。但是由于十字军东征带来了东方植物及伊斯兰教造园艺术，修道院的寺园则有所发展，寺园四周环绕着传统的古罗马廊柱，其内修成方庭，分区栽植着玫瑰、紫罗兰、金盏草等，还有专用药草园和蔬菜园设置在医院和食堂的附近。

3. 意大利庄园

意大利园林最早可追溯到古罗马时期。古罗马的园林主要有两类：一类是附属于城市住宅的；另一类是郊区别墅的。其中花园别墅是古罗马真正的园林，并已形成了自己的特色。花园别墅建在风光优美的自然环境中，主建筑物是外向的，尽量欣赏自然风光的美是它最重要的原则。建筑物与大自然和花园的关系非常密切，通过绿棚、廊子、折叠门等等的过渡，互相渗透。喷泉水池、经过修剪的树木等等既把建筑趣味带到园林和自然中去，也把园林和自然的趣味带到建筑物里；同时还用壁画把自然气息延伸到室内。花园别墅为的是宁静的隐居，所以很重视亲切细腻的生活情趣。

14—16世纪以意大利为中心兴起的欧洲文艺复兴运动，冲破了中世纪封建教会统治的黑暗时期，意大利的造园出现了以庄园为主的新面貌。其发展分为文艺复兴初期、中期、后期三个阶段，各阶段庄园有不同的特色。

（1）文艺复兴初期的庄园（台地园）。意大利佛罗伦萨是一个经济发达的城市国家，富裕的阶层醉心于豪华的生活享受，追求华丽的庄园别墅，因此营造庄园或别墅在佛罗伦萨甚至意大利的广大地区逐渐展开。佛罗伦萨的执政者科齐摩得·美提契在卡来奇建造了第一所庄园——美提契庄园。庄园有三级台地，顺山南坡而上，别墅建在最上层台地的西端，在别墅的后边还有椭圆形水池。第二层台地狭长，用以连接上下两层台地。下层台地的两侧有低平的绿地，其中有对称的水池和植坛，造型活泼自由、富于变化。此期庄园的形式和内容大致为：依据地势高低开辟台地，各层次自然连接，称为台地园。主体建筑在最上层台地上，保留城堡式传统；分区简洁，有树坛、树畦、盆树，并借景于园外。喷水池在一个局部的中心，池中有雕塑。

　　这一时期还有狩猎园的形式，多为贵族们所营造，周围圈有用于防范的寨栅，其内以矮墙分隔，放养许多禽兽；中心有大水池，高处堆土筑山，其上建有瞭望楼，各处遍植林木，林中还建有教堂。另外还有由鲍奇握和罗仓伦等人建的雕塑庄园，尽收古代雕塑置于庄园内展览，成为花园式的博物馆。

　　（2）文艺复兴中期的庄园。公元 15 世纪，佛罗伦萨被法国查理八世侵占，美提契家族覆灭，罗马随之转移为意大利的商业和文化中心，司歇圣教皇控制了局势。16 世纪时，罗马教皇集中全国建筑大师兴建马斯丁大教堂，佛罗伦萨的富户和技术专家们也纷纷来到罗马营建庄园，一时罗马地区山庄兴盛起来。红衣主教邱里握的别墅建于水源丰富、附近有河流和大道通过的马里屋山上，由圣高罗和拉斐尔二人设计：先在半山中开辟出台地，台地层次、外形尽求规整，连接各层台地设有蹬道，而且阶梯有直、有折、有弧旋等多种变化；中轴明显，两侧树坛对称，每层台地之中都有大的喷水池和大的雕像，水池在纵横道的交点上，植坛规则布置。主建筑的前后有规则的花坛和整齐的树畦。

　　公元 16 世纪中后期，在罗马出现了被称为巴洛克式的庄园，不求刻板、追求奔放，并富于色彩和装饰变化，形成一种新的风格。巴洛克（baroque）本来是一种建筑式样的名词，意思是奇异古怪。比较典型的巴洛克式庄园是埃斯特庄园，它是公元 1550 年罗马红衣主教埃斯特在罗马郊区一座山上建造的一处宏伟庄园，由建筑师李果里沃设计：山阜高 48 米，自山麓到山顶开辟出五层台地，西边砌筑高大的挡土墙以保证台地的宽度，最上层台地建有极为华丽的楼馆宅舍。在山麓宽大平整的台地作出口，也是最前庭，由纵横道路分割为四块小区构成绿丛植坛，密植阔叶树丛。中心有圆形的小喷泉广场，周围配植高大的池杉。从园门向内透视有层层磴道，透过中部喷泉，可以看到高踞顶端的住宅建筑，主轴透景效果极佳。正门的两侧有便门对应着两条纵向副轴线，前庭区的外围还有四块迷园。主轴线的中部有一大型水池，与这个水池相连的是弧形蹬道阶梯，两侧对称排列出八块绿树植坛，严谨整齐。东边尽头留有水扶梯和瀑布，由水渠疏通山泉分流而成，发出各种抑扬缓急的水声。在半圆形的柱廊里可观赏瀑布，在椭圆形大水池可观赏壁龛中的雕塑，又可沿着水扶梯上到高处俯视全园。从庄园中心大水池外侧的扶梯上升，顺着中轴大道前进，越过两段蹬道，进入第四层台地园，中轴两侧对称的是"水"字形的道路，几何状的植坛甚为规整。第五层台地上边有主体建筑，建筑物的前边是宽阔的广场，广场与楼门相接处以及广场与第四层台地相接处都设有极其壮观的折回式扶梯蹬道，与楼馆相衬越发显得美妙，广场左右两边是花坛或整形的花木。除了埃斯特庄园外，还有伦特庄园等典型名园三四十所。

（3）文艺复兴后期的庄园。16世纪末到17世纪初，罗马城市发展很快，住房拥挤、街道狭窄，环境卫生也很恶劣，一些权贵富户们不能再忍受长期在这种难堪的环境中生活，在古罗马的郊区多斯加尼一带兴起了选址造园的风尚，一时庄园遍布。这时的庄园，在规划设计上比中期埃斯特庄园更为新鲜和奔放，建筑设计上刻意追求技巧或致力于精美的装饰、强烈的色彩，明快如画。这时的庄园，注意了意境的创造，极力追求主题的表现，常对一些局部单独塑造，以体现各具特色的优美效果。如对园内的重要部位或大门、台阶、壁龛等作为视景焦点而极力加工处理，在构图上运用对称、几何图案或模纹花坛等。但是有些庄园过分雕琢，对四周景色照顾不够，格局上欠和谐。

4. 西班牙红堡园、园丁园

西班牙处于地中海的门户，面临大西洋，多山多水，气候温和。从公元6世纪起，古希腊移民来此定居，带来了古希腊的文化。西班牙后来被古罗马征服，这一时期的造园是模仿古罗马的中庭式样。公元8世纪，西班牙被阿拉伯人征服，伊斯兰教造园传统的进入，承袭了巴格达和大马士革的造园风格，公元976年出现了礼拜寺园。公元15世纪末阿拉伯统治被推翻后，西班牙造园转向意大利和英法风格。

西班牙格拉那达红堡园自1248年始建造，园墙堡楼全用红土夯成，因此得名。前后经营100余年，由大小6个庭院和7个厅堂组成，其中的狮庭（1377年建）最为精美：狮庭中心是一座大喷泉，下边由12个石狮围成一周，狮庭之名由此而得。庭内开出"十"字形水渠，象征天堂，绿地只栽橘树；其他各庭栽植松柏、石榴、玉兰、月桂，以及各种香花等。各庭之间都以洞门连通，还有漏窗相隔，借以扩大空间效果，布局工整严谨，气氛幽闭肃静。伊斯兰教式的建筑雕饰极其精致，色彩纹样丰富，与花木明暗对比强烈，在欧洲独具一番风格。园庭内不置草坪花坛，而代之以五色石子铺地，斑斓洁净十分透亮。园丁园在红堡园东南 200 米处，在内容和形式上两者极为相似，园庭中按图案形式布置，尤其用五色石子铺地，纹样更加美观。

（二）法兰西园林

公元 15—16 世纪，法国和意大利曾发生三次大规模的战争，意大利文艺复兴时期的文化，特别是意大利建筑师和文艺复兴期间的建筑形式传入了法国。

1. 城堡园

文艺复兴时期以前的法兰西庄园是城堡式的，在地形、理水或植树等方面都比意大利庄园简朴得多。16 世纪时，法兰西贵族和封建领主都有自己的领地，在中央建造的城堡如同小宫廷，城堡建筑和庄园结合在一起，周围多是森林式栽植，并且尽量利用河流或湖泊造成宽阔的水景。从意大利传入的造园形式仅仅反映在城堡墙边的方形地段上布置少量绿丛植坛，并未和建筑联系成统一的构图内容。法兰西贵族或领主具有狩猎游玩的传统，又多广阔的平原地带，森林茂密、水草丰盛。狩猎地常常开出直线道路，有纵横或放射状组成的道路系统，这样既方便游猎也成为良好的透景线。16 世纪以后，意大利文艺复兴时期的庄园被接受过来，形成平地几何式庄园。

2. 凡尔赛宫苑

17 世纪后半叶，法王路易十三统一了法兰西全国，并且远征欧洲大陆。路易十四（1661—1715 年）建立起君主专制的联邦国家，法国成了生产和贸易大国，处于极盛时期的路易十四为了表示至尊无上的权威，建立了凡尔赛宫苑。凡尔赛宫苑是西方造园史上最为光辉的成就，主要由富有广泛绘画力和园林艺术知识的建筑大师勒诺特尔设计建造。

凡尔赛原是路易十三在巴黎西南的狩猎场，只有一座三合院式砖砌猎庄。1661 年，路易十四决定在此建宫苑，至 1756 年路易十五时期才最后完成，共历时 90 余年，主要设计师有法国著名造园家勒诺特尔、建筑师勒沃、学院派古典主义建筑代表孟萨等。路易十四有意保留原三合院式猎庄作为全宫区的中心，将墙面改为大理石，称"大理石院"。勒沃在其南、西、北扩建，延长南北两翼成为御院，御院前建辅助房、铁栅成为前院，前院之前为扇形练兵广场，广场上筑三条放射形大道。1678—1688 年，孟萨设计凡尔赛宫南北两翼，南翼为王子、亲王住处，北翼为中央政府办公处、教堂、剧院等。宫西为勒诺特尔设计、建造的花园，面积约 6.7 公顷，园分南、北、中三部分：南、北两部分都为绣花式花坛，再南为橘园、人工湖；北面花坛由密林包围，景色幽雅，有一条林荫路向北穿过密林，尽头为大水池、海神喷泉，园中央开一对水池。3000 米的中轴向西穿过林园，到达小林园、大林园（合称十二丛林）。穿过小林园的称王家大道，中央设草地，两侧排雕刻。道东池内立阿波罗母亲雕像，道西端池内立阿波罗驾车冲出水面的雕像，两组雕像象征路易十四"太阳王"和表明王家大道歌颂太阳神的主题。中轴线进入大林园后与大运河相接，大运河由两条宽 120 米的水渠成十字相交构成，纵长 1500 米、横长 1013 米，空间具有更为开阔的意境。大运河南端为动物园，北端为特里阿农殿。

凡尔赛宫苑是法国古典建筑与山水、丛林相结合的规模宏大的代表作，因主要由勒诺特尔设计、建造，故称此园为勒诺特尔园林艺术，为欧洲造园的典范，一时间被许多国家效法，但多为生搬硬套，反成了庸俗怪异、华而不实的不伦不类之作。幸好此风为时不长即销声匿迹，可见艺术的借鉴是必要的，是为了创造、出新，而一味地模仿是无出路的，只能是导致失败、消亡。

（三）英国园林

英国是海洋包围的岛国，长期受意大利政治、文化的影响，受罗马教皇的严格控制。但其地理条件得天独厚，气候潮湿，国土基本是平坦或缓丘地带。民族传统观念较稳固，有其自己的审美传统与兴趣、观念，尤其对大自然的热爱与追求，形成了英国独特的园林风格。

1. 英国的传统庄园

从 14 世纪开始，英国改变了古典城堡式庄园，转成与自然结合的新庄园，对其后的园林传统影响深远。新庄园基本上分布在两处：一是庄园主领地内的丘阜南坡之上，称"杜特式"庄园，利用丘阜起伏的地形与稀疏的树林、绿茵草地以及河流或湖沼，构成秀丽、开阔的自然景观，在显朗处布置建筑群或组，使其处于疏林、草地之中，可用"疏林草地风光"概括其自然风景的特色。庄园的细部处理，也极尽自然格调，如用有皮木材或树枝作棚架、栅篱或凉亭，周围设木柱栏杆等。二是城市近郊庄园，外围设隔离高墙，但高度以利借景为宜。园中央或轴线上筑一土山，称"台丘"，一般为多层，设台阶，盘曲蹬道相通，台丘上建亭与否皆可。园中也常模建意大利、法国式的方形或长方形植坛，以黄杨等作植篱，组成几何图案，或修剪成各种样式。

2. 英国的整形园

17世纪60年代起，英国模仿法国凡尔赛宫苑，刻意追求几何整齐植坛，而使造园出现了明显的人工雕饰，破坏了自然景观，丧失了自身的优良传统。如伊丽莎白皇家宫苑、汉普顿园和却特斯园等，一律将树木、灌丛修剪成建筑物形状、鸟兽物像和模纹花坛，园内的各处布置奇形怪状，而原有的树丛绿地却遭严重破坏。培根在其《论园苑》中指出：这些园充满了人为意味，只可供孩子们玩赏。18世纪初的作家 J. 艾迪生也指出：英国园林师不是顺应自然，而是喜欢尽量违背自然，每一棵树上都有刀剪的痕迹。尽管如此，整形园后世在英国并未绝迹，其影响久远。

3. 英国的自然风景园

18世纪英国的工业革命使其成为世界上头号经济大国，国貌大为改观，人们更为热爱自然，重视自然保护。当时英国生物学家也大力提倡造林，文学家、画家发表了较多颂扬自然森林的作品，出现了浪漫主义思潮，而且庄园主对刻板的整形园也感厌倦，加上受中国园林等的启迪，英国园林师注意了从自然风景中汲取营养，逐渐形成了自然风景园的新风格。

园林师 W. 肯特在园林设计中大量运用自然手法，改造了白金汉郡的斯托乌府邸园：园中有形状自然的河流、湖泊，起伏的草地，自然生长的树木，弯曲的小径。继其后，他的助手 L. 布朗又加以彻底改造，除去一切规则式痕迹，全园呈现出牧歌式的自然景色。此园一成，人们为之耳目一新，争相效法，自然风景园相继出现，形成了"自然风景学派"。

四、西方现代园林艺术的产生与发展

（一）近、现代园林思想的产生与发展

1. 传统思想的变革和城市公园的产生

18世纪初，英国掀起了解植物园艺知识的热潮，据说这与风景画的兴

起有关，实际上更多是因为踏出了国门，有机会看到并引进了外来植物。如 1683 年在英国切尔西药草园中进行了归化黎巴嫩杉的试验，到 19 世纪这种树木就成了英国庭园的主要材料。1840 年英国园艺学会派植物学家去世界各地收集植物资源，人们被现实中丰富的植物材料所吸引，渐渐淡化了感伤主义庭园，而专注于创造各种自然环境以适应外来植物的生长。不知不觉中，一种新型的园林形式——自然风景园逐渐形成，这种园林形式一经出现就引起了人们广泛的兴趣，逐渐传入法、德等西方国家，其中既有史凯尔为卡尔鲁特欧德新造的英国花园（1804 年），也有纳什利用旧园改造的圣詹姆斯公园（1828 年）。园林思想变革的另一种表现是私园逐渐对公众开放，如在 18 世纪的伦敦，人人可以进入皇家大猎苑游玩、打猎。

2. 城市绿地系统的出现

1858 年美国在纽约建成中央公园，一些有识之士进而提出建立绿地系统的概念。1892 年，奥姆斯特德编制了波士顿的城市园林绿地系统方案，把公园、滨河绿地、林荫道连接起来。1898 年，英国 E. 霍华德提出了"田园城市"理论，标志着城市园林绿地系统理论和实践的基本成型，园林概念已从孤立的地块观念向城市绿地系统观念作出了划时代的转变。

3. 现代园林的产生与发展

18 世纪是园林发生巨大变革的时期，尤其是风景式园林的出现和城市公园的兴起，使园林摆脱了刻板的模式，变得丰富而充满活力。然而，从艺术形式上看，它并没有特别的创新，主要是"如画的"模式和兼收并蓄的折中主义混杂风格。真正导致西方现代园林开始萌芽的，是新艺术运动及其引发的现代主义浪潮。新艺术运动是 19 世纪末、20 世纪初在欧洲发生的一次大众化的艺术实践活动，它的起因是受英国"工艺美术运动"的影响，反对传统模式；在设计中强调装饰效果，希望通过装饰来改变由于大工业生产造成的产品粗糙、刻板的面貌。它本身没有一个统一的风格，在欧洲各国也有不同的称呼，如比利时的"二十人团"、法国的"新艺术"、德国的"青年风格派"等。这个时期的作品留存至今的并不多，如高迪所作巴塞罗那的居尔公园、雷比斯的庭园等，但在现代园林的发展史上却留下了不可磨灭的贡献。

20 世纪初，现代主义园林之风渐起，一部分美国人首先进行了尝试，如 1939 年的纽约世界商交会的部分庭园。在随后的数十年中，现代园林得到不断的发展，到目前已经基本成熟。

（二）西方现代园林的特点与设计倾向

1. 西方现代园林及其设计倾向

西方现代园林的发展已近百年，然而现代园林的概念及其设计倾向究竟是什么？20 世纪 30 年代，斯托弗·唐纳德在《现代风景中的庭园》中写道，现代造园家们在做庭园设计方案时有三个依据，即功能主义、日本庭园和现代艺术。他认为，功能主义包含了合理主义的精神，通过美学的实际秩序，创造出以娱乐为目的的环境，新的现代住宅需要新的环境。日本园林，起到了将现代造园技术的发展与艺术、生活融为一体的作用，以使住宅与环境相谐调，从没有情感的事物中感受其精神实质：庭园的围墙是设计构思的重要内容，谨慎使用色彩、有效地利用背景，对植物配植比对花的色彩更关注，对石的布置即石组的构成煞费苦心等。关于现代艺术，他说，18 世纪的造园师学习意大利画家，19 世纪末庭园色彩设计师学习印象派画家，而现代画家在处理形态、平面及色彩价值的相互关系方面可以令造园师们大开眼界。

2. 西方现代园林是一个浩瀚的世界，其作品丰富、风格多样、设计师层出不穷

（1）劳伦斯·海尔普林和旧金山庭园。旧金山庭园是海尔普林早期的作品，具有典型的加州花园的特点，是早期抽象主义作品的代表作。这座位于奥林达的庭园，与山谷彼岸的山峦遥相呼应，呈现出一种无与伦比的风光。高高的墙壁与形状奇妙的流石相配置，点缀些许高大挺拔的乔木，具有极佳的透视图效果。

用作坐凳的弯弯曲曲的墙壁，不仅有规则的构思，同时还有一定的柔和感；遮阳的凉亭，将引人注目的影子投射到闪闪发光的铺石上，令植物和人都充满了活力；喷泉溅落的阵阵水声带来了一种清凉之感，是理想的休憩静养场所。

（2）波德·沃克和伯奈特公园。波德·沃克是现代主义园林第三代的代表人物之一，其作品遍布世界各地，成为 20 世纪末最有影响的风景园林设计师之一。伯奈特公园，位于美国德州福特沃斯市，因捐资人伯克·伯奈特而得名，原为自然风景式园林；1983 年波德·沃克作为 SWA 集团

方案设计师赢得设计竞赛，重新设计了该园。

伯奈特公园是一个典型的极简主义作品，设计采用了网状主路与45度斜交次路相叠合的规整布局结构，在比路面略低的绿色草坪衬映之下产生一种强烈的图案效果。由方形小水池拼成的长方形水池带穿插在"米"字形图案中，形成了一种新的节奏与质感。道路与草坪外围东、西、北三侧是由长方形、圆形种植坛组成的临街休息带，其外侧有行列植的乔木，长方形种植坛的大小与排列间距均与道路和草坪的排列方式与大小相呼应。整体既加强了公园的规整图案特点，也较好地解决了与外侧城市道路及人行道的关系。内部"米"字形图案中没有采用规则种植方式，自由种植的乔木沿周边成组布置，使得平面规整性与自然式种植围合形成的空间自由性两者相映成趣。公园两侧临街为小广场，与对面的雕塑广场（著名雕塑家野口勇设计）相呼应。小广场平面与公园整体结构相和谐，其西面为一组与圆形植坛组合在一起的台阶，东北侧为一水池和面向西南的雕塑墙，小广场的整体形式简洁、空间尺度亲切。

（3）伯纳德·屈米和拉·维莱特公园。伯纳德·屈米，1944年出生于瑞士劳塞尼，1969年毕业于苏黎世联邦技术学院，1970—1980年在英国建筑学院任教，1988年被聘为哥伦比亚大学建筑系主任。

拉·维莱特公园位于巴黎东北郊，占地约50公顷，原为大型牲口市场。公园东南角附近是19世纪的市政大厅，乌尔克运河和圣·迪尼运河分别呈南北和东西方向穿园而过。拉·维莱特公园为迎接法国大革命200周年纪念活动的国庆工程，在密特朗总统的提议下，1982年4月8日就设计方案向世界招标，有37个国家提供了471件作品，结果屈米中标。其方案采用点、线、面三个分离体系相重叠的方法，形成一个充满矛盾却令人耳目一新的作品。其中，线由交通道和运河等组成，面由10个主题公园构成，点由数十个相隔120米的红色游乐亭组成。

拉·维莱特公园是典型的解构主义作品，试图通过对事物的重新构成建立一种新秩序，体现矛盾和冲突，通过随机性、偶然性产生更多可能的内涵和景观。这是和传统的园林序列与可见组合完全不同的构思，公园建成开放后褒贬不一，但却确实引发了人们的许多思考。

（4）彼德·拉兹和杜伊斯堡北部风景园。杜伊斯堡北部风景园位于德国杜伊斯堡市北部，该处原是重要的工业区，由于工厂外迁，留下了广阔的废弃地。公园在原 A. G. 泰森钢铁厂基地上兴建，慕尼黑工业大学彼德·拉兹教授夫妇赢得了公园的国际设计竞赛一等奖。这是一个颇有思想的方案，遵循生态主义、文脉主义设计原则，并应用了大地艺术手法，令人赞叹不已。方案中保留了许多原有工业遗址：把原有的铁路路基铺成草坪，保留原炼钢炉用作攀登架，用废弃的大块铁砖铺砌地面，还把一些废弃的铁件组成大地艺术作品等。为了安全，全园用不同的颜色加以区分识别，如灰色、腐蚀色代表禁区，蓝色代表自由进入区等。考虑到污染治理问题，由工厂四处流出的地表水首先被组织到原冷却池，经处理后再流入园内的爱砌斯河。公园建成开放后，受到各界的广泛好评。

媒介是教育的重要手段，对园林艺术教育的媒介，即园林艺术本身的理解将直接影响到对园林艺术教育的理解。因而，对园林艺术的理性、实践认识和建构的总体把握也是园林艺术教育的内容之一。但是，我们讨论的是艺术教育中的园林，不可能像对园林专业的要求那样全面系统，只是对设计、创构中的基本理论和实践做一些介绍。

第四章 园林艺术设计、创构教育

第一节　园林设计、创构的美学基础

园林美是造园师对生活、自然的审美意识（感情、趣味、理想等）和优美的园林形式的有机统一，是自然美、艺术美和社会美的高度融合。园林美源于自然、又高于自然，是大自然造化的典型概括。园林美受文学绘画艺术和宗教思想活动的重要影响，是自然景观与人文景观高度统一的体现。

一、园林美学的属性

美是事物现象与本质的高度统一，即形式与内容的高度统一，并通过最佳方式予以表现。公元前 6 世纪古希腊的毕达哥拉斯学派认为，"美就是一定数量的体现，美就是和谐，一切事物凡是具备和谐这一特点的就是美"，这对以后的西方文艺产生过深远的影响。德国黑格尔认为，"美是理念的感情体现"、"客观存在与概念协调一致才形成美的本质"，这成为马克思主义美学理论的来源之一。如果说自然美是以其形式取胜，园林美则是形式美与内容美的综合体现。

（一）园林美具有多元性，表现在构成园林的多元素的不同组合形态之中

园林作为一个现实生活境域，营造时就必须借助于物质造园材料，如自然山水、树木花草、亭台楼榭、假山叠石乃至物候天象等，将其精心设计、巧为安排，从而创造出一个优美的园林景观。因此，园林美首先表现在可视的形象实体上，如山石的玲珑剔透、水体的清秀明洁、树木的葱茏扶疏等，这些造园材料及其组成的园林景观构成了园林美的第一种形态——自然美实体。

尽管园林艺术的形象是具体而实在的，但是园林艺术的美又不仅仅限于这些可视的形象实体上，而是借山水花草等形象实体，运用种种造园手法和技巧，通过合理布置、巧妙安排、灵活运用，来传达人们特定的思想情感、抒写园林意境。园林艺术作品不仅仅是一片有限的风景，而是要有象外之象、景外之景，即是"境生于象外"，这种象外之境即为园林意境。重视艺术意境的创造，是中国古典园林美学的最大特点。在有限的园林空间里缩影无限的自然，造成咫尺山林的感觉，产生"小中见大"的效果，拓宽了艺术空间。如扬州个园的四季假山，采用不同的山石素材和堆叠技巧，配置季相鲜明、风格各异的园林树木，同园展现春、夏、秋、冬四时迥然不同的湖光山影景观，从而绝妙地延展了园景的时间空间。用拓宽时空的造园手法强化了园林美的艺术性，成为中国古典园林中叠山艺术的巅峰之作。

（二）园林美也有多样性，主要表现在历史、民族、地域、时代性的多样统一之中

园林美作为上层建筑范畴的一种社会意识形态，它自然要受制于社会存在，例如法国的凡尔赛宫苑布局严整，是当时法国古典美学总潮流的反映，是君主政治至高无上的象征。而作为一个现实的生活境域，园林美亦会反应社会生活的内容，表现园主的思想倾向。如某缺角亭的营建，正值东北三省沦陷，园主故意将东北角去掉，表达了为国分忧的爱国之心。作为一个园林建筑的单体审美，缺角后就失去其完整的形象，但当您理解了特殊的社会含义后，就会感到一种更高层次的美的境界，这就是意识美。江苏省常熟市沙家浜风景区，有一组方柱状几何形体的青石雕塑，分别以不同部位的残缺来寓意18位伤病员的内涵，同样颇具匠意。

系统论有一个著名论断：整体不等于各部分之和，而是要大于各部分之和。英国著名美学家赫伯特·里德曾指出："在一幅完美的艺术作品中，所有的构成因素都是相互关联的。由这些因素组成的整体，要比其简单的总和更富有价值。"园林美不是多种造园素材单体美的简单拼凑，也不是自然美、社会美和艺术美的简单累加，而是一个综合的美的体系，多层意义上的美的相互融合，构成一种整体美的形态和意念。

（三）园林美的主要体现

1. 自然景观美

凡不加以人工雕琢的自然事物如泰山日出、钱江海潮、黄山云海、黄果树瀑布、云南石林、峨眉佛光等，凡声音、色泽、形状能令人身心愉悦、产生美感、并能寄情于景的景观事物，都属自然景观美。杭州西湖景观的自然美因时空而变换，朝夕晨昏之异，风雪雨雾之变，春夏秋冬之殊。自然景观瞬息多变，仪态万千，春花烂漫，夏阴浓绿，秋色绚丽，冬景葱翠。更有"晴湖不如风湖，风湖不如雨湖，雨湖不如月湖，月湖不如雪湖"之说，令人百看不厌。但自然界的事物并不是一切皆美的，只有符合美的客观规律的自然事物才是美的，因此美在形式。大千世界、无穷事物，美者毕竟不是多数，所以著名的风景名胜区才能吸引众多游客不辞辛苦地前往观赏，艺术大师刘海粟十上黄山的不懈探求才会令人赞叹。生物进化虽然赋予人类如此精妙的身体结构，但古往今来的美人也是屈指可数，世姐的选美大赛才能吸引众多眼球。

自然质朴、绚丽壮观、宁静幽雅、生动活泼的自然景观，一直以来就是园林艺术中取之不尽的创作源泉和不懈追求的理想境界。山水地形是园林的骨架和脉络，借地貌利用、地形改造等，可为园林植物种植、游憩设施建造和视觉景点的控制创造基础条件。气候天象是园林的外延和围衬，借日月雨雪等天象造景，如设朝阳台、夕照轩，观云海霞光、看日出日落；置风来亭、烟雨楼，听雨打芭蕉、泉瀑松涛；假园路曲径，营造断桥残雪、踏雪寻梅等意境。园林是一幅五彩缤纷的天然图画，蓝天白云、青山碧水、红花绿叶、百彩争艳。园林是一曲袅绕动听的美丽诗篇，风雷雨电、松涛泉瀑，虫叫鸟啼、百籁争鸣。园林生境的主体应是花草树木和其他多种生物，仿效自然群落、创造人工植被的和谐生境，才能营造空气清新、视野舒适的生态氛围，才能追求至善至美、天人合一的最高境致。

2. 建筑艺术美

中国建筑体系经过了漫长的发展历程，到宋代趋于定型，明清时已完全成熟，在世界上独树一帜。其中，园林建筑仍以居住为主体，包括多种结构类型。虽然各类型之间由于使用功能的不同而呈现若干个性的差异，但它们所具有的共性却十分明显，其中也包括中国建筑体系发展到宋代以后而形成的两个主要特征：个体建筑以木框架结构为主，以砖、石结构为辅。由个体建筑的横向铺陈而组合为建筑群，群体的重要性更甚于个体。

中国传统的园林建筑，使用的材料种类非常广泛，结构技术则包括砖、石、木、土等多种结构形式。由于社会、经济、政治以及意识形态方面的诸多原因，木结构建筑的发展尤为突出，其用材技艺和结构技艺的精密细致、法式制度的严谨完善，在古代世界各地的木结构建筑中堪称首屈一指。可以说，木结构建筑乃是中国园林建筑体系的主流。

园林建筑的木结构主要为框架形式，并在长期实践的基础上形成一套独特的模式：由柱、梁、枋、椽等木质承重构件组成为框架，北方多为"抬梁式"，南方多为"穿斗式"或"干栏式"。因此外墙并不起承重作用，建筑物的四面可以完全敞开或部分敞开，也可以完全封闭起来，无论安装门窗或者沟通室内外空间都有极大的灵活性。在高出于地面的"基座"上纵横排列立柱，四根立柱之间的空间叫做"间"，是建筑物的基本计量单元。一幢建筑物可以小到只有一间，大到十余间乃至数十间。外檐的柱子之间安装门窗或砌墙，构成"屋身"，屋身平面一般呈长方形、方形，也有圆形、多边形和其他形状的。屋身以上为坡屋顶，根据需要做成各种不同的样式，如庑殿、歇山、硬山、悬山、攒尖、卷棚、勾连搭以及单檐、重檐等。个体建筑的外观形象即由基座、屋身、坡屋顶这三部分组合而成，再加上或简或繁的装修、装饰，通体的造型、轮廓、线条、色彩、质地均有丰富的艺术表现力，显示一种宛如画意之美。

亭台最初与园林并无联系，后逐渐成为园林建筑景观或作为园林主体。台比亭出现早，初为观天时、天象、气象之用，如殷鹿台、周灵台，后来遂作园中高处建筑，其上亦多建有楼、阁、亭、堂等。亭是一种只有屋顶而没有墙的小屋，一般由屋顶、柱身和台基三部分组成，初为道路旅程休息之所，称十里长亭，后为园林中一景观。中国古典园林建筑中，以亭的变化为多，形式不一、玲珑轻巧、设置灵活，既可点景、观景，又可供人纳凉、小憩，现今著名的有苏州沧浪亭、北京陶然亭等。楼阁，是宫苑、离宫别馆及其他园林中的主要建筑，也是城墙上的主要建筑。现今保存的楼阁，多在古典园林之中，如前所述江南三大名楼，以及云南昆明的大观楼、江苏扬州大名寺内的平山堂、广东广州秀山公园内的望海楼等。

"舫"在中国园林里是可以经常看到的，无论是皇家园林还是私家园林，也不分南方北方，舫的外形尽管千姿百态，但都精致秀丽，能构成一景。舫在选址上很有讲究，通常立在水边这一最具有赏景视角的地方，给水面陆地的景色平添一种雅致。舫的出现和中国传统的文化背景、哲学思想、心理追求有关联，李白在诗中就写道"人生在世不称意，明日散发弄扁舟"。尽管园林舫并不能起锚出航，更不能乘风破浪，但从这里也可以想象到过去园主人置舫所追求的理想与审美情趣。

建筑艺术往往是民族文化和时代潮流的结晶，包括亭台廊榭、殿堂厅轩、围墙栏杆、假山水景等在内的中国古典园林建筑，在造园中具有简洁巧用、画龙点睛的神奇功效。其造景功能的艺术表现可古为今用、中为洋用，现已走出国门，在数十个国家显露中华园林之神韵风采。

3. 意境联想美

意境一词最早出自我国唐代诗人王昌龄《诗格》，说诗有三境：一曰物境，二曰情境，三曰意境。意境在文学上是景与情的结合，见景生情、借景抒情、情景交融。古代有许多善于通过描写景物来表达情感的伟大诗人，如李白《黄鹤楼送孟浩然之广陵》诗："故人西辞黄鹤楼，烟花三月下扬州。孤帆远影碧空尽，唯见长江天际流。"诗中虽只字未提诗人的感情如何，但是通过对景物的描写，使读者清晰感受到帆影已远去、送者还伫立江边怅望的情景。这就是意境，那种溢于诗表的深厚友情，更能打动读者的心扉、激发感情的共鸣。

园林意境就是通过意象的深化而构成心境应合、神形兼备的艺术境界，也就是主客观情景交融的艺术升华。陈从周先生说："园林之诗情画意即诗与画的境界在实际景物中出现之，通名之意境。"意境联想是我国造园艺术的特征之一，丰富的园林景物营造出诗情画意的境界，无不浸透着人类历史文化的精华，传达视物释义、触景生情的思想。

清扬州两淮商总黄至筠购小玲珑山馆修筑，为效苏轼"宁可食无肉，不可食无竹，无肉令人瘦，无竹使人俗"，故在园中广植修竹，以示清逸脱俗。因竹叶形状如"个"，故用"个园"命之。有人释为"个"是竹的一半，有孤芳自赏的含义。不论何种用意，都足以领悟到园主人借竹明志的意念。

苏州拙政园内有两处赏荷的景点，一处匾题为"远香堂"，另一处为"听留馆"。前者得之于周敦颐咏莲的"香远益清"句，后者出自李商隐"留得残荷听雨声"的诗意。一样的景物由于匾题的不同却给人以两般的感受，物境虽同而意境则殊。北京颐和园内临湖的"夕佳楼"坐东朝西，"夕佳"二字的匾题取意于陶渊明的诗句："山气日夕佳，飞鸟相与还；此中有真意，欲辩已忘言。"游人面对夕阳残照中的湖光山色，若能联想陶诗的意境，则于眼前景物的鉴赏势必会更深一层。

二、园林景观美构成的几个法则

任何艺术作品首先是一个审美系统，它包含着若干个相成相生的元素并依靠一定的构成法则成为完整统一的、形有尽而意无穷的、深邃的艺术空间。

（一）形式美法则

自然界常以其形式美来影响着人们的审美感受，各种景物都是由外部形式和内部形式组成的。外部形式由景物的材料、质地、线条、体态、光泽、色彩和声响等因素构成，内部形式是上述因素按不同规律而组织起来的结构形式或结构特征所构成。园林建筑是由基础、柱梁、墙体、门窗、屋面组成，但是运用不同的建筑材料、采用不同的结构形式、使用不同的色彩配合，就会表现出不同的建筑风格，满足不同的使用功能，从而产生丰富多彩的建筑形式。

形式美是人类在长期社会生产实践中发现和积累起来的，人类社会的生产实践和意识形态在不断改变着，并且还存在着民族、地域及阶层意识的差别，因此形式美又带有变移性、相对性和差异性。然而，形式美发展中的总趋势是不断提炼与升华的，总体表现出人类健康、向上、创新和进步的愿望。园林中常见的形式美有以下几种表现：

线条美。线条是构成景物外观的基本因素。人们从自然界中发现了各种线型的性格特征，横直线表现出水平面的广阔宁静，竖直线给人以上升、挺拔之感，短直线表示阻断与停顿，虚线产生延续、跳动的感觉，斜线使人联想到山坡、滑梯的动势和危机感。线条是造园家的语言，用它可以表现起伏的地形、曲折的道路、婉转的河岸、美丽的桥拱、灵动的林冠、严整的广场、挺拔的峭壁、丰富的屋面等。用直线组合成的图案和道路，表现出耿直、刚强、秩序、规则和理性。而弧形弯曲线则代表着柔和、流畅、细腻和活泼，如圆弧线的丰满，抛物线的动势，波浪线的起伏，悬链线的稳定，螺旋线的飞舞，双曲线的优美等。

图形美。图形是由各种线条围合而成的平面图形，一般分为规则式图形和不规则式图形两类。规则式图形的特征是稳定、有序，有明显的规律变化，有一定的轴线关系和数比关系，庄严肃穆、秩序井然。而不规则图形表达了人们对自然的向往，其特征是自然、流动、不对称、活泼、抽象、柔美和随意。在园林艺术具体使用中，往往是规则的形式寓于不规则的形式之中。

体形美。园林艺术中包含着绚丽多姿的体形美要素，表现于山石、水景、建筑、雕塑、植物造型等。体形是由多种界面组成的实体，它给人以深刻的印象。人体本身也是线条美与体形美的集中表现，人体的绝对对称结构，稍现差池即为畸形。但在翩翩起舞时的姿态，却又将这种平衡演绎得自然流动。不同类型的景物有不同的体形美，同一类型的景物也具有多种状态的体形美，如现代雕塑艺术不仅表现出景物体形的一般外在规律，而且还抓住景物的内涵加以发挥变型，出现了以表达感情内涵为特征的抽象艺术。

色彩美。色彩是园林艺术的重要造型手段之一，色彩通过光的反射，能引起人们生理和心理的感应，从而获得美感。色彩表现的基本要求是对比与和谐，人们在欣赏园林空间时，面对色彩的冷暖和情感联系，必然产生丰富的联想和精神满足。园林中的色彩，主要来自于植物以及建筑物的色彩。为了达到烘托或突出建筑物的目的，常用明色、暖色的植物进行配置，如绿色草坪与白色大理石的雕塑、白色花架上垂挂着开满红花的凌霄等，都是对比鲜明的组合。地形、地貌以及天象光影也有极其重要的背景价值，如秋高气爽之时，在蔚蓝色天空下映衬着槭树类等红叶树种，蓝天、白云、红叶，也给人一种明快而绚丽的艺术享受。

朦胧美。雾中景、雨中花、云间佛光、风中细柳这些自然界中的朦胧美，能使人产生虚实相生、扑朔迷离的美感。《白雨斋词话》中有一段精深的阐述："若隐若现，欲露不露，反复缠绵，终不许一语道破。"说的是，要给游人留有较大的虚幻空间和思维余地，所以，在园林艺术中常利用烟雨条件或半隐半现的手法给人以朦胧隐约的美感。

（二）多样统一法则

统一在园林艺术中的表现方面很多，例如形式与内容、形体与风格、造园材料与建造工艺、色彩与线条等，从整体到局部都要讲求统一。园林是多种景观要素组成的空间艺术，过分统一则是呆板、疏于统一则显杂乱，所以用"多样"一词来进行限制，意思是需要在变化之中求得统一，在统一之中体现变化，创造多样统一的艺术效果。

1. 形式与内容的多样统一

在自然式和规整式园林中，形式与内容的统一是比较容易取得的。而混合式园林因两种形式的包容，形式间的局部交接不能太突然，应有一个逐步过渡的空间。如园路是园林艺术的重要表现形式，其规整式园林多用直路，而自然式园林多用曲路，由直变曲可借助于弧形或折线形道路，使其在不知不觉间完成转换。

承德避暑山庄是位于自然山水中的大型园林，在山庄的正宫部分，建筑采用了严谨的对称布局，表现出皇家园林的特性，它是由清帝在此处理朝政的功能决定的。但同一般宫殿相比，这组建筑采用了较小的尺度与体量、简单的装饰与色彩（粟色），与自然山水的环境比较和谐，同时它的规整布局同正宫后面（岫云门北）的山、水、桥、堤的自然形态形成对比，从正宫步出岫云门时，会产生豁然开朗、步入仙境的强烈感受。寓变化于整体之中、求形式与内容的统一、使局部与整体在变化中求协调，这是现代艺术对立统一规律在园林审美活动中的具体表现。就全园总体而言，虽景区、景点间的设计各具特色，但其形式与内容均已保持了与全园整体的基本协调，在变化中求得完整。

2. 形体与风格的多样与统一

形体可分为单一形体与多种形体，如不同大小的金字塔形组合，不同方向相同坡度的斜面体组合，不同大小的长方体组合，同心圆或椭圆形景区内各部位关系等。形体组合的变化统一可运用两种办法，其一是以主体的形式去统一各次要部分，各次要部分服从或类似主体，起到衬托呼应主体的作用；其二对某一群体空间而言，用整体体形去统一各局部体形或细部线条以及色彩、动势等。

一种园林风格的形成，除了与地理、气候、植被等自然条件有关外，同时还有国别、民族、文化、历史等深深的时代烙印。无论在东方和西方，古代造园都是基于生活方式和建园材料，由简单逐渐繁杂起来的。如早年西方的修道院园林，只要求安静、空气新鲜，适于修道即可。东方的帝王、官宦及富贾所建园林，以满足少数人的游乐为要。而现代园林是为多数人服务的，则无论在形体与风格上都应表现得更为广泛、包容。

法国古典园林"勒诺特尔风格"的杰出表现为法国巴黎的凡尔赛宫苑，全园都统一在轴线放射、严谨对称的风格之中。而中国以自然山水为其特色的园林，体现的是天人合一的自然风格，这都说明园林风格具有鲜明的历史性和地域性。但是现代园林趋于多种风格嵌合文化内涵的交叉，常运用多种风格进行分区的规划，并通过统一的地形、道路、植物等来取得全园的多样统一。

3. 材质与纹理的多样与统一

主要指各图形本身总的线条图案与局部线条图案的变化统一，如园林中的水体驳岸可用直线直角的石砌变化形成多样统一，也可用自然土坡山石构成的曲线变化求得多样统一。明代画家龚贤所著《画诀》云："石必一丛数块，大石间小石，然须联络。面宜一向，即不一向亦宜大小顾盼。"又曰："石有面，有足，有腹。亦如人之俯，仰，坐，卧，岂能独树则然呼。"岸边假山的竖向石壁与临水的横向步道，虽然线型方向有变化，但与环境的配合却是统一的。长廊砖砌柱墩的横向纹理与竖向柱墩方向不一，但与横向长廊的走向是统一协调的。

园林构成要素中，无论是单个或是群体，如能在选材方面既有多样性、又保持整体的一致性，就更加显示景物的本质特征。但对于一座假山、一堵墙面或一组建筑来说，则应尽可能地保持材质间的一致性，如湖石与黄石的假山用材就不可混杂，片石、水泥的墙面间必须有主次比例。一组建筑，木构、石构、砖构必有一主，切不可等量混杂。近代园林中多有用现代材料结构表现古建筑的做法，如仿木仿竹的水泥结构、仿石的斩假石做法、仿大理石的喷涂做法，也可表现理想的质感多样性统一效果。

（三）均衡法则

均衡法则是指园林群体景物的各部之间对立统一的空间关系，一般表现为两种状态。

1. 静态均衡

也称对称均衡，就是以某轴线为中心，在相对静止的条件下取得均衡对称的景物形式。多种相同或相似部分之间的重复出现，或是对等排列与延续，如园林中整齐的行道树与绿篱、整齐的廊柱门窗、整齐排列的旗杆、喷泉水柱等，其美学特征是创造庄重、威严、力量和秩序感。如果布置的景物从形象、色彩、质地以及分量上完全一致，如同镜面反映一般，称为绝对对称。如果布置的景物在总体上是一致的，而在某些局部却存在差异的称为拟对称，最典型的例子如园门前的一对石狮：初看是一致的，但细看却有雌雄之别、神情之异。

对称均衡在人们心理上产生理性的严谨、条理和稳定感，在园林构图上用来陪衬主景。如果处理得当，则主题突出、井然有序，如同东方古典园林中的皇家宫廷建筑或欧洲宫廷园林中的凡尔赛宫，即是崇尚静态均衡法则、体现整齐规则的典型范例。但如果不分场合、不顾功能要求的一味追求对称，有时反而流于平庸或呆板，特别是在园林树木的配置使用中，甚至可能产生适得其反的效果，正如英国著名艺术家荷加兹说的那样，整齐、一致或对称只有在它们能用来表示适宜性时，才能取悦于人。

2. 动态均衡

也称不对称均衡，指各景观要素或要素各部分之间有秩序的变化与组合，形成看似无序却有律、道是参差也整齐的艺术章法或构思。如景物的质量有异、体量也不尽相同，但却也能使人感到整体的平衡：门前左边一块山石，右边一丛树木，山石的体量虽小、但质感很重，与质量轻、体量大的树丛相匹配，同样可以产生平衡感。动态均衡一般是通过景物的高低、起伏、大小、前后、远近、疏密、开合、浓淡、明暗、冷暖、轻重、强弱等无规定周期的连续变化和对比方法，使景观波澜起伏、丰富多彩、变化多端。动态均衡创作一般有以下几种方法：

（1）构图中心法：在群体景物之中，有意识地强调一个视线构图中心，而使其他部分均与其取得对应关系，从而在总体上取得均衡感。

（2）杠杆均衡法：根据杠杆力矩的原理，调节平衡中心，使不同体量或重量感的景物置于相对应的位置而取得平衡感。园林艺术中的假山堆叠和植物配置，常采用此法，以取得大大超出均衡构图的美学价值，起到活跃景观的视觉效果。

（3）惯性心理法：或称运动平衡法。人在劳动实践中形成了习惯性重心感，若重心产生偏移，则必然出现动势倾向，以求得新的均衡。如一般认为右为主（重）、左为辅（轻），故鲜花戴在左胸较为均衡。根据人体活动一般在立体三角形中取得平衡的规律，园林造景中也广泛地运用三角形构图法。

（四）和谐法则

和谐是指各物体之间形成的矛盾统一体，也就是在事物的差异中强调了统一的效果。应用于园林，则是指园内景物在变化统一的原则下，在色彩、体形、线条、时间和空间的表达上都给人一种和谐感。

产生和谐的来源有两方面，一是同类景物之间，二是不同景物之间。前者如园林植物间的合理配置，高大乔木、多分支灌木、低矮地被以及草花草坪间的合理选择和谐搭配，顶瓦、栏杆、门窗等建筑元素在建筑风格上协调和谐；后者如园林植物和建筑小品间的合理配置，植株形体规格大小、树体季相色泽变化、树种生态习性适应与地形地貌与建筑景观之间的和谐关系，如在寺庙园林中种植雪松、棕榈就会给人格格不入的怪异感觉。

和谐法则主要有相似协调法和近似协调法两种。相似协调法是指形状基本相同的建筑体、花坛、树木等几何形体，因其大小及排列不同而产生的协调感，如圆形广场配置弧形坐凳，假山用石的纹理和背向等的和谐。近似协调法，也称微差协调法，指相互近似的景物重复出现或相互配合时产生的协调感，如长方形花坛的连续排列、建筑外形轮廓的微差变化等。

这种差别主要是体现在人们的感觉程度上，来源近似但又并非相似，设计师巧妙地将相似与近似搭配起来使用，从相似中求统一，从近似中求变化。

（五）对比法则

对比是比较心理的产物，对比法则是对园林艺术表现时存在的差异和矛盾加以组合利用，以取得相互比较、相辅相成的呼应关系。老一辈造园家曾提醒"对比多了，等于没有对比"，意思是偶然一用效果显著，频频重复反而导致游人生厌或无动于衷。

在园林造景艺术中，往往通过形式和内容的对比关系来突出主体，表现景物的本质特征，从而产生强烈的艺术感染力，如用小突出大、用丑显示美、用拙反衬巧、用粗显示细、用黑暗预示光明等。园林造景中的对比运用，有形体、线型、空间、数量、动静、主次、色彩、光影、虚实、质地、意境等，如树木配植、建筑形式、堆山叠石、地形变化等，要取得主宾分明、层次丰富和错落有致的艺术效果。

获得对比的方法主要有：

（1）形体空间：水平与垂直是园林艺术中常用的方向对比因素。在平静广阔的水体岸边栽植高耸的水杉、池杉等高大挺拔的乔木，可形成鲜明的方向对比。一般垂直矗立在游人面前的碑、塔或雕塑，与地平面存在着垂直方向的对比，由于景物高耸，很容易让游人产生仰慕和崇敬的感受。

扬州无山，蜀岗也仅为土阜而已，但是扬州园林在山形的处理上很有特点。对于地形起伏较高的蜀岗，在高顶上筑殿和培植乔木，层层高耸，造成高树增山、险寺镇山的景观，无形中增加了山形的高度，使人觉得山势巍峨。同时在山脚下，不以高层建筑挡住山体，而以平旷的水园烘托山势：由低向高处看时，山势更为突出。而站在山上极目远眺时，开阔的地域必然会使你有"一览众山小"的感觉。

而瘦西湖风景区中的土山处理则采用点石的方法，如小金山：山势虽不太险峻，以黄石布成登山的曲折磴道，磴道两旁随势点缀黄石山峰，人行其间如入高山空谷，加上松、竹、梅的种植，感到十分自然、深幽，"借山叠石因成趣，种竹栽花为有香"。然后再在山顶建一风亭，山上植以圆柏，亭瘦而高、柏高而劲，且周围皆以水环抱，人处其间，怎会不产生

"移来金山半点何惜乎小" 之感?

（2）开合空间：在古典园林中，空间的开合对比应用相当普遍，如苏州留园，从入口通过一架狭长的封闭曲折的长廊进入园内，然后是一片大水面映入眼前，封闭的狭长空间长廊与其尽头的宽广空间桃花坞之间恰好形成开与合的对比，达到心胸顿觉开朗的效果。

我国的传统画法中，对"疏如晨星，密若潭雨"、"疏密相同，错落有致"等手法均有十分精致的表达，通过疏密对比来产生变化及节奏感。在园林艺术中，这种疏密关系突出表现在景点的聚散及植物的种植分布上，聚处则密、散处则疏，疏可走马、密不透风。如苏州留园，其建筑分布就很讲究疏密结合：东部以石林小院为中心，建筑高度集中，内外空间交织穿插。在这种景物内容繁多的环境中，节奏变化快速，步移景异、应接不暇，因而人的心理和情绪必将随之兴奋而紧张。但游人如果长时间在这种环境下，必然会产生疲惫感，因此该园其他部分的建筑则安排得比较稀疏、平淡，空间也显得空旷，心情自然恬静而松弛，游人也在这一紧一张的节奏变化中得到了心理的愉悦。

（六）比例尺度法则

比例出自数学，表示数量不同而比值相等的关系。比例具有满足理智和眼睛要求的特征，往往是最简单明确、合乎逻辑的比例关系最容易产生美感，过于复杂而看不出头绪的比例关系则难以引导游客的思维。

1. 用地空间比例

园林用地的空间分配是造园艺术中首当其冲的比例问题，《园冶》"相地"一章中明确提出："约十亩之基，须开池者三，余七分之地，为垒土得四。"这已经成为我国园林审美艺术和造园技艺中的金科玉律。在小园林空间设计时特别要引起重视的是，建筑室内空间与室外庭院空间之比至少为 1:10，否则会给人有空间局促的感觉，使心情大跌。

园林植物种植设计中的空间比例分配则更为复杂，要根据当地的光照、温度、雨量等气候资料，来决定园林植物的种类选择及乔、灌、草的比例。如在北方，常绿树与落叶树的数量比一般为 1:3，乔木与灌木比为 7:3。而到了海南一带，常绿树与落叶树的数量比例为 3:1—5:1 以上，乔木与灌木的比例则为 1:1 左右。

园林景物的高度在视觉艺术中有相当的规律可循。景物高度小于 30 厘米时有图案感，但无空间隔离感，多用于花坛花纹、草坪模纹边缘处理。景物高度近似于 60 厘米时，稍有边界划分和隔离感，多用于台边、建筑边缘的处理；景物高度为 90—120 厘米时，具有较强烈的边界隔离感，多用于安静休息区的隔离处理。景物高度大于 160 厘米，即超过一般人的视点时，则使人产生空间隔断或封闭感，多用于障景、隔景或特殊活动封闭空间的绿墙处理。

2. 景物尺度关系

尺度是在景物和人之间发生关系时的产物，一般只反映景物及各组成部分之间的相对数比关系，不涉及具体的尺寸。凡是与人体活动有关的物品或环境空间都有尺度问题，尺度和它的表现形式合为一体而成为人类习惯和爱好的尺度观念。英国美学家夏夫兹博里说："凡是美的都是和谐的和比例合度的"。所谓合度，应理解为"增之一分则太长，减之一分则太短；施朱则太赤，傅粉则太白"。简言之，就是恰到好处。

尺度既可以调节景物的相互关系，又可以造成人的错觉，从而产生特殊的艺术效果。设地面宽度为 D、墙体高度为 H，当 D:H < 1 时为夹景效果，空间通过感快速而强劲；D:H = 1 时为稳定效果，空间感平和而缓松；D:H > 1 时则具有开阔效果，空间感开敞而散漫。

景物高度与场地宽度的尺度比例关系，一般用 1:3—1:6 为好。在园林植物景观维护中，要根据树体的生长动态不断予以调整、修剪，才能保持规划设计中所制定的恰当比例尺度。如苏州留园北山顶上的可亭，旁植生长缓慢的银杏树，当时（约 200 年前）亭小而显山高，亭与山的尺度比例取得了预期的效果。但是现在银杏树成了参天大树，就显得亭小、山矮，比例失调了。

（七）节奏与韵律法则

在音乐或诗词中按一定规律重复出现相近似的音韵称为韵律。韵律原来属于时间艺术，拓宽到空间艺术或视觉艺术中，它的重复出现同样像音乐一样带给人以愉悦的韵律感，而且由时间变为空间后不再是瞬息即逝，可存留为凝固的音乐、永恒的诗歌，供人长期体味欣赏。

1. 园林中的韵律构成元素

（1）地形地貌：自然山体、丘陵的轮廓和河川、湖泊的岸际，是园林韵律构成元素中最具表现魅力的。人工地形改造形成的波浪形起伏，或开辟错落平台产生的平台阶梯，也是园林韵律构成元素中最具表现价值的。

（2）园林建筑：园林建筑的造型、色彩，在园林韵律构成元素中占重要地位，所有的园林设计师、建造师都会不遗余力地加以渲染。道路走向的线条、地面铺装的花纹、墙面屋脊的变化，也都可产生美妙的韵律感觉。

（3）园林小品：各种栏杆的韵律，包括高低交错、不同材料编制的花纹及色彩等的表现变化。花坛形状、层次的规律性变化，花窗形制、拼纹的节律性设置，花架、长廊的蜿蜒曲折，园灯的高低错落、疏密有致，甚至路牌的造型、色彩，都是园林韵律构成元素中不可忽视的欣赏点。喷泉弧线的变化韵律，加上声、光的配合，可产生韵律感更强的动态组合；水面在人工击荡下或鱼儿弄水时引起涟漪的韵律，则给人一种亲切自然的抒情遐想。

（4）园林植物：园林植物自身形体、色彩及季相变化的韵律，花境内植物花期的时序变化、花色的块状交替变化韵律，园林树木的有规律种植以及人工修剪形成连续的造型变化，是园林韵律构成元素中最具活力的生命象征。

2. 园林中的韵律设计

韵律，是通过有形的规律性变化、求得无形的韵律感的艺术表现形式，主要可分为三种类型：规则、半规则和不规则韵律。前者表现严整规定性、理智性特征，后者表现其自然多变性、感情性特征，而居中者则显示出一种过渡和糅合。

韵律设计是一种方法，可以把人的视线引向一个方向，把注意力引向景物的表现所在。

（1）连续韵律：使一种或多种景观要素有秩序地延续排列，各要素之间保持相对稳定的距离关系，如园灯设置、行道树栽植。

（2）渐变韵律：指连续出现的造园要素，按照一定规律变化逐渐加大或变小、逐渐加宽或变窄、逐渐加长或缩短，或形体逐渐由方变圆、色彩逐渐由深变浅，而呈现的一种渐进性韵律变化。如人工修剪的整形绿篱。

（3）突变韵律：指景物以较大的差异和对立形式出现，从而产生突然变化的韵律感，给人以强烈变化的印象。如亭台设置，独立木栽植。

（4）交错韵律：两组以上的要素按一定规律相互交错变化，常见的有芦席的编织纹理和中国的木棂花窗格子。

（5）旋转韵律：某种要素或线条，按照螺旋状方式反复连续进行，或向上盘旋、或向左右发展，从而得到旋转感很强的韵律特征。在模纹花坛或雕塑设计中常见。

（6）自由韵律：指某些要素或线条以自然流畅的方式，类似云彩飘浮或溪水流动的状态，不规则但却有一定规律地婉转流动、反复延续，出现自然优美的韵律感，如起伏的地形、蜿蜒的林冠。

（八）主次法则

在一个综合性景观空间里，多景观要素、多景区空间、多造景形式的存在，决定了必须有主有次、以次辅主的创作方法，达到既丰富多彩又多样统一的完美效果。这在古代的相关画论中有精辟的阐述，如，《画鉴》中的"画有宾有主，不可使宾胜主"，"有宾无主则散漫，有主无宾则单调、寂寞，有时有主无宾可用字画代之"。再如，《画山水诀》中说"主山最宜高耸，客山须是奔趋"。画论的主次法则原理被广泛引申、运用于造园艺术，以在园林叠山艺术中表现得最为直观、明了。计成的《园冶》中说"假若一块中竖而为主石，两条旁插而乎劈峰，独立端严，次相辅弼，势如排列，状若趋承"，就是这个意思。

园林构成中虽有众多的景区和景点，但因地制宜、排列组合而形成的景区序列主次鲜明。如泰山风景名胜区就有红门景区、中天门景区、岱顶景区、桃花源景区等，而岱顶景区是当仁不让的主景区。

园林景观的主要景观（或主景区）与次要景观（或次景区），又是相比较而存在、相协调而变化的。如苏州的拙政园是以中区的荷花池为主体部分，又以远香堂为建筑构图中心；北京的颐和园以昆明湖为主体，而以佛香阁为构图中心。中国古典园林多由大小不等的空间组成，在主景周围均有次要景点，形成众星捧月的造园态势。

第二节　中国传统园林设计、创构的理论引导

中国传统园林，是富于东方特色的"自然的王国"，是有中国风的真、善、美三位一体的王国。作为一个系统，它不但区别于一般的艺术门类，而且区别于西方园林。由于其设计、创构受中国传统文化的影响，打上了"中国风"的烙印，使得中国传统园林有了其独特的艺术风格。

一、寄情山水、崇尚隐逸的表现

（一）山岳观的演变

人类对于自然山水的认识是与整个社会的文化发展进程分不开的。在先秦、两汉时，山岳在人们心目中还保持着一种浓重的神秘性，再加上原始宗教、意识形态、帝王山岳祭祀的深刻影响，人们屈从于它、无条件地崇拜它。人性的觉醒从根本上改变了人们对自然界的认识，人对大自然山水之美变得敏感起来，人的内在感情的细腻性和复杂性与自然山水相对应契合而产生共鸣。于是，一方面山岳风景逐渐成为独立观赏的审美对象，揭开了先秦、西汉以来披覆其上的神秘外衣，以其赏心悦目的本来面貌呈现在人们的眼前；另一方面，原始宗教的主导地位已为新兴的佛教和道教所取代，君子比德思想、神仙思想在老庄、佛家和玄学的启导下也发生演变或升华，帝王的封禅祭祀活动由于社会动乱、政局多变而趋于低潮。这两方面的情况都促使了人们对山岳认识的根本转变，形成了新时代的山岳观。

东汉末，由于时局动荡不安，社会普遍流行着消极的情绪。人们深感"浩浩阴阳移，年命如朝露；人生忽如寄，寿无金石固"[①]，因而滋长了及时行乐的思想，即使曹操那样的大政治家也不免发出"对酒当歌，人生几何，譬如朝露，去日苦多"（《短歌行》）的感慨。魏晋之际，皇室、门阀、士族之间、士族各集团之间的明争暗斗愈演愈烈，斗争的手段不是丰

---

① 沈德潜：《古诗源》，中华书局 1978 年版。

厚的赏赐、便是残酷的诛杀；士大夫知识分子一旦牵连到政治斗争，则荣辱死生毫无保障。由此，消极情绪与及时行乐的思想更有所发展，并导致了行动上的两个极端倾向：贪婪奢侈与玩世不恭。

厌恶政治正是老、庄所标榜的虚无、无为而治的思想基础，不满现实的情绪则促成了新兴佛教的重来生不重现世的学说流行。老庄、佛学与儒学相结合而形成玄学，玄学重在清谈，玄学家们逃避现实、好谈或注解《老子》、《庄子》、《周易》以抒己志。士大夫知识分子中出现了相当数量的"名士"，"竹林七贤"就是其中的代表人物。名士大多是玄学家，以任情放荡、玩世不恭的态度来反抗礼教的束缚，寻求个性的解放，一方面表现为饮酒、服食、狂狷的具体行为，另一方面则表现为寄情山水、崇尚隐逸的思想作风，也就是所谓"魏晋风流"。

在战乱频仍、命如朝露的严酷现实生活面前，最好的精神寄托莫过于到远离人事扰攘的山林中去，并迫使名士们对老庄哲学的"无为而治、崇尚自然"进行再认识；再者，玄学主张返璞归真，佛家的出世思想也在一定程度上激发人们对大自然的向往之情，促使他们投身于大自然的怀抱，从哲学本体论的角度着重探索"自然"与人的关系，把古老的"天人合一"的哲理推向更深化的层次。在以名教礼法为纲的社会中充满了假、恶、丑的现象，只有自然山水才是他们心目中真、善、美的寄托与化身。自然山水是最"真"的，而这种"真"表现为社会意义就是"善"，表现为美学意义则是"美"。这就是魏晋哲学的鲜明特点，也是魏晋士人寄情山水的理论基础。

处在这样的文化氛围之中，山岳在人们的意识里已经起了明显的变化，以往那种求仙通神的激情逐渐淡薄下去，伦理功利的象征意义亦逐渐消失其色彩，由原始宗教崇拜对象转化为审美对象，不仅能赏心悦目，而且要畅情抒怀。知识界从自然山水风景中体验到玄学所追求的对现实人生的超脱，进一步把玄学思想渗融于山水审美观念之中。人们的"山岳观"改变了，早先的"名山"逐渐向"名山风景区"转化，新的山岳风景亦陆续开发出来，其优美的自然生态，作为一种景观开始被利用而纳入人居环境之内，自然美与生活美相结合而向着环境美转化。这是人类审美观念的一个伟大转变，在欧洲直到文艺复兴时方才出现，比起中国大约要晚1000年。

由于知识阶层人士的寄情山水、崇尚隐逸的风尚影响和游山玩水、经营山居的实践活动，摆脱了儒家"君子比德"的单纯伦理的附会，以它的本来面目——一个广阔无垠、奇妙无比的生活环境和审美对象而呈现在人们的面前。人们获得了与大自然的自我谐和，对之倾诉纯真的感情，同时还结合理论的探讨而不断深化对自然美的认识。包括山水诗文、山水画、山水园林等的山水艺术领域的开拓，同步发展的密切关系此时已见端倪，这更加提高了自然山水在文人士大夫心目中的地位，还流行以一方的山水形胜预示一方的人物风貌，即所谓"地灵则人杰"的说法。

新的山岳观从一个侧面反映了新时代的文化思潮，首先形成于掌握文化、使用文化的知识阶层，包括世俗知识分子和佛、道宗教知识分子及其代表人物。他们持着超脱、出世的心态，寄情山水崇尚隐逸，从而导致行动上游山玩水、经营山居的风尚，确立思想上对山岳景观的独立审美观念。东晋文人谢灵运为了游山的方便而自制登山屐，甚至雇工数百人专门为他开路。陶渊明辞官隐居，家境虽然贫穷，亦"三宿水滨，乐饮川界"。他们对自然山水风景之眷恋，可谓一往情深。

文人名流以其高度的文化素养，通过对山岳风景长期细致的体察，从宏观的角度揭示出山岳景观的构成规律以及如何激发人们的审美感受，人们对自然美的直接鉴赏遂取代了过去所持的神秘、功利和伦理的态度，而成为此后的传统美学思想的核心。文人士大夫通过直接鉴赏大自然，或者借助于山水艺术的间接手段来享受山水风景之乐趣，也就成了他们的精神生活的一个主要内容，这对提高山岳景观的鉴赏水平和建设水平都起到了一定的促进作用。由此留下的有关名山的诗文吟咏、题刻、铭记，与僧道交往的情形及种种传闻轶事，大大地丰富了山岳文化内容，为山岳风景添加光彩；文因景名、景以文传，从而又提高了名山风景的知名度。若就民族文化总体而言，它们还带动了山水艺术——山水诗文、山水画、山水园林的蓬勃发展。

（二）山水诗文的涌现

晋室南渡以后，江南各地秀丽的自然风景相继得到开发，文人名士游山玩水，终日徜徉于林泉之间，对大自然的审美感受日积月累，在客观上为山水诗的兴起创造了条件。再加之受到老庄和玄、佛的影响，文人名士的现实态度由入世转向出世，企图摆脱礼法的束缚而追求"顺应自然"，因而便以完全不同于先贤的崭新审美眼光来看待山水风景，把它们当做有灵性的、人格化的对象。于是山水诗文大量涌现，东晋的谢灵运便是最早以山水风景为题材进行大量创作的诗人，陶渊明、谢朓、何逊等人也都是擅长山水诗文的大师。

魏晋名士多喜欢到山际水畔行吟啸傲，《世说新语·栖逸十八》载，阮籍出游"常率意独驾，不由径路，车迹所穷，辄恸哭而反。尝游苏门山中，有隐者莫知姓名，有竹实数斛杵臼而已。籍闻而从之，谈太古无为之道，论五帝三皇之义"。嵇康"游于汲郡山中，遇道士孙登，遂与之游；康临去，登曰：'君才则高矣，保身之道不足'"。

过去带有宗教神秘色彩的"修禊"节日，亦已完全演变成为诗文会友的群众性盛大活动。修禊，古称上已节，是阴历三月三日在水边举行的一种祭礼，祭奠祖先、祈求好运。晋永和九年，王羲之邀谢安、孙绰等名士们在会稽山阴举行兰亭修禊盛会，引曲水以流觞，众宾吟诗结成《兰亭集》，王亲写《兰亭集序》，以记盛况：

> 永和九年，岁在癸丑。暮春之初，会于会稽山阴之兰亭，修禊事也。群贤毕至，少长咸集。此地有崇山峻岭、茂林修竹，又有清流激湍，映带左右。引以为流觞曲水，列坐其次。是日也，天朗气清，惠风和畅，娱目骋怀，信可乐也。虽无丝竹管弦之盛，一觞一咏亦足以畅叙幽情矣。……

李白的一生，大部分时间是在浪迹天涯、周游名山大川中度过。李白少年时代学过武术，有强健的体魄，经济上得到经商的兄长资助，这些固然都是他得以仗剑远游的优越条件，但当时知识界的社会风气、时代思潮、文化背景应该说是一个更重要的客观因素，促使他把经年不断的旅游活动作为生活中不可或缺的一部分。大地山川的灵气为他的文学生涯提供了大量滋养，山水诗在其杰出的诗歌创作成就中占主要地位。"兴酣落笔摇五岳，诗成笑傲凌沧州"，他那丰富的想象力，饱含着感情的笔触，写出了传神的歌颂山岳景物的诗篇。其所体现的热爱祖国山河、热爱大自然的情怀，无异于把自身的人格融化在大自然中，所以后人称颂李白的诗歌为：五岳为辞峰，四海作胸臆。

集诗、书、画"三绝"于一身的大文豪苏轼，毕生仕途坎坷、屡遭贬谪、宦游四方，足迹踏遍大半个中国。他热爱祖国的山山水水，在那些歌颂名山胜景的诗文里，不仅作直观的描述，而且借景抒怀，把自己的抱负、理想融会于山水景物的体验和品鉴之中，具有浓重的哲理启迪和深刻的意境内涵。

（三）山水画的成长

文人名流"读万卷书、行万里路"，品鉴书画是他们共同的一项文化素养。因此，他们在山岳景观的观赏过程中往往会参悟于绘画，而力图揭示名山风景的画意之美，把山岳的自然生态"艺术化"，从中领略种种如画的意境。"风景如画"的概念开始成为社会的共识，山水画也像山水诗一样成为名山精神文化的重要组成部分。

山水景观已经摆脱作为人物画背景的状态，开始出现形式虽较幼稚，但独立的山水画："或水不溶泛，或人大于山；率皆附以树石，映带其地；列植之状，则若伸臂布指"①。山水画的成长意味着绘画艺术从"成人伦、助教化"的手段向着自由创作的转化，也标志着文人参与绘画的开始，在开掘自然美的基础上萌芽成长、异军突起。宗炳《画山水序》云："披图幽对，坐究四荒，不违天励之丛，独应无人之野，峰岫峣嶷，云林森渺，圣贤映于绝代，万趣融其神思。余复何为哉？畅神而已。神之所畅，孰有先焉"。山水画家从主观的思想感情出发去接触大自然，可以通过借物写心的途径以实现"物我为一"的境界，从而达到"畅神"的目的。王微《叙画》一文则提出"作画之情"，认为山水画家必须对大自然之美产生感情、内心有所激荡，才能形成创作的动力，即所谓"望秋云，神飞扬，临春风，思浩荡"。宗、王的"神"、"情"之说，主张山水画创作的主观与客观相统一，这是中国传统思维方式与"天人合一"思想的表现，在一定程度上影响了人们对自然美的鉴赏趋向，多少启导了人们以山水风景作为"畅神"的手段、"移情"的对象。

晋室南渡，文人雅士游山玩水的风气更为炽盛。《晋书·谢安传》载："（谢安）与王羲之及高阳许询，桑门支遁游处，出则渔弋山水，入则言咏

---

① 张彦远：《历代名画记——历代名画名著汇编》，文物出版社1982年版。

属文，无处世意。"《世说新语·栖逸十八》云："许掾好游山水，而体便登陟。时人云：许非徒有胜情，实有济胜之具。"《宋书·隐逸传》记载著名画家宗炳好山水、爱远游，曾西陟荆巫、南登衡岳，"每游山水，往辄忘归"，晚年感到"老疾俱至，名山恐难偏睹"，于是把游览过的地方画成图画挂在居室的墙上"卧以游之"，且还"抚琴动操，欲令众山皆响"。

唐、宋传世的山水画，描绘山岳风景的占着大多数，各种《画论》中也有相当一部分是关于山岳风景构成的画理。这说明了画家对山岳的关注和对山岳风景鉴赏、理解的深刻程度，也反映了当时的名山风景开发的兴盛情况。从画面上的那些建筑物和建筑群的因山就势的点缀，也可以领略到当时的佛寺道观建筑在选址、形象、空间处理以及道路布设等方面所显示的天人谐和之美和高超的艺术水平。

（四）山水园林的诞生

寄情山水、崇尚隐逸既成为社会风尚，社会上普遍形成了士人们的游山玩水、经营山居的浪漫风习，启导着知识分子阶层对大自然山水的再认识，从审美的角度去亲近它、理解它。在当时的交通条件下，文人士大夫长途跋涉，经游山玩水来畅情抒怀，必须付出艰辛的代价，并非轻松的事情。谢灵运为了游山而不惜雇工伐木开道，宗炳平生遨游"栖丘饮谷三十余年"，历尽千辛万苦也只能走马观花。游山玩水、观之不足，自然要萌生在山野风景地结庐营居的念头。但其中的大多数并不愿意放弃优越的城市生活条件而又要求悠游山林之趣，两全其美的办法便是建造园林、别墅、山居，开发"邑郊风景区"，邻近城市可以当日往返，免除长途跋涉和生活上的诸多不便。至于那些远离城镇的深山野林，虽然风光旖旎、景物多姿，毕竟生活条件十分艰苦，只有极少数隐士甘愿结庐隐居。隐士们的山居生活俭朴，房屋建筑自不必太讲究，但对风景的要求很高，因而乐在其中。而真正长期扎根于斯，作锲而不舍的开发、筚路蓝缕的建设，主要是借助于方兴未艾的佛、道宗教力量才得以完成。

"经始"一词源于《诗经》，屡见于东晋、南朝人的诗文中，并有了新的含义：不仅是一般的营造山居，还着重在如何选择山水形胜和自然风景以便延纳大自然之美；它不仅指物质上的规划布局，同时也包含着精神上的审美追求，小至一房一舍、大到整座庄园，莫不如此。无论新建的或者旧有的宅居、园墅，都能完全契合于天然山水地形。谢灵运在《山居赋》的注文中特别详细地描写南山的自然景观特色，建筑布局如何与山水风景相结合，以及道路敷设如何与景观组织相配合的情况：

> 田野或升或降当三里许。涂路所经见也，则乔木茂竹、绿畛弥阜、横波疏石、侧道飞流，以为寓目之美观，及至所居之处。自西山开道迄于东山二里有余，南悉连岭叠嶂，青翠相接。云烟霄路，殆无倪际。从径入谷凡有三口……。路初入，行于竹径，半路阔以竹。渠涧既入，东南傍山，渠展转幽，奇异处同路北。东、西路因山为障，正北狭处践湖为池。南山相对皆有崖岩，东北枕壑，下则清川如镜，倾柯盘石，被隩映渚。西岩带林，去潭可二十丈许。茸基构宇在岩林之中，水卫石阶，开窗对山，仰眺曾峰，俯镜濬壑。去岩半岭复有一楼，回望周眺既得远趣，还顾西馆望对窗户。绿崖下者密竹蒙径，从北直南悉是竹园。东西百丈、南北百五十五丈，北倚近峰，南眺远岭。四山周回，溪涧交过，水石林竹之美，岩岫山畏曲之好备尽之矣。

许多担任地方官职的文人，在任期内饱游当地山水风景后，也往往利用自己的职权对其开发建设作出积极贡献。唐代大诗人白居易在杭州刺史任内主持整治西湖的工程：筑堤保湖、蓄水溉田，修造亭、阁以点缀风景，同时还大量植树造林，杭州因"绕郭荷花三十里，拂城柳树一千株"而闻名全国。宋代著名词人苏轼二任杭州知府时，西湖大半为葑草淤积、水面日益缩小，对此他采取了根治的措施，用 20 万个民工把葑草打捞干净，并用葑草和淤泥筑起一条纵贯湖面的大堤沟通南北交通，堤上遍植桃柳以保护堤岸，后人把它叫做"苏堤"。又在湖中建石塔三座，塔以内的水面一律不许种植，塔以外则让百姓改种菱茭之类。湖面葑积的状况得以彻底改变，绿波盈盈、烟霭渺渺，更增加了西湖美景的静穆清秀。

山水诗文和山水画的兴旺发达，为亦已成熟的山水审美观念注入了新鲜血液，在山水美的鉴赏中追求诗画的情趣、意境的含蕴，并在一定程度上影响到山水园林的开发。传统的山水园林已脱离秦汉以来比较原始、粗放的状态，得以更加精练、典型、概括地表现自然风致，从而升华到一个更高的艺术境界。山水园林的成熟乃是对山岳景观的提炼、概括和典型化的结果，尤其是私家园林和寺观园林的兴盛把造园活动由宫廷普及于民间，"本于自然，高于自然"的艺术创作成就使得中国风景式山水园林开始形成为独树一帜的园林体系。

二、风水理论的体现

风水学说是中国古代的一种术数学问，旨在如何选择理想的、避凶就吉的居住环境。《尚书》、《礼记》等典籍中已有择地营国的记载，最初借助于卜筮的方式即所谓"卜宅"、"卜居"，后来通过"相地"的方式即考察山川的地理、地质、水文、生态、小气候等，再结合避凶就吉的迷信而营建城廓、宫室、住居以及墓葬，即所谓阳宅和阴府。到汉代又与阴阳五行八卦之说相结合，而衍化为风水学说的雏形。其宗旨是为生者的聚落和死者的坟茔选择理想的自然环境与人文环境，并相应地确立这种环境的不同结构模式和选择标准，以求得家宅平安、子孙繁衍。魏晋南北朝时，知识界和玄学家盛谈"气"的理论，认为气是自然界的基本要素：气不断地流动着，重浊而降者为阴，轻清而升者为阳；在地谓之理，在天谓之文；蒸谓之雨，散谓之风，炎谓之火等等。风水学说引进"气"的理论而更加系统化，晋人郭璞《葬经》曰："气乘风则散，界水则止。古人聚之使不散，行之使有止，故谓之风水。风水之法，得水为上，藏风次之。"另外，由于自然山水风景的开发和人们鉴赏自然美的深化，风水学说又增加了对景观环境审美评价的内容，在科学、迷信的成分中又揉进了美学的成分，从而奠定了完备的理论基础。

风水学说自唐宋以来逐渐发展成为一个既有迷信色彩、也包含着科学和美学成分的综合性的环境学问，具体表现了古老的天人合一思想，广泛流行于民间作为规划、设计、建筑、经营的依据，也得到宫廷和文人士大夫的青睐。山区地形复杂，营建房屋较之平原难度更大，往往更多地借助于风水学说的指导。寺观虽属宗教建筑，但由于其建筑形制的世俗化，也必然会或多或少地受到世俗的风水学说的影响。山岳寺观建筑在如何选择基址、谐调环境、组织景观等方面接受风水模式的情况，唐宋已见端倪，发展到明清时期已经臻于更为自觉、成熟的阶段，名山风景区的宗教建设与风景建设相结合的情况亦相应达到了更为完美的境地，从而广泛地丰富了山岳物质文化的内涵。《山志》、《寺志》等在描写寺观建置时，大量使用风水术的语汇。道教与风水术的关系很密切，后者借用道教的四灵神作为地形模式的象征，《道藏》中收入不少风水堪舆的著作，山岳道观建筑经营中直接援引风水学说更是屡见不鲜，足以表明名山寺观建筑的世俗化及其体现环境意识的深刻程度。

以宁波天童寺的整体景观结构为例，可对理想风水模式作一具体说明。天童寺坐落在宁波市东南部太白山深处，已有 1600 多年的历史，规模宏大，为禅宗五山第二，被日本禅宗曹洞尊为祖庭。据《天童寺志》载，该寺的构建受"风水说"（形象）的影响很大，其整体景观结构足以说明普遍存在于中国人心目中的理想风水模式。在面积约 20 平方公里的范围内，太白山主脉山脊蜿蜒回环，围合成一山间盆地，只有西侧有一豁口与外界相联系。山脊海拔多在 400—500 米以上，主峰 656.9 米，而寺庙所在地海拔只有 10—120 米，相对高差平均约 300—400 米，空间围合感极强，可谓"委宛自复"、"环抱有情"，堪称形止气蓄的真龙。天童寺坐北朝南，西北侧依太白山主峰，构成背依玄武之势；自主峰东西两侧分出数脉，迤逦南下环护于寺庙之两侧，构成穴之护沙；其他诸支脉或环列于前，或回抱于两侧，如"肘臂之环抱"。侧脉之间的水流蜿蜒曲折尽汇于盆地之中；为使穴前清流护绕有情，寺庙构建者在寺前挖两个大水池，称内、外"万工池"，引右侧之水注入，后绕经寺前汇入盆地，确是"玄武垂头，朱雀翔舞，青龙蜿蜒，白虎顺俯"之穴。至于土厚水丰、植被茂密，则更是其他地方所罕见，现被列为森林公园。为了"聚气"，在四周护山，盆地之豁口处及完全人工设计的曲折香道两侧广植松竹，形成了长达 2 公里的古松长廊——"深径回松"和"风岗修竹"诸景。从对穴前水流之人工处理及香道的设计和周围的绿化，都可以看出人为活动在使自然景观结构的某些缺陷得以弥合，从而使之更符合理想风水模式。

千百年来，风水模式在中国大地上铸造了一件件令现代人赞叹不已的人工与自然环境和谐统一的作品，形成了中国人文景观的一大特色，并成为深入研究中国人理想环境模式的重要依据，恰如李约瑟所说，"遍中国农田、居室、乡村之美不可胜收，都可以借此得以说明"。"风水说"所信仰和追求的天人合一、人与自然和谐相处，正是现代和未来生态学所追求的目标，所以有的西方学者甚至称"风水说"为"宇宙生物学的思维模式"和"宇宙生态学"，并把"风水说"定义为"通过选择合适的时间与地点，使人与大地和谐相处，取得最大利益、安宁和繁荣的艺术"。

三、儒、道、禅思想的影响

在中国文化发展史上，儒、道、佛三教作为中国传统文化的三大组成部分，各以其不同的文化特征影响着中国文化。同时，三者又相互融合、共同作用于中国文化的发展，并充分体现了中国文化多元互补的特色。中国园林艺术创作中的意境产生就与中国哲学思想密不可分，中国文人性格和审美情趣的渗透，无不折射于园林风格和景观意境的审美观念中。因此，从园林的物质内容到精神功能，从园林的立意布局到景区的主题分配，从景物本身的表意内涵到景物之间的符号关联，都孕育着丰富的古典园林美学思想和博大精深的中国传统文化底蕴。

（一）儒家思想与中国园林

在中国文化发展史上，儒家学说是中国传统文化发展的主流。虽然在先秦时，中国文化呈现出"百家争鸣"的多元形态，儒家只是其中主要的一家，但自汉武帝采纳董仲舒的建议"罢黜百家，独尊儒术"之后，儒学便成为中国古代文化的正统，深深地影响并主导着中国文化发展的历程。在儒家创立和发展的过程中，形成了自己的一套理论学说：政治上主张"德治"和"仁政"，崇尚"仁义"和"礼乐"，提倡不偏不倚、无过无不及的中庸思想；教育上主张"有教无类"，重视平民教育和伦理道德的培养与实践；并融入了重民、三纲五常、道统等思想，以及提倡以义制利的价值观。儒学思想虽然在一定程度上对中国文化的发展起到了积极的作用，但同时也带来一定的抑制和约束影响，其崇性抑情、重道轻文、存理去欲的思想遭到了历代崇尚自然的文学家的批评。于是，儒学在吸取、借鉴道教的基础上，在保持自己特色的前提下，相互调和、完善体系，从而使儒学哲学思想得到进一步的发展。

1. "天人合一"的命题

此命题虽由宋代哲学家提出，但作为一种哲学思想则早在周代便已出现了。

《易传·乾卦》说："夫大人者，与天地合其德，与日月合其明，与四时合其序，与鬼神合其凶；先天而天弗违，后天而奉天时"，道出了天人合一的主旨思想。孔子提倡"天命论",主张尊天命、畏天命,认为天命是不可抗拒的。老子主张"自然无为",认为人在宇宙、自然界面前只能顺应,不可干预甚至逆反。孟子则总其成,将天道与人性合而为一,寓天德于人心,把封建社会制度的纲常伦纪外化为天的法则。荀子虽然提出相反的主张——"制天命而用之",强调人对自然的主宰和改造,但并未占有思想界的主导地位。秦、汉时,以《易经》为标志的早期阴阳理论与当时的五行学派相结合,天人合一又衍变为"天人感应"说,认为天象和自然界的变异能够预示社会人事的变化,社会人事变化也可以影响天象和自然界的变异,两者之间存在着互相感应的关系。

　　《周易》强调天、地、人三者中以人为本,重视人与自然、人与人之间的和谐统一关系。尽管人与自然相比,人的地位更为重要,但儒学并不把自然看做异己力量,而是主张人与自然和谐相处,认为天人是相通的。"天人合一"、"万物与吾一体"思想的形成,导致了艺术心境完全融合于自然,"崇尚自然,师法自然"也就成为中国园林所遵循的一条不可动摇的原则。在这种思想的影响下,中国园林把建筑、山水、植物有机地融合为一体,在有限的空间范围内利用自然条件、模拟大自然中的美景,加工提炼并创造出与自然环境协调共生、天人合一的艺术综合体。苏州沧浪亭的楹联"清风明月本无价,近水远山俱有情",就表现出园主崇尚自然、热爱自然的闲适心情。

　　天人合一的思想成为中国古代哲学体系的一个重要组成部分和传统文化的基本精神之一,包含着两层意义:第一,人是天地生成的,人的生活服从自然界的普遍规律。第二,自然界的普遍规律和人类道德的最高原则是一而二、二而一的。因此,人生的理想和社会的运作,应该做到人与自然的谐调,力求天时、地利、人和的统一。既要利用自然的各种资源使其造福于人类,又要尊重自然、保护自然及其生态的平衡,即《易·大传》所谓"范围天地之化而不过,曲成万物而不移"。天人合一的思想影响及于人们对山岳的认识,于原始宗教的自然崇拜之中羼入了人的某些属性,体现着人对自然的一定程度的精神改造。自然的气质相应也对人性有所潜移默化,不仅渗透进人们的心胸,而且在那里积淀下来,成为民族的心理、习尚,成为性格禀赋乃至思想感情。这种思想感情又赋予人们对待自然的一种世俗性的尊重、亲和以及相应的行为规范,如维护自然生态、保护植被、动物等。所以说，天人合一的思想不仅是形成山水园林的一个积极因素，而且对中国传统园林的转化始终如一地起着主导的作用。

2. "君子比德"的导源

"君子比德"思想导源于先秦儒家，儒家讲求现实的修、齐、治、平之道。

在儒家看来，自然山川林木之所以会引起人们的美感，在于它们的形象能够表现出与人的高尚品德相类似的特征，从而将大自然的某些外在形态、属性与人的内在品德联系起来。孔子云："知者乐水，仁者乐山。知者动，仁者静"。智者何以乐水、仁者何以乐山呢？就因为水的清澈象征人的明智，水的流动表现智者的探索，而山的稳重与仁者的敦厚相似，山中蕴藏万物可施惠于人，正体现仁者的品质。

比德思想引导人们从伦理、功利的角度来认识大自然，以"善"作为"美"的前提条件，从而把两者统一起来。古人往往把美、善二字作为同义语使用，它们的字形有一个共同之处，即在上部都类似"羊"字："美，甘也，从羊从大。羊在六畜主给膳也。美与善同意。"如果以善作为美的前提条件，那么就有可能把属于伦理范畴的君子德行赋予自然而形成山水美的性格。这种"入化自然"的哲理必然会导致人们对山水的崇敬，自然的山水美由于体现着人的内存品德而具有生命的意义，人们不仅对山水的形体、色彩、音响等作纯形式美的观赏，而且更注重其社会文化的内涵。自然山水不是远离生活的外在背景，更非与人类对峙的客体，而是交织于生活之中，成为生活的一部分。所以中国自古以来即把"高山流水"比拟为人品高洁的象征，"山水"一词也就成了自然风景的代称。

除了直观的描写，还运用比兴的手法，把优美的自然物联系于人事，即所谓"托事于物，取譬引类"，从而丰富了审美的内涵。《小雅》中"瞻彼洛矣，维水泱泱"，以泱泱洛水来比拟君子之德；"天保定尔，以莫不兴。如山如阜，如冈如陵。如川之方至，以莫不增"，则是以山川之披覆大地比拟于君王之德被天下。到东周时，比兴的运用更贴近人的品德和素质，屈原的作品中就直接以善鸟香草配于忠贞、以恶禽秽物比拟谗佞、以虬龙鸾凤托为君子、以飘风去霓隐喻小人。

中国古典园林特别重视寓情于景、情景交融，寓义于物、以物比德，把作为审美对象的自然景物看做是品德美、精神美和人格美的一种象征。

自古以来，人们就把竹作为美好事物和高尚品格的象征：虚心、有节、挺拔凌云、不畏霜寒、随遇而安。历史上有关竹的赞美诗文不胜枚举，如唐代诗人白居易赞"竹解心虚即我师"，唐代文人刘岩夫在《植竹记》中将竹与君子的人格相比拟："劲本坚节，不受雪霜，刚也；绿叶萋萋，翠筠浮浮，柔也；虚心而直，无所隐蔽，忠也；不孤根而挺耸，必相依以擢秀，义也；虽春阳气旺，终不与众木斗荣，谦也；四时一贯，荣衰不殊，恒也。"以此可以看出，自然美的各种形式属性本身在儒家审美意识中往往不占主要地位，相反人们更注重的是从自然景物的象征意义中体现物与我、彼与己、内与外、人与自然的同一。除竹以外，人们还将松、梅、兰、菊、荷以及形貌奇伟的山石作为高尚品格的象征。

（二）道家思想与中国园林

道教是中国土生土长的宗教，它与儒、佛并称三教，成为中国文化的重要组成部分之一。道教尊老子为教主，老子在哲学上以"道"为最高范畴，认为"道"是宇宙的本原而生成万物，亦是万物存在的根据，"道生一，一生二，二生三，三生万物"。同时主张"大地以自然为运，圣人以自然为用，自然者道也"。后来，庄子继承并发展了老子"道法自然"的思想，从自然为宗、强调无为，认为自然界本身是最美的，即"天地有大美而不言"。在老庄看来，大自然之所以美，并不在于它的形成，而恰恰在于它最充分、最完全地体现了这种"无为而无不为"的"道"。大自然本身并未有意识地去追求什么，但它却在无形中造就了一切。道家的自然观对中国古代文学的发展、对古代艺术民族特色的形成是极为重要的，表现为崇尚自然、逍遥虚静、无为顺应、淡泊自由、浪漫飘逸的精神追求，于是在道家神仙思想的影响下，以自然仙境为造园艺术题材的园林便应运而生。

中国古典园林之所以崇尚自然、追求自然，实际上并不在于对自然形式美的模仿本身，而是在于对潜在自然之中的"道"与"理"的探求。如秦始皇在渭水之南建的上林苑，设牵牛织女象征天河，置喷水石鲸、筑蓬莱三岛以象征东海扶桑。另上林苑中有大型宫苑建章宫，宫北太液池是一个相当宽广的人工湖，因池中筑有三神山而著称。据《史记·孝武小记》载："其北治大池，渐台高二十余丈，名曰太液池，中有蓬莱、方丈、瀛洲，壶梁象海中神山，龟鱼之属。"这种"一池三山"的布局对后世园林有深远影响，为历代皇家宫苑所沿用，成为创作池山的一种模式，并影响到民间园林，如扬州曾有"小方壶园"、苏州留园有"小蓬莱"、杭州西湖三潭印月景区有"小瀛洲"等，为中国园林山水体系的确立奠定了基础，对传统中国园林空间艺术的发展具有显著的意义：山体与水体之间的关系，由过去长期的一水环一山、一池环一台变成了一庞大水体环绕三山，大大丰富和发展了园林空间艺术。

（三）禅宗思想与中国园林

禅宗，是因佛教文化渐进而在中华文化土壤上形成的一个中国佛教宗派。它不仅吸收了以往佛教诸派思想以及玄学思想之所长，而且还融合了中国文化中有关人生问题的思想精髓，从而与华夏民族注重现实生活的文化传统构成水乳交融的整体，成为与儒、道并称为中国传统文化的三大成员之一，它提倡通过自身感悟而达到精神上的一种超脱与自由。

在禅学看来，人既在宇宙之中、宇宙也在人心之中，人与自然并不仅是彼此参与的关系，更确切地说是两者浑然如一的整体。禅学认为，内心体验便是达到这一境界的关键，宇宙万物的一切都是人心所生，正如六祖惠能的传世之偈中所说："菩提本无树，明镜亦非台，本来无一物，何处惹尘埃。"它不仅体现了"不立文字"、"明心见性"的禅宗旨趣，还阐析了禅学对于宇宙本体的追求，实际上是一种在刹那之中使自己获得解脱的顿悟或感受。

事实上，中国古代传统哲学文化思想对中国古典园林的影响以及人们对自然美的认识和追求，常常与社会的剧烈变革、政治动荡以及思想活跃程度密切相关。春秋战国时期，老庄对自然美的整体认识，恰好诞生在群雄割据、战乱连年的周朝衰落时代。到了秦始皇统一中国、两汉国力强盛时期，儒学上升为正统独尊的地位，人们的心理特征是普遍的入世和进取精神，为国家效劳、建功立业、扬名后世是士大夫普遍追求的人生理想，对个体自我意识的要求和发展处在次要的地位，对自然美的追求也不是社会的主流。魏晋南北朝时期，儒道结合玄学进一步发展，在艺术上提出"言不尽意"、"悟对神通"的理论主张，山水诗画的创作、私家园林的营建达到了一个追求形外之意的境界，对自然美的认识也得以深化，陶渊明的"采菊东篱下，悠然见南山"就表现出一种对自然美的怡然、闲适情思。

由于盛唐自安史之乱以后转入衰落，士大夫的心理又再次失去平衡，这时糅合了老庄和玄学的禅学得到迅速发展，它所提倡的直觉体验和沉思冥想的思维方式，心悟、顿悟的领悟方式，对艺术创作有了深远的影响。于是，人们在追求自然美的过程中，总喜欢把客观的"景"与主观的"情"联系在一起，把自我摆到自然环境之中、物我交融为一，从而在创作中充分表达自我的思想情感，准确抓住并再现自然美的精华。

中唐时期禅宗美学的兴起，将审美与艺术中主体的内心体验、直觉感情等作用提到极高的地位，使之得以深化，并把禅宗思想融入中国园林的创作之中，从而将园林空间的"画境"升华到"意境"。从禅宗的观点看，世间万物都是佛法或本心的幻化，即"青青翠竹，皆是法身，郁郁黄花，无非般若"。这就为园林这种形式上有限的自然山水艺术提供了审美体验的无限可能性，在一定的思想深度上构筑了文人园林中以小见大、咫尺山林的园林空间。因此与皇家园林不同，充满禅趣的文人园林多显露出以小为尚的倾向：一方面表现在园林面积、规模的小型化上，如山用叠石、水筑小池、花木单株，静观因素不断增加，而自然景观的可游性则相对降低；另一方面表现在园林立意于小上，在绘画方面"咫尺有千里之势"，在诗词方面"五绝只字，最为难之，必言短而意长而声不足，方为佳矣"。园林之佳者如诗之绝句、词之小令，皆以少胜多，以咫尺面积创无限空间。小是客观的，指园林的面积；大是主观的，指人的感受。小何以大？在禅宗看来，规定性越小、想象余地就越大，因而小能胜大。只有简到极点，才能余出最大限度的空间去供人们揣摩与思考。"以丛草为林，以虫蚁为兽，以土砾凸者为丘，凹者为壑"①，小中见大的创作手法在我国源远流长的古代文化艺术中应用是十分广泛的。除此之外，园林中的"淡"也源于禅宗思想：一是景观本身具有平淡或枯淡的视觉效果，其中简、疏、古、拙等都可构成达到这一效果的手段；一是通过"平淡无奇"的暗示，触发观者的直觉感受，从而在思维的超越中达到某种审美体验。

中国园林艺术丰富的主题思想和含蓄的意境，来源于中国园林美学思

①　沈三白：《浮生六记·闲情记趣》。

想的丰富和中国传统文化的博大精深。中国园林区别于世界上其他园林体系的最大特点，在于它不仅以创造呈现在人们眼前的具体园林形象为最终目的，它追求的是象外之象、言外之意，即所谓"意境"。意境，实质上是造园主内心情感、哲理体验及其形象联想的最大限度的凝聚物，又是欣赏者在联想与想象中最大限度驰骋的再创造过程，正如严羽在《沧浪诗话》中所说："如空中之音，相中之色，水中之月，镜中之相，言有尽而意无穷。"纵观中国古典园林的发展，这种具有古代中国人审美特征的园林表现观，绝不仅仅限于造型和色彩上的视觉感受以及一般意义上的对人类征服大自然的心理描述，而更重要的还是文化发展的必然产物，即通过园林艺术对人的生活环境的调节，来把握人本身的存在特征和意义，含蓄的意境美成为中国古典园林艺术所追求的至高境界。

四、中国传统园林的艺术特点

中国传统园林作为一门完整的科学体系，它所具有的共性特点是显见的；中国传统园林作为一门精深的艺术体系，它所表达的个性特征又是鲜明的。

（一）本于自然、高于自然的创作宗旨

本于自然、高于自然是中国传统园林创作的宗旨，目的在于求得一个概括、精练、典型、生动而又不失其自然韵味的山水环境。自然风景以山水特征为地貌基础、以树木植被作生态铺垫，所以国人历来都用"山水"作为自然风景的代称。但中国古典园林艺术绝非一般地利用或简单地模仿这些构景要素的原始状态，而是有意识地加以改造调整和剪裁加工，从而表现一个精练概括的自然、一个典型生动的自然，这在人工山水园的筑山、理水、植物配植方面表现得尤为突出。

自然界的山岳，以其丰富的外貌和广博的内涵而成为大地景观中最重要的组成部分。中国古典园林中的筑山，以其高超的技艺和精邃的审美而成为人工景观中最醒目的造园要素。在园内使用天然石块堆筑石山的特殊技艺称为"叠山"，匠师们利用不同石材的造型、纹理、色泽，以多种堆叠风格创作形成的若干流派，集中体现了中国古典园林艺术源于自然、高于自然的魅力。我国名园中现存的优秀叠山作品，一般最高不过八九米，

无论模拟真山的全貌或截取真山的一角，都贵在以小尺度而创造出峰、峦、岭、岫、洞、谷、悬岩、峭壁等的形象写照，从堆叠章法和构图经营上概括、提炼出天然山岳的构成规律，在很小的空间地段上展现咫尺山林的局面、幻化千岩万壑的气势。

水体在大自然的景观构成中是一个重要的因素，也是一个最活跃的因素。山与水的关系密切，山嵌水抱一向被认为是最佳的成景态势，也反映了阴阳相生的辩证哲理。体现在古典园林的创作上，"筑山"和"理水"不仅成为造园的专门技艺，两者之间相辅相成的关系也是十分密切的。园林内开凿的各种水体都是自然界河、湖、溪、涧、泉、瀑等的艺术概括，人工理水务必做到"虽由人作，宛自天开"，哪怕再小的水面亦必曲折有致，并利用山石点缀岸、矶，在有限的空间内尽量模仿天然水景的全貌。

园林植物配植尽管姹紫嫣红、争奇斗妍，但都以树木为主调，因为翳然林木最能让人联想到大自然的勃勃生机。栽植树木不讲究成行成列，但亦非随意参差，往往以三株五株、虬枝枯干而予人以葱郁之感，运用少量树木的艺术概括而表现自然植被的气象万千。此外，园林树木和花卉还因其形、色、香而被"拟人化"，赋予不同的性格和品德，在园林造景中尽量显示其象征寓意。

（二）建筑美与自然美的融合互衬

中国传统园林建筑无论多寡，也无论其性质、功能如何，都力求与山、水、花木这三个造园要素有机地组织在系列的风景画面之中。突出彼此谐调、互相补充的积极一面，限制彼此对立、互相排斥的消极一面，甚至能够把后者转化为前者，从而在园林总体上使得建筑美与自然美融合起来，达到一种人工与自然高度谐调的状态——天人谐和的境界。

中国传统园林之所以能够把消极的方面转化为积极的因素以求得建筑美与自然美的融合，从根本上来说当然应该追溯其造园的哲学、美学乃至思维方式的主导，但中国传统木构建筑本身所具有的特性也为此提供了优越条件。

木框架结构的个体建筑，墙体可有可无，空间可虚可实，景物可隔可透。园林建筑物充分利用这种灵活性和随意性，创造了千姿百态、生动活泼的外观形象，获得与自然环境的山、水、花木密切嵌合的多样性。中国园林建筑，不仅形象之丰富在世界范围内算得上首屈一指，而且还把传统建筑的化整为零、由个体组合为建筑群体的可变性发挥到了极致。它一反宫廷、坛庙、衙署、邸宅的严整、对称、均齐的格局，完全自由随宜、因山就水、高低错落，这种千变万化的面上的铺陈更强化了建筑与自然环境的嵌合关系。同时，还利用建筑内部空间与外部空间通透、流动的可能性，把建筑物的小空间与自然界的大空间沟通起来，正如《园冶》中所说："轩楹高爽，窗户虚邻；纳千顷汪洋，收四时之烂缦。"

匠师们为了进一步把建筑谐调、融合于自然环境之中，还发展、创造了许多别致的建筑形象和细节处理。譬如，亭这种最简单的建筑物在园林中随处可见，不仅具有点景的作用和观景的功能，而且通过其特殊的形象还体现了以圆法天、以方象地、纳宇宙于芥粒的哲理。所以戴醇士说："群山郁苍，群木荟蔚，空亭翼然，吐纳云气。"苏东坡《涵虚亭》诗云："唯有此亭无一物，坐观万亭得天全。"再如江南地区水网密布、舟楫往来为城乡最常见的景观，故在园林中临水之"舫"和陆上"船厅"的建筑形象也运用颇多。廊本来是联系建筑物、划分空间的手段，园林里面的那些楔入水面、飘然凌波的"水廊"，蜿转曲折、通花渡壑的"游廊"，蟠蜒山际、随势起伏的"爬山廊"等，好像纽带一般把人为的建筑与天成的自然贯穿结合起来。随墙的空廊在一定的距离上故意拐一个弯而留出小天井，随宜点缀少许山石花木，顿成绝妙小景。常见山石包镶着房屋的一角，或堆叠在平桥的两端，甚至代替台阶、楼梯、柱磩等建筑构件，则是建筑物与自然环境之间的过渡与衔接。那白粉墙上所开的种种漏窗，阳光透过，图案备觉玲珑明澈。而在诸般样式的窗洞后面衬以山石数峰、花木几本，宛如小品风景，尤为楚楚动人。

（三）诗情画意的谐趣借鉴

文学是时间的印记，绘画是空间的表达，而园林则是时空综合的艺术再现。园林的景物既需"静观"，也要"动视"，即在游动、行进中领略观赏，中国古典园林的创作充分把握这一特性，运用各个艺术门类之间的触类旁通，熔铸诗画艺术于园林建造之中，这就是通常所说的"诗情画意"。

诗情，不仅是把前人诗文的某些境界、场景在园林中以具体的形象复现出来，或者运用景名、匾额、楹联等文学手段作直接的点题，而且还在于借鉴文学艺术的章回、手法，使得规划设计颇多类似文学艺术的结构，正如钱泳所说："造园如作诗文，必使曲折有法，前后呼应；最忌堆砌，最忌错杂，方称佳构。"园内的动视游览路线绝非平铺直叙的简单道路，而是运用各种构景要素于迂回曲折中形成渐进的空间序列，也就是空间的划分和组合。划分，不流于支离破碎；组合，务求其开合起承、变化有序、层次清晰。整个序列的安排一般必有前奏、起始、主题、高潮、转折、结尾，形成内容丰富多彩、整体和谐统一的连续流动空间，表现了诗一般严谨、精练的章法。在这个序列之中往往还穿插一些对比、悬念、扬抑的手法，合乎情理之中而又出人意料之外，更加强了犹如诗歌般的韵律感。因此，人们游览中国古典园林所得到的感受，往往有朗读诗文一样的酣畅淋漓，这就是园林艺术所包含着的诗情韵味。而优秀的园林作品，则无异于凝练的音乐、无声的诗歌。

画意，凡属风景式园林都在一定程度上体现绘画的原则，或多或少地具有画理神韵。中国的山水画不同于西方的风景画，前者重写意，后者重写形。中国园林，是把作为大自然概括和升华的山水画，又以三度空间的形式复现到人们的现实生活中来，这在平地起造的人工山水园中尤为明显。从假山尤其是石山的堆叠章法和构图经营上，既能看到天然山岳构成规律的概括、提炼，也能看到诸如"布山形、取峦向、分石脉"等山水画理的表现，乃至皴法、矶头、点苔等某些笔墨技法的具体模拟。叠山艺术，把借鉴于山水画"外师造化、中得心源"的写意方法，在三度空间的条件下发挥到了极致。它既是园林中复现大自然的重要手段，也是造园因画成景的主要内容。正因为"画家以笔墨为丘壑，掇山以土石为皴擦，虚实虽殊，理致则一"，所以许多叠山匠师都精于绘事，有意识地汲取绘画各流派的长处，积极用于意念的创作。

园林建筑的外观，由于露明的木构件和木装修、各式坡屋面的举折起翘而表现出生动的线条美，还因木材漆饰、砖石瓦件等多种材料的运用而显示出来的色彩美和质感美，都赋予园林建筑外观形象以一种富于画意的魅力。所以有的学者认为，西方古典建筑是雕塑性的，中国古典建筑是绘画性的，此论不无道理。颐和园内有一副"台榭参差金碧里，烟霞舒卷画图中"的楹联，形容瑰丽的殿堂台阁把皇家园林点染得何等凝练、璀璨。

而江南私家园林粉墙、灰瓦的建筑形制，掩映在竹树山池间的通透轻盈体态，其淡雅的韵致有如水墨画，与金碧重彩的皇家园林气派迥然有异。线条是中国画的造型基础，这种情况也同样存在于中国园林艺术之中，比起英国园林或日本园林，中国的风景式园林具有更丰富、更突出的线性造型美。建筑物的露明木梁柱装修的线条、建筑轮廓起伏的线条、坡屋面柔和舒卷的线条、山石有若皴擦的线条、水池曲岸的线条、花木枝干虬曲的线条等，构成了一组线条律动的交响乐，统摄整个园林的构图，增益了园林如画的意趣。

由此可见，中国绘画与造园之间的密切关系，历经长久的发展而形成"以画入园、因画成景"的传统，甚至有些园林作品直接以某个画家的笔意、某种流派的画风引为造园的蓝本。历来的文人、画家参与造园蔚然成风，或为自己营造，或受他人延聘而出谋划策。专业造园匠师亦努力提高自己的文化素养，其中有不少擅长于绘事的。流风所及，不仅园林的创作，乃至品评、鉴赏亦莫不参悟于绘画。明末扬州文人茅元仪看到郑元勋新筑的"影园"，觉得自己藏画虽多，都不及此园之入画，因而在《影园记》一文中写道："园者，画之见诸行事也。……风雨烟霞，天私其有。江湖丘壑，地私其有。逸志冶容，人私其有。以至舟车樵桷、草木虫鱼之属，靡不物私其所有。"许多文人涉足于园林艺术，成为诗、书、画、园兼擅于一身的"四绝人物"。曹雪芹能在小说《红楼梦》中具体地构想出一座瑰丽的"大观园"，可算是杰出的"四绝文人"了。

当然，兴造园林比起在纸绢上做水墨丹青的描绘要复杂得多，也更困难得多。因为造园必须解决一系列的实用、工程技术问题，园内有生命的植物生态景观随季相而变化、随天候而更迭。再者，园内景物不只从某个固定的角度去观赏，而是要游动着进行、深入景中观赏，有时甚至还从园外"借景收纳"作为园景的组成部分。从某种意义上说，中国古典园林，则是一幅可观、可赏、可游、可居的生态立体画作。

第三节　园林空间构图与布局

园林空间是一种环境设计，目的在于提供给人们一个舒适而美好的外部休闲憩息场所。中国古典园林艺术"尽错综之美，穷技巧之变"，构思奇妙、设计精巧，达到了设计上的至高境界。因此，如何利用园林空间构成规律来提高造园的艺术水平，既是一个理论问题，又是一个实践创作，而且还是一个饶有趣味、引人入"境"的意念表达。

一、园林空间的构成与组织

空间是人对物体产生的感觉联系，园林空间是一种相对于建筑物的外部空间，意指人的视线范围内由植物、地形、山石、水体、园林小品、铺装道路等构图单体所组成的景观区域，它包括平面的布局和立面的构图，是一个综合平、立面艺术处理的多维概念。

（一）园林空间的构成

园林空间的构成依据，是人观赏事物的视野范围，在于垂直视角（约20—60度）、水平视角（约50—150度）以及水平视距等心理因素所产生的视觉效果。因此，园林空间的构成须具备三重因素，这一点已在前面有所论及。一是植物、建筑、地形等空间境界物的高度（H），二是视点到空间境界物体的水平距离（D），三是空间内若干视点的大致均匀度。一般来说，D:H值越大，空间意境越开朗；D:H值越小，封闭感越强；D:H≈1时，宜作为动态构图的过渡性空间或空间的静态构图使用；D:H=2—3时，宜精心设计；D:H=3—8，是重要的园林空间形式。园林空间的艺术感受，以园林建筑为主的庭院空间宜用较小的D:H值，以树木配合地形为主的植物空间宜用较大的D:H值。

1. 以地形为主构成的地理空间

地形能影响人们对空间范围和氛围的感受。平坦或起伏平缓的地形在视觉上缺乏空间限制，给人以轻松感和美的享受；斜坡、崎岖的地形能限制和封闭空间，极易使人产生兴奋和恣纵的感觉；凸兀的地形提供视野的外向性，凹陷的地形通常给人以分割感、封闭感和私密感。可以用许多不同的地形方式创造和限制外部空间，如对原有基础平面添土造型，增加凸面地形的高度，或改变海拔高度构筑成平台，挖方降低平面。当使用地形来限制外部空间时，空间的底面范围、封闭斜坡的坡度、地平轮廓线等三因素在影响空间感上极为关键，若采用坡度变化和地平轮廓线变化而使底面范围保持不变的方式，可构成天壤之别的空间。若从流动的线形谷地到静止的盆地，可塑造出空间的不同特性。

利用或改造地形来创造空间、营建景观，在各个时代的园林表现中都有很多成功的典例。大众文体活动场所多具备一定面积的平地，并利用适当的坡地外围地形作为看台。安静游览的地段在分隔空间时，则常利用山岭凸地构成屏障。园林中的陆地和水体地形设计应有机结合：就低挖池、就高堆山，掇土置石、附洞凿壁，做到山间有水、水畔有山，使园林地理空间的形式变化更加丰富。

2. 以植物为主构成的生态空间

园林植物在景观中除观赏功能外，还有能充当建筑物的地面、屋面、围墙、门窗等重要的建造功能，成为构成、限制、组织室外空间的自然生态元素。由园林植物形成的空间，在水平面上，以不同高度的植被林冠线来显示空间边界，寓示空间范围的差异。垂直面上，可通过树干、叶丛的疏密和分枝的高度，影响空间属性的闭合。利用植物构成的一些基本空间形式有：

（1）开敞空间：四周开敞，无高大植物配置，外向无私密性。如城市绿地广场、江湖滨水景观，需要一览无余的开敞环境空间。

（2）半开敞空间：单方向开敞，一侧空间设置景观树篱遮蔽，通常适用于某一面需隐秘隔离的居民住宅环境中，大型山体旁的空间也属此类型。

（3）全封闭空间：四周均被中小型植物所封闭，无方向性，具极强的隐密、隔离性。如林间小筑、情侣小屋，需求不受外界干扰的私密氛围。

（4）覆盖空间：利用有浓密树冠的遮荫树，构成顶部覆盖但稀疏透漏的空间。一般来说，该空间形式能利用覆盖的高度形成垂直尺度的强烈感觉。另一种类型是"隧道式"空间（绿色长廊），由道路两旁的行道树冠遮蔽而成，或所有廊架攀缘藤本植物营荫，可增强道路直线前进的运动感。

（5）垂直空间：栽植高而细的植物，构成方向直立、朝天开敞的空间。垂直空间的感觉强弱，取决于四周开敞的程度，利用锥体树冠植物营构时，树干越高则空间越大，反之则越小。

3. 以建筑为主构成的庭院空间

以亭台楼阁、轩榭廊墙等园林建筑组成的园林空间，在我国现存的明清古典园林中多具典范，呈现了极为成熟的艺术表现力。如北京的谐趣园、苏州的拙政园，其特点是以建筑物为境界物，多以水体为构图主体，植物处于从属地位，妙用山石、廊道、门窗，通过联系、转换、过渡的手法构建组合庭院空间，达到了美仑美奂的艺术境界。

另外，在以建筑为主的园林空间中，占地少且带有顶盖室内景园也是一种重要的表达形式，将自然景物巧妙地从外界引进。塑造室内景园作为构成室内空间的手段形式多样，可用渗透对比的手法扩大空间，用过渡、引申手法联络空间，也可用点缀补白手法丰富空间。多种手法的相互结合，可形成不同特性、不同主题的专类室内景园。如石景园、水景园、盆景园、声景园等，并被广泛利用形成门景、厅景、廊景、梯景、室景等不同区域的景域空间。由于室内外空间的有机结合，使之兼备庭园风味和自然气息，成为丰富室内空间、极具景致的珍美小品。

4. 植物、地形、建筑在空间景观中的配合构成

植物和地形结合，可强调或消除由于地形变化所形成的空间。建筑与植物相互配合，更能丰富和改变空间感，形成多变的空间轮廓。三者共同配合，既可软化建筑物的硬直轮廓，又能提供更加丰富的视阈空间。山顶建亭阁凸显一抹青山，山脚建廊榭映衬一泓绿水的和谐空间组合，在中国古典园林中经常见到极精致的应用。

被称为万园之园的圆明园，是中国古典园林中空间组织极佳的典范。圆明园是圆明、长春和绮春三园的合称，其中的圆明园是主园，是皇帝外朝内寝、游憩避暑和进行各项政治活动的重要场所。圆明园由福海、后湖两个景区构成，前者以辽阔开朗取胜，后者在于幽深静旖。作为水园，人工开凿的水面占全园面积的一半以上，回环萦流的河道把大小不等的水体串联起来，构成全园的脉络和纽带。人工堆山和岛堤障隔相结合所构成的大小不一、功能各异的空间系统，分布着为数众多的游区和建筑群区，是圆明园的精华所在。如将江南水乡的风貌再现于北方园林，摹写西湖十景柳浪闻莺、三潭印月、雷峰夕照、南屏晚钟等，还有取材于诗文意境的夹镜鸣琴、武林春色等景。因而乾隆赞曰："谁道江南风景佳，移天缩地在君怀。"

（二）园林空间的组织

园林空间组织与绿地构图关系密切，没有空间，一片闭塞，便不能组织风景视线。观赏景物的空间为视景空间，通常在游人最多、逗留最久之处，如在亭、廊等构图制高点的中心地带，安排优美的静观景物画面；而在动态观赏的空间组织中，则须考虑构图的边界和景色更替，注意节奏韵律，有起点、高潮、结束，让游人产生步移景异的动态观赏效果。

1. 园林空间的联络与组合

园林空间定义的主要前提是视线范围。空间的平面形状通常无约束，而在立面上则常需控制某一视点的位置，在一个或二个视点上打破空间范围，留出透视线，以作空间的联系。由于园林各局部要求容纳游人活动的数量不同，对园林空间的大小和范围要求也各异。在安排空间的划分与组合时，宜将其中最主要的空间作为布局的中心，再辅以若干中小空间，达到主次分明和疏密相间的对比效果。一般大型园林中，常作集锦式的景点和景区布局，多以大型湖面为构图中心和主体，或作周边式、角隅式的布局，以形成精美的局部。而在一些中、小型园林中，纯粹使用园林空间的构成和组合，即能满足视觉构图上的要求。

扬州瘦西湖这一集景式滨水园林，是在水面空间组合上处理得极为成功的典型范例。瘦西湖水面狭长，水面因堤、岛、岸线、桥梁的划分，成为有宽有狭、有曲有直的多种空间形制，在空间收放、层次变幻、视线远近上有不同处理：湖岸建筑依山傍水，各园院落自成系统，再以水面空间统一组织。自大虹桥至二十四桥的带状水面上，有三个面积、距离均不相等的小岛，既进行了不同空间的分割处理，岛身的特色又更加吸引游人。小金山居中，引水西去。吹台柳堤半实半虚，分隔在水面之中，面对五亭桥和白塔，组成佳画。过五亭桥以西，水面渐狭，似觉尽头，形成狭长的闭合空间。至四桥烟雨楼处，水面放大、空间开阔，在曲折的空间变化中，恰现"山穷水尽疑无路、路转峰回又一村"的境界；再过二十四桥景区转北，又是细水长流直到山——大明寺脚下，连贯构成扬州西北郊著名的瘦西湖——蜀岗风景名胜区。

2. 园林空间的转折和分隔

园林空间的转折，有急转、缓转之分。在规则式的园林空间中可急转，如在主、副轴线交汇处的直角空间，由此方向急转向彼方向、由大空间急转成小空间；在自然式的园林空间中宜用缓转，通过过渡空间的设置，如曲廊、花架等，使转折趋于缓和。

园林空间的分隔，有虚隔、空隔之说。两室间的干扰不大、有互通气息要求者可虚隔，如用空廊、漏窗、疏林、水面等进行分隔；两空间因功能不同、风格有异、动静要求不同者宜实隔，如用实墙、建筑、山阜、密林等处理。虚隔是缓转处理，实隔是急转的处理。以北京东单公园的空间分割联系为例，一进园门为树丛环围的入口广场，游人只能通过道路、树丛的缝隙，隐约看到园内的景物，进而激起探究的心理，是为虚隔；而传统大宅门内的照壁、隔墙，则是维护私密性的屏障，不容他人窥视，是为实隔。

中国古典园林空间组合的一般规律，重要的有三点：其一是曲折变化，绝对不能用一条或若干条轴线来控制，形成生硬的构图；其二是空间组合的程序上须有某种连续性的节奏感，不同类型的主体、从属、过渡空间，可以组合成富有抑扬顿挫、轻重缓急、强烈平淡、活泼轻快等具节奏感的空间展示序列；其三是空间感的强弱，空间意境、气氛和情调的对比，这在以园林植物为主的园林空间构成中发挥尤为突出。

二、静态空间的艺术构图

静态空间艺术是指相对固定空间范围内的审美感受。静态空间艺术的类型按照地域特征，分为山岳空间、台地空间、谷地空间、平地空间；按照开朗程度，分为开朗空间、半开朗空间和闭锁空间；按照构成要素，分为绿色空间、建筑空间、山石空间、水域空间；依其形式类制，分为规则空间、半规则空间和自然空间。根据空间的结构组织，又可分为单一空间和复合空间。

（一）景观界面与空间感

局部空间与大环境的交接面就是风景界面，景观界面是由天地及四周景物构成的。以平地（或水面）和天空构成的空间，有旷达感；以树丛和草坪构成的空间，有明亮亲切感；以大片乔木林和矮地被组成的空间，给人以荫浓景深的感觉。山环水绕、泉瀑直下的围合空间，给人清凉世界之感；山环树抱、庙宇掩映的复合空间，给人以人间仙境的神秘感；以烟云水域为主体的洲岛空间，给人以仙山琼阁的联想。还有，中国古典园林中的咫尺山林，给人以小中见大的意境感受；中国山水园林中的园中园，给人以大中见小的精巧感受。在一个相对独立的环境中，有意识地进行构图处理就会产生丰富多彩的艺术效果。巧妙地利用不同的景观界面组成关系进行园林空间造景，将给人们带来静态空间的多种艺术魅力。

（二）静态空间的视觉规律

1. 最宜视距

正常人的清晰视距为 25—30 米，明确看到景物细部的视野为 30—50 米，能识别景物类型的视距为 150—270 米，能辨认景物轮廓的视距为 500 米，能明确发现物体的视距为 1200—2000 米。至于远观山峦、俯瞰大地、仰望太空等，则是畅观与联想的综合感受了。

2. 最佳视野

人的正常静观视野，垂直视角为 130 度，水平视角为 160 度。但按照人的视网膜鉴别率，最佳垂直视角小于 30 度、水平视角小于 45 度，即人们静观景物的最佳视距为景物高度的 2 倍或宽度的 1.2 倍，以此定位设景则景观效果最佳。建筑师认为，观赏景物的最佳视点有三个位置：垂直视角为 18 度（景物高的 3 倍距离），27 度（景物高的 2 倍距离）和 45 度（景物高的 1 倍距离）。

3. 三远视景

为给游人创造更加丰富的视景条件，静态空间艺术构图常借鉴画论三远法置景，以取得更好的视景效果。

（1）仰视高远。一般认为视景仰角分别为大于 45 度、60 度、90 度时，由于视线的不同消失程度可以产生高大感、宏伟感、崇高感和威严感。如北京颐和园，在山下德辉殿后看佛香阁，仰角为 62 度，产生宏伟感，同时也产生自我渺小感。若大于 90 度，则产生下压的危机感，在中国皇家宫苑和宗教园林中常用此法突出皇权神威，或在山水园中创造群峰万壑、小中见大的意境。

（2）俯视深远。居高临下，俯瞰大地，为人们的一大乐趣，绘画中称之为鸟瞰。园林中也常利用地形或人工造景，创造制高点以供人俯视，登泰山而一览众山小，居天都而有升仙神游之感。俯视也有远视、中视和近视的不同效果，一般俯视角小于 45 度、30 度、10 度时，则分别产生深远、深渊、凌空感。当俯视角小于 0 度时，则产生欲坠危机感。

（3）中视平远。以视平线为中心的 30 度夹角视场向远方平视，给人以广阔宁静的感受，坦荡开朗的意境。在园林空间艺术中，创造宽阔的水面、平缓的草地，提供开敞的视野和远望的条件，就把天边的水色云光、远方的山廓塔影借来面前，一饱眼福。

根据静态空间的视觉规律，因近景给人以具象细微的质地美，配置应十分严格，容不得半点瑕疵；而远景给人的是抽象概括的朦胧美，虽没有近景那么严格的要求，但也应遵循"佳则收之，俗则屏之"的原则，对远景的观赏有所选择。

三、动态序列的艺术布局

园林对于游人来说是一个流动空间，一方面表现为自然风景的时空转换，另一方面表现在游人步移景异的过程中。不同空间类型的景观元素有机整合，并对游人构成丰富的连续景观，就是园林景观的动态序列。

（一）园林空间的展示程序

中国传统园林多半有规定的出入口及行进路线，明确的空间分隔和构图中心，主次分明的建筑类型和游憩范围，形成了一种景观的展示程序。

1. 一般序列

简单的展示程序一般有两段式或三段式之分。两段式就是从起景逐步过渡到高潮而结束，如一般纪念陵园从入口到纪念碑的程序。但是多数园林具有较复杂的展示程序，大体上分为起景——高潮——结景三个段落，先有多次转折，由低潮发展为高潮，接着又经过转折、分散、收缩以至结束。如扬州瘦西湖，进园门步入的长堤春柳为园之序曲，徐园为小高潮，南路经"春草池塘吟榭"，北路过小红桥、玉版桥，西行到达五亭桥、白塔主景区；再分南北两条路径，西行至园区又一高潮所在——二十四桥景区。过静香书屋北去，一路静瑟淡泊，出北门即为大明寺平山堂，扬州又一精妙园林之佳处。

2. 循环序列

为了适应现代生活节奏的需要，多数综合性园林采用了多向入口、循环道路系统，多景区景点划分、分散式游览线路的布局方法，以容纳众多游人同时游园的活动需求。现代综合性园林景区，多采用主景区领衔、次景区辅佐、多条展示序列的布园手法。各序列环状沟通，以各自入口为起景，以主景区、主景物为构图中心，以综合循环游憩景观为主线，以方便游人、满足园林功能需求为主要目的来组织空间序列。但在景观序列的艺术布局中，更要注意游赏序列的合理安排和游程游线的组织规划。

（二）景观序列的创作手法

景观序列的形成要运用各种艺术手法，例如景观序列的主调、基调、配调和转调。景观序列是由多种景观要素有机组合、逐步展现出来的，在统一基础上求变化、又在变化之中见统一，这是创作景观序列的重要手法。以植物景观要素为例，作为整体背景或底色的林相可谓基调，作为序列前景和主景的树种为主调，配合主景的植物为配调，处于空间序列转折区段的过渡树种为转调。过渡到新的空间序列区段时，又可能出现新的基调、主调和配调，如此逐渐展开就形成了景观元素的不同排列组合，从而产生动态序列的观赏效果。

1. 景观序列的起结开合

作为景观序列的构成，可以是地形起伏、水系环绕，也可以是植物群落或建筑空间，形制无论是单一还是复合，都应有头有尾、有放有收，这就是景观序列常用的创作手法。以水体景观序列为例：水之来源为起，水之去脉为结，水面扩大或分支为开，水之溪流汇聚为合。用来龙去脉表现水体空间之活跃，以收放变换而创作水体空间之情趣，如北京颐和园的后湖、承德避暑山庄的分合水系、扬州瘦西湖的聚散水面等。

2. 景观序列的断续起伏

这是利用地形地势变化而创作景观序列的手法之一，常用于多山水起伏、远游程路径的自然风景区园林，故将景区景点拉开距离、分区段设置，在游步道的引导下，景序断续发展、游程起伏高下，从而取得引人入胜、渐入佳境的效果。例如泰山风景区，从红门开始路经斗母宫、柏洞、回马岭来到中天门，就是第一阶段的断续起伏序列；从中天门经快活三里、步云桥、对松亭、异仙坊、十八盘到南天门，是第二阶段的断续起伏序列；又经过天街、碧霞祠直达玉皇顶、再去后石坞等，这是第三阶段的断续起伏序列。

3. 植物景观序列的季相布局

植物景观在园林景观序列中占据极其重要的主体地位，利用植物所具有的独特生态韵律，呈现植物个体与群落在不同季节的外形与色彩变化，再配以山石水景、建筑道路等，必将营造出绚丽多姿的景观效果和展示序列。一般园林植物景观序列中，常以桃红柳绿表春，浓荫蔽日主夏，红叶金果属秋，松竹梅兰为冬。如扬州个园内的四季假山景观序列，春山有翠竹配以笋石，夏山为广玉兰配太湖石，秋山植枫树、梧桐配以黄石，冬山植腊梅、南天竹配以宣石，四景延绵不绝、起落相接，在咫尺庭院中创作出四时季相植物景观序列，成为中国古典园林中营建假山的精美典范。

4. 园林建筑群组的动态序列布局

一般情况下，园林建筑在园林景观布局中只占有3—5%的比例，但它往往是景区的构图中心，起到画龙点睛的作用。由于使用功能和建筑艺术的需要，对建筑群体组合的本身以及在整个园林中的规划布局，均应表现动态序列的创意。就单一建筑群组而言，应该有入口、门庭、过道、次要建筑、主体建筑的序列安排；对整个园林景观组织而言，应有入口区、辅助景区、主景区等不同功能的景区设置，合理地排列在景区序列的游览线上，形成一个既有统一展示层次、又有多样变化的组合形式，以达到功能应用与造景艺术之间的完美统一。

四、色彩空间的属性与构图

（一）色彩的空间感觉

1. 温度感

温度感或称冷暖感，通常称之为色性，在色彩的各种感觉中占据最重要的地位。从物理角度出发，色彩感觉有冷暖色调区分。在光谱中近于红端区的颜色为暖色系，如红、橙色等；近于蓝端区的颜色为冷色系，如蓝、紫色等。但是，色性的产生主要还在于人的心理因素，由色彩感受而产生一定的联想，由联想到的有关事物而产生温度感。如，由红色联想到寒冬的太阳，暖意融融；由蓝绿色联想到寂静的夜月，寒意朔朔等。在园林艺术表现中，秋冬之交多用暖色花卉来分解严寒，而仲夏之季多用冷色植物去驱避炎暑。

2. 距离感

色彩的距离感则源于空气透视的关系，光度较高、纯度较高、色性较暖的色相在距离上给人以向前、趋近的感觉，反之则具有后退、远离的效果。六种标准色的距离感由近而远的顺序排列是：黄、橙、红、绿、青、紫。在园林艺术表现中，当实际的园林空间深度感染力不足时，常选用毛白杨、银白杨、雪松等灰白色或灰绿色树种作背景树，以达到加强景深的效果。

3. 面积感

运动感强烈、亮度高、呈散射运动方向的色彩，在人的主观感觉上有扩大面积的错觉；运动感弱、亮度低、呈收缩运动方向的色彩，相对而言有缩小面积的错觉。橙色系的色相，主观感觉面积较大；青色系的色相，主观感觉面积中等；灰色系的色相，主观感觉面积较小。白色系色相等明色调，主观感觉面积较大；黑色系色相等暗色调，主观感觉面积较小。亮度强的色相主观感觉面积较大，亮度弱的色相主观感觉面积较小，故物体受光面积感觉较大、背光面积则感觉较小。色相饱和度大的主观感觉面积大，色相饱和度小的主观感觉面积小；互为补色的两个饱和色相配在一起，合成的主观面积感更扩大。表现在园林空间构成上，明色调水面的主观感觉面积比草地大，在阳光照射下的水体给人的主观感觉面积更大。故在面积较小的园林中，增加水面等明色调的色相成分，容易取得扩张面积的空间感觉。

（二）园林的色彩构图

色彩是物质的属性之一，园林色彩构图的来源归纳起来有三大类，即自然山水和天空的色彩，园林建筑和道路、广场、假山石等的色彩以及园林植物的色彩。园林设计中主要靠植物的绿色来统一全局，园林中早春的新绿、初秋的红叶以及许多单色调的深浅相配，会产生既和谐又有变化的色彩之美。对于园林建筑的色彩要加以注意，我国北方地区冬季寒冷，绿色贫乏，园林色彩常被建筑色彩"占领"，所以园林建筑廊柱门窗崇尚红色为主调，并统一全园。相反，我国南方气候温暖，植物全年葱茏茂密，所以建筑色彩用茶色、白色为多。总之，随季节变化的植物色彩与终年不变的建筑色彩应注意统一与协调，以免喧宾夺主或主次不分。

园林中的色彩千变万化，但在设计中一定要顾全整体、不可滥用。两千多年前的《淮南子》一书就有"五色乱目，五音哗耳"之说，现代研究资料证明人的眼睛喜欢少量色相的结合。一般园内色彩，用三个基本色相再加以深浅的变化已经足够。如果三种色相都用蓝色、紫色、绿色之类的冷色，再调整好重点色、调节色和主导色的面积和深浅，一定会感到朴素、洁静、淡雅宜人。如在大片冷色中稍稍用一下加强对比效果的暖色，营造"万绿丛中一点红"的色彩效果，则又能领悟到活跃、躁动、清新出众。园林中的自然景观与人文景观都有丰富的色彩变化，了解色彩规律、妙用色彩手段，就能创造丰富多彩的园林景观。

第四节　园林艺术的造景手法

园林是一种多维空间，景观布局要突出主体，分别主次。组织景区、分隔空间，务使全局既有分隔又有联系，各景区间互相呼应衬托。利用地形、植物和建筑、道路等分隔空间，有开有合、有聚有散、曲折多变、小中见大，使全园既有变化又有统一，使游人感觉有不穷之景、不尽之意。景点的布设既要注意提供游人驻足留憩、细细欣赏的静观效果，也要善于运用风景透视来联络组织各个景点，使游人在行进中感到景色时隐时现、时远时近、时俯时仰的不断变化，给人以层层展开、步移景异的动视效果。

一、园林主景与配景

（一）主景与配景的相互关系

园林艺术造景中，景无论大小多少均有主、配之分，主景最能体现园林艺术的意境与主题，最富有艺术感染力。而配景在园林中是主景的延伸和补充，起着陪衬主景的作用，不能喧宾夺主，二者相得益彰又在布局上有所不同。如杭州的花港观鱼景观，以金鱼池及牡丹园为主景，周围配置海棠、樱花、玉兰、梅花、紫薇、碧桃、山茶、紫藤等以烘托主景。北京北海公园的主景是琼华岛和团城，其北面隔水相对的五龙亭、静心斋、画舫斋等景区是其配景；而琼华岛上的主景则又是白塔，其下四周的永安寺、智珠塔、漪澜堂、琳光殿则是配景。

先秦上林苑不但拥有数量众多的大小池沼作为附属水体，而且具备了太液池、昆明池这样水面浩瀚的主水，主、附水体之间已有明确的仰承呼应关系。在先前单纯以山体或高台建筑为核心、以道路建筑为纽带的园林形式中，加入了以水体为核心的新格局，建立以水体为纽带的山、水、建筑组合关系，促进山、水、建筑及植物景观间更复杂的穿插、渗透、映衬等组合关系的出现和发展。数量众多、千姿百态的水体穿插于庞大的宫苑建筑和山体之间，产生高低错落、起伏有致的和谐韵律，为传统园林最终采取一种流畅柔美、富于自然韵致的组合方式准备了必要的条件。

（二）突出主景的常用手法

1. 轴线尽端和视线焦点的利用

园林组景多把主景布置在一条轴线的端点或几条轴线的交点上，以增强其表现力。风景视线的焦点，则是视线集中的地方，也有较强的表现力。如成都杜甫草堂的景观设置，自大门起，过诗史堂、紫门，到达工部祠，虽然诗史堂比工部祠体量大而居中，但因轴线的延伸引导关系，势至工部祠方能终结，因此工部祠成了主景。无锡太湖三山是鼋头渚、锦园、大小箕山的景观视线焦点，也理所当然处于主景的地位。

2. 空间构图重心的景物布置

在规则式园林中将主景布置在几何中心上，在自然式园林中将主景布置在构图重心上，都能取得突出主景的艺术效果。体量大而高的园林景观，自然容易获得主景的效果。但体量小而低的园林景观，只要位置得当亦可成为园中主景，关键是在组织规划上，或利用特定的位置、或利用特定的环境。如在园路二侧高植行道树，形成绿荫夹道的深邃之感，景下的节点小筑或雕塑小品，虽体形比例差异加大，但主景效果却更加突出。亭内置碑，碑成主景，同样是以高衬低、以大衬小这一强调空间构图重心的艺术手法。

3. 主体升高吸引视线的措施

主景的主体升高，可产生仰视观赏的效果，并可以蓝天、远山为背景，使主体的造型轮廓突出鲜明，不受或少受其他环境因素的影响。如南京中山陵的中山纪念堂、广州越秀公园的五羊雕塑、苏州虎丘云岩寺塔等，都是升高主体强化景观的实例，是园林景观艺术处理中最为常见的表现手法。

4. 营造动势汇聚焦点的处理

一般情况下，对于水面、广场、庭院等四周环抱的空间，其周围景物往往具有向心的动势使其成为焦点，主景如布置在动势集中的焦点上就能突出醒目。在景观环湖而置的杭州西湖，湖中孤山便成了动势集中的焦点，形制格外突出而成为主景。古罗马的斗兽场，更是采用向心动势形成视觉焦点规律的杰作，以加强渲染刀光血影的激氛气息。

二、园林造景与借景

"景"——即境域的风光，也称风景，由物质的形象、体量、姿态、声音、光线、色彩以至香味等组成。自然造化的天然景（野景）是"自成天然之趣，不烦人工之事"的，江河、湖沼、海洋、瀑布林泉、高山悬崖、洞壑深渊、古木奇树、斜阳残月、花鸟虫鱼、雾雪霜露等都是天然景，是园林造景时必须充分加以利用的景观资源。但园林艺术的体现，仅靠自然景观显然是不够的、不完全的，还必须要有通过人工手段、利用环境条件和构成园林的各种要素而造作的园林景观。

（一）造景

1. 塑造地形

塑造地形常以模山范水为基础，"有自然之理，得自然之趣"。它虽师法自然、却不简单模仿，而是要求比自然风景更加精练、概括、集中、典型。承德避暑山庄、北京颐和园，是利用自然山水加以改造，布置江河湖沼，造溪涧景，辟径筑路。北京圆明园，则是人工挖湖堆山，因势因景点缀园林建筑。或用石块砌叠假山、奇峰、洞壑、危崖，引水而成瀑布；或按地形设浅水小池，筑山石涌泉，放养观赏鱼禽，栽植荷莲、芦荻等水生植物，"虽由人作，宛自天开"，是一种高超的艺术创作。

2. 构架建筑

中国园林建筑的造景特点，是按功能要求分别组织在园中的不同部位，但风格一致、组景谐调。亭是园林中最多见的点景建筑，宜布置在水际、山巅、桥头、路边，体量一般以小巧为佳，使人感到亲切、随和。廊具有分割空间和导游的功能，可作透景、隔景、框景之用，丰富空间景观变化；廊的布置应随环境地势和功能而定，使之曲折有度、上下相宜。榭在园林中的应用极为广泛，且以水榭居多，临水建筑或用平台深入水面，以开阔视野。厅堂，多坐北朝南、体型高大，居于园中的重要位置，是全园的主体建筑，通常与亭、廊、楼、阁结合，构成以其为主的一组建筑庭院。楼阁是园林中登高望远的处所，具有重要的赏景和控制风景视线的作用，常成为全园艺术构图的视觉中心。

3. 营建生态

植物是构成园林景观的主要素材，其时空和色彩的变化，是极为丰富的。由植物构成的园林空间，其生态质量和美学价值都在与日俱增。可利用植物本身的色、香、形态和季相变化，作为园林的主景；也可陪衬地形、山石、水系、建筑等其他造园材料，营造生机盎然的景观画面；还可利用植物配置的各种手法，创造出幽朗、藏漏、动静、虚实、开合、收放等对比效果，由此产生优美的景观意境。植物生态景观配置艺术的应用，要注意物种生态适应性的选择，平面布局和立体构图上要结合地形、地貌，物种组合间要模拟自然界的稳定群落结构，才能充分发挥园林植物的生态造景功用。

（二）借景

借景，指有意识地把园外的景物"借"到园内视景范围中来，收无限于有限之中。作为一种理论概念的提出，借景始见于明末著名造园家计成所著《园冶》："园巧于因借，精在体宜，借者园虽别内外，得景则无拘远近，晴峦耸秀，绀宇凌空；极目所至，俗则屏之，嘉则收之。"

园林范围的面积和空间是有界的，造景必有一定限度。造园家充分意识到景观之不足，为了扩大景物的深度和广度、丰富游赏的内容，于是创造条件，有意识地把游人的目光引向外界去猎取景观信息，借外景来丰富赏景内容，表达出预想的境界。"得景随形"、"借景有因"是中国园林借景技艺的传统手法。如北京颐和园，西借玉泉山，山光塔影尽收眼底；无锡寄畅园远借龙光塔，塔身倒影收入园地。

1. 借景的主要类型

（1）视距借。近借亲近，如无锡寄畅园近借锡山，上面的龙光塔的每一层都看得清楚。计成《园冶》有"倘嵌他人之胜，有一线相通，非为间绝，借景偏宜；若对邻氏之花才几分消息，可以招呼，收春无尽。"通过门窗或围墙上的漏窗，将邻园的景物借来欣赏。远借舒目，可在园的至高景点眺望，亦可在临水园的岸畔极目。正如杜甫诗句中的佳境："窗含西岭千秋雪，门泊东吴万里船。"通过远借，拓宽了视野，丰富了景观。

（2）视角借。李白诗中的"飞流直下三千尺，疑是银河落九天"，当是仰借庐山飞瀑景的真实写照，雄伟壮阔。"喷壑数十里，隐若白虹起"，应是俯借庐山飞瀑景的绝佳写实，绮丽壮美。

2. 借景的大体方法

（1）开辟赏景透视通道，对景的障碍物进行整理或去除，如修剪掉遮挡视线的树木枝叶等。

（2）提升视景位置高度，使视景线突破园林的界限，如在园中堆山筑台、建楼造阁等，登高远望以穷千里目：纳烟水之悠悠，收云山之耸翠，看梵宇之凌空，赏平林之漠漠。

（3）凭借虚景折射成象，如朱熹的"半亩方塘"、圆明园四十景中的"上下天光"，都俯借了"天光云影"。上海豫园花墙下的月洞，透露的就是隔院水榭。

3. 借景的内容

（1）天文气象等宇宙景象。如朝阳、明月、朝晖、晚霞、云雾、彩虹、春雨、夏露、秋风、冬雪等。"黑云翻墨未遮山，白雨跳珠乱入船。卷地风来忽吹散，望湖楼下水如天。"苏轼的此诗，将天象景观瞬息万变的特点描写得淋漓尽致。

（2）山水生物等自然景象。如远岫屏列、田畴纵横、平湖翻银、飞阁流丹、雉堞斜飞、雁阵鹭行、竹树参差、丹枫如醉、绿草如茵。唐代所建的滕王阁，借赣江之景，"落霞与孤鹜齐飞，秋水共长天一色"；岳阳楼近借洞庭湖水，远借君山，构成气象万千的山水画面。

（3）人居建筑等人工景象。如水村山郭、晴岚塔影、寻芳水滨、踏青原上、吟诗松荫、弹琴竹里、酒旗高飘、远浦归帆。苏州沧浪亭的看山楼，借上方山的岚光塔影景；山塘街的塔影园，借虎丘塔景，在园池中可以清楚地看到虎丘塔的倒影。

（4）声色味思等感觉景象。如鸟啼蝉鸣、松涛风声、残荷夜雨、社日箫鼓、渔舟唱晚、古寺钟声、梵音诵唱。杜甫诗："绝谷空山玉女泉，深源滚滚出青莲，冲开巨峡千年石，泻入成龙百尺澜。惊浪翻空蟾恍若，雄声震地鼓填然，翠华当日时游幸，几度临流奏管弦。"将陕西玉女潭的险急高坠刻画得入木三分。

在中国的园林景观中，运用借景手法的实例很多。杭州西湖，在"明湖一碧，青山四围，六桥锁烟水"的较大水域中，"西湖十景"互借，形成一幅幅生动的画面。北京颐和园的"湖山真意"远借西山为背景、近借玉泉山为物景，在夕阳西下、落霞满天的时刻欣赏，景象更为曼妙。苏州园林各有其独具匠心的借景手法，如拙政园西部原为清末张氏补园，与拙政园中部各为两座相邻园林，西园在紧靠隔墙的假山上设"宜两亭"一座，邻借拙政园中部之景，一亭尽收两家春秋。留园西部舒啸亭观景，则是近借西园，远借虎丘山。

三、园林意境的生成与表达

园林意境，指通过园林景象所反映的情意使游赏者触景生情、情景交融的一种艺术境界。意境是中国千余年来园林设计名师巨匠们所追求的造园真谛，也是中国园林具有世界影响的内在魅力。不是所有园林都具备意境，更不是随时随地都能表达意境。在意境的变化中，以最佳状态而又有一定出现频率的情景为意境主题。最佳状态的出现是短暂的，但又是不朽的，即《园冶》中所谓"一鉴能为，千秋不朽"。如杭州的"平湖秋月"、"断桥残雪"，扬州的"四桥烟雨"、"烟花三月"等，只有在特定的季节、时间和气候条件下，才能充分发挥其感染力的最佳状态。其意境表达，从时间来说虽然短暂，然而更令人耐看寻味、引兴成趣和深刻怀念，备受千秋赞赏。

（一）园林意境的起源

园林意境的思想渊源可以追溯到东晋到唐宋年间，当时的文艺思潮是崇尚自然，出现了山水诗、山水画和山水游记。园林创作也发生了转折，从以建筑为主体转向以自然山水为主体。园林设计的指导思想，以夸富尚奇转向以文化素养的自然流露。如东晋简文帝入华林园，对随行的人说："会心处不必在远，翳然林水，便有濠濮间想。"可以说已领略到了园林意境的内涵。

园林意境创始时代的代表人物，为两晋南北朝时期的陶渊明、王羲之、谢灵运、孔稚圭，唐宋时期的王维、柳宗元、白居易、欧阳修等人。他们既是文学家、艺术家，又是园林的创造者或风景开发者。陶渊明用

"采菊东篱下，悠然见南山"去体现恬淡的意境，被千古传承；王维所经营的辋川别业，被誉为"诗中有画，画中有诗"的典范。此后元、明、清的园林创作大师如倪云林、计成、石涛、李渔等人，都集诗、画、园等诸多文艺修养于一身，在继承园林意境创造传统的基础上力创新意，为中国园林的光大发展作出了杰出的贡献。

（二）园林意境的特征

园林是一个真实的自然境域，其意境随着时间而演替变化。这种时序的变化，园林上称为"季相"或"物候"，朝暮的变化，称"时相"；阴晴、雨雪、霜风、烟云的变化，称"气象"；植物的生命周期演绎变化，称"龄相"。

园林是一个自然的空间境域，园林意境寄情于自然物体及其综合关系之中，情生于境而又超出由此所激发的境域事物之外，给感受者以余味或遐想。中国园林艺术是环境、建筑、诗画、楹联、雕塑等多种艺术的综合表达，园林意境产生于园林境域的综合艺术效果，给予游赏者以情意方面的信息，当客观的自然境域与人的主观情意相统一、相激发时，才能产生园林意境，焕发物外情、景外意。

（三）园林意境的蕴涵

意境是艺术创作和鉴赏方面一个极重要的美学范畴，表现为主观的感情、理念熔铸于客观生活、景物之中，从而引发鉴赏者类似的情感激动和理念联想。中国传统哲学在对待"言"、"象"、"意"的关系上，从来都把"意"置于首要地位，它们影响、浸润于艺术创作和鉴赏，从而产生意境的概念。先哲们很早就提出"得意忘言"、"得意忘象"的命题，只要能做到得意，就不必拘守原来用以明象的言和存意的象。汉民族的思维方式注重综合和整体理念，佛禅和道教的宣讲往往立象设教，追求一种"意在言外"的美学趣味。近代人王国维在《人间词话》中提出诗词的两种境界："有我之境，以我观物，故物皆著我之色彩。无我之境，以物观我，故不知何者为我，何者为物。"

中国古典园林的成长、完善，乃至在世界上园林艺术之林中独树一帜，是由于政治、经济、文化等诸多复杂因素的培育，与中国传统的天人

第四章 园林艺术设计、创构教育

合一的哲理以及注重整体理念、注重直觉感知、注重综合推衍的主导思维方式有着直接的关系。正因为园林意境蕴涵如此深广，中国古典园林所达到的情景交融的境界，也就远非其他园林体系所能企及的了。

（四）园林意境的创作

园林意境是文化素养的流露，也是情意的表达，所以根本问题在于对中华文化修养与感情素质的提高。技法问题只是创作的一种辅助方法，且可不断创新。中国园林的意境创作方法，有其独到的传统特色和深远的文化根源。

1. 体物

事物形象各具表达个性与情意的特点，这是客观存在的现象。园林意境创作，要求在对生活深入研究的基础上领悟其精神实质，非但要观察体验对象的外形，还要去理解表现其内在的精神本质，这就是中得心源。必须对特定环境与景物所适宜表达的情意作详细的体察，才能有所感悟。如人们常以"石"象征性格坚定、友谊长久，进一步地入微体察就会有更深入的发现：卵石、湖石不及黄石、磐石，因其不仅在形，亦且在质。齐白石笔下的虾栩栩如生，殊不知经历了多少细致入微的观察，才能有如此生动活泼的神韵。园林艺术的精妙，当不在任何门类以下，只有深刻认识所要表现的对象，达到"历历罗列于胸中"、"搜尽奇峰打草稿"的艺术积累，再经过高度概括和提炼的思维过程，才能把握住事物的本质，运作起来得心应手、生动传神。

2. 立意

在体物的基础上立意，意境才有表达的可能。这是一个艺术构思的过程，是以形写神、借景抒情的过程，是升华艺术形象的过程。没有生活，也就无从立意，而生活却归顺于立意；没有立意，也就没有意境，作品就失去了灵魂。意，即作者对景物的一种感受，进而转化为一种表现欲望和创作激情，没有能动地通过对象向他人抒发和表达自己的思想情感，艺术就失去了永葆青春的生命，作品就失去了感染观众的魅力。

立意是借物传神和创造意境的必由之路，园林艺术是用景语来表达意境的，所以一切景语皆情语，情景交融，意境自出。如颐和园的"涵虚"、"罨秀"牌坊，涵虚一表水景，二表涵纳之意；罨秀表示的是招贤纳士之意。北海公园中的"积翠"、"堆云"两牌坊，则为集水为湖、堆山如云之意，取自郑板桥"月来满池水，云起一天山"的诗境。泰山普照寺内"筛月亭"，因旁有古松铺盖，取长松筛月之意，亭之四柱各有景联：东为"高举两椽先得月，不安四壁怕遮山"，南为"曲径云深宜种竹，空亭月朗正当楼"，西为"收拾岚光归四照，招邀明月得三分"，北为"引泉种竹开三径，援释归儒近五贤"。这种以景造名、又借名发挥的做法，把园景艺术引入了更深的审美层次。

（五）园林意境的表达

1. 借助物象景观

物象是园林意境表达中应用范围最广、视觉感受最强的景观元素。古人爱在山水情景中设置空亭一座，戴醇士曰："群山郁苍，群木荟蔚，空亭翼然，吐纳云气。"一座空亭，竟成山川灵气动荡吐纳的交点和山川精神积聚的处所。张宣题倪云林画《溪亭山石图》："石滑岩前雨，泉香树梢风，江山无限景，都聚一亭中。"一座小亭，竟能聚纳无限江山美景。承德避暑山庄"南山积雪"一景，仅在南部山巅建一亭，是欣赏千里冰封、万里雪飘、银装素裹、玉树琼枝的好去处。扬州瘦西湖的"四桥烟雨楼"，因"烟雨楼台山外寺，画图城廓水中天"的意境，在细雨霏霏中欣赏四桥倩姿真是绝妙佳处，乾隆皇帝下江南巡游时六度御诗、题额，更是宠幸有加。

2. 运用文学符号

状写、比附、象征、寓意等文学符号可直接表述意境的内涵，是中国造园艺术家独创、具有浓郁民族色彩的"标题风景"。凡游赏过的地方，因有了景名就印象深刻，可见文学符号对园林景观的强化作用。楹联匾额等文学意境的诱导，可使游人进入更高一层的艺术欣赏境界，加深领会园林之美和造园者的意念匠心。如拙政园的"梧竹幽居"，位于水池的尽头，对山面水，游廊后一片梧桐、竹林，是一幽深去处。匾额曰"月到风来"，楹联为"爽借清风明借月，动观流水静观山"，不仅道出了粼粼清波和假山的动静对比，还构成了清风和明月的虚实相生，充满了诗情画意。

3. 调动器官感觉

声音作为园林中形成感觉空间的因素之一，能引起人们的关注，是激发诗情的重要媒介。鸟语虫鸣、风呼雨啸、钟声琴韵等，均可以声夺人，使之共鸣，产生意境。《园冶》中就有"夜雨芭蕉，似鲛人之泣泪"，"静枕一榻琴书，动涵半轮秋水"的描述；北京圆明园"日天琳宇"响水口的潺潺流水声，竟成为宫中的音乐，给园林空间增添了无尽的自然情趣。

香气作用于人的感官虽不甚强烈，但同样能激发人的精神。苏州拙政园的"远香堂"，南临荷池，夏日荷风扑面，清香满堂；留园的"闻木樨香榭"，秋高气爽季节，丹桂"香风吹不断，冷霜听无声。扑面心先醉，当头月更明"。

第五节　园林植物景观的艺术价值评价

园林艺术的总体目标是追求人与环境的协调，园林环境的生态含义是植物配置，园林植物服务的主体是人，环境景观效应和改善人的生理健康、心理机能和精神状态密切相关。在人与环境的关系中，人具有自然和社会的双重属性，与此相对应的环境也即具有自然和社会的双重含义。园林艺术作为一门具有优化环境功能和丰富文化内涵的学科门类和建设行业，在营造生态环境的同时，也须致力于建立文化、历史、艺术间相互融洽与和谐的氛围，丰富园林植物的人文意识与审美价值，充分继承和弘扬我国的民族文化，以陶冶人们的思想情操，提高全社会的文化艺术修养、行为道德水准和综合素质水平，完成物质文明建设与精神文明建设双重效益的重大历史使命。

一、园林植物景观艺术中的花文化内涵

中华文化源远流长、博大精深，园林植物中的花木题材与传统工艺美术及音乐曲艺、宗教习俗等的多方位应用与关联，更是广泛深入、不断升华，形成一种特殊的花文化体系，成为中国园林艺术表现中的一朵艳丽奇葩。

（一）花文化的精神内涵

花文化作为以园林植物景观为主题的一脉文化领域，在我国已经数千

年的锤炼发展，诗歌就是花文化历史中最为悠久的一种重要表达形式。《诗经·郑风》云："维士与女，伊其相谑，赠之以芍药。"意即三月三日，在芍药盛开时节，男女青年聚会，赠送芍药定情。历代以园林植物为主题的词、赋甚多，如松之刚劲、梅之坚贞、牡丹富贵、竹子虚心、榴花热情，长久以来受人赞赏，诗咏不绝。陆游咏梅词"零落成泥碾作尘，只有香如故"的千古名句，铿锵有力、掷地有声；陈毅元帅诗"大雪压青松，青松挺且直，欲知松高洁，待到雪化时"的豪情之作，松树威武不屈的精神跃然纸上。白居易的一曲《花恨歌》，"玉容寂寞泪阑干，梨花一枝春带雨"，可见梨花的艺术形象，是美中略带忧伤、与浓艳无缘，还透着几分超凡脱俗的仙气。元代著名道士、元大都长春宫（今北京白云观）住持丘处机，有一篇《梨花辞》留世："春风浩荡，是年年寒食，梨花时节。白锦无纹香烂漫，玉树琼苞堆雪。静夜沉沉，浮花霭霭，冷浸溶溶月。人间天上烂银霞，照通彻。浑似姑射真人，天姿灵秀，意气殊高洁。万蕊参差，谁信道不与群芳同列？浩气清英，仙材卓荦，下土难分别。瑶台归去，洞天方着清绝。"更是用词细腻，用意委婉。

梅花是我国传统名花，约在西汉初叶始用于园林景观，至今已有2000多年的历史。世界上第一部梅著《梅谱》云："梅以韵胜，以格高。"韵即风度韵味，梅花色泽典雅清丽，暗香袭人沁肺；格即树种属性，一是"万花敢向雪中出，一树独先天下春"，人们常将其喻为不畏权势、坚强不屈的象征；二是"待到山花烂漫时，它在丛中笑"，俏不争春的风格令人敬佩。梅的独特风姿、神韵，不仅为历代宫廷权贵所钟爱，亦是文人墨客的精神之物。自宋代以来借之自喻者众多：黄庭坚以"金蓓锁春寒，恼人香未展，虽无桃李颜，风味极不浅"，道出怀才不遇之恼；陈与义却以"一花香十里，更值满枝开。承恩不在貌，谁敢斗香来"，表达春风得意之喜。雅兴所至，梦梅、寻梅、探梅、折梅、乞梅、赠梅、赏梅、品梅、咏梅、写梅、画梅，佳传不绝。周邦彦借腊梅创作的《一剪梅》词牌，更为今人频频引用。

（二）花语的比兴应用

古今中外，人们不仅欣赏园林植物的自然美，而且将这种喜爱与人类的精神生活及道德观念联系起来，形成特殊的"花语"，托树言意、借花表情，具有象征意义的"比兴"手法在我国园林植物的选择与应用中历史悠久、常驻不衰。据记载，两晋南北朝时期，宫苑中的园林植物主要有芍药、木槿、合欢、石榴、桃、梅、桂花、杨柳、梧桐等，树木的枯荣被认为是王朝盛衰的象征，物候的反常被作为预卜的依据。从那时起，园林中便出现了许多具有象征意义和文化内涵的树种组合。以皇家宫苑和豪宅名园中应用较多，民宅小院中也十分注重。以松的苍劲颂名士高风亮节，以柏的青翠贺老者益寿延年。竹因虚怀礼节被冠为全德先生，梅以傲雪笑冰被誉为刚正之士。松、竹、梅合称"岁寒三友"，迎春、腊梅、水仙、山茶冠以"雪中四杰"。玉兰、海棠、牡丹、桂花合喻"玉堂富贵"，至今在一些地区的民间习俗中，仍以此作为全年快乐、欢慰的良好预兆。此外，红豆——相思、桑梓——故乡、桃李——学生等象征意义也早为人们所熟知，并在园林植物配置中得以广泛运用。

二、园林植物的景观艺术表达

植物造景在我国传统园林技艺中是十分讲究的。自隋唐起，山水美学的发展和诗、词、歌、赋的盛行，对树木造景产生很大影响，其中许多园林创作就是文人、大师直接参与的，其景观效应很早就已深深地打上了审美情趣的烙印。大凡园林植物，除却其生态环境和经济效能之外，均有增添园林景观的作用。

（一）园林植物的空间意境表达

园林空间可以通过建筑、植物、地形等独立或组合划分。以园林植物为空间构件时，主要根据绿地面积的大小和树木的种类、姿态、数量及林冠线、林缘线的变化，来组织形成不同的景区或景点。"山重水复疑无路，柳暗花明又一村"，就是用园林植物划分空间、阐明意境的绝妙功能写照。中国园林艺术中的意境空间，是在优美的自然空间（境——社会美、形式美）基础上，利用象征和题咏相结合的文化手法，使观赏者产生想象的思维空间（意——社会美、人文美），从而达到意、境间的有机结合。意、境间的配合又是以造景与点景来完成的，其中造景是基础，点景是神笔。造景奇美，点景才能发挥画龙点睛、锦上添花的神奇功效。如苏州拙政园的"梧竹幽居"，位于水池尽端，对山面水，后置一带游廊，广栽梧、竹后，即构成"凤尾森森，龙吟细细"的幽静之地。园林植物的栽植，更重姿态而具画意，窗外花树一角，即折枝尺幅；庭中古树三五，可参天百丈。

20世纪80年代后我国园林绿地建设的发展，多数情况的显著变化之一，就是园林植物配置的群落构成趋于简洁明朗，草地与疏林草地的所占比例大大提高。究其原因，一是适应现代人的生活方式需要，受欧美发达国家大草坪的绿地景观影响；二是这类空间组合往往与水体结合，或以单纯的草地作为中心空间。意境的表达趋于简洁明了，主要考虑草坪上的孤植树木更为突出醒目，以及地被植物的形态、色彩及组合变化更为彰显，在表现公园绿地整体美中起主导与协调作用。生态园林是植物造景发展的高级阶段，既可以完整体现生态功能，又不失园林的艺术效果，是人类物质文明与精神文明发展的必然结果。纵观中国园林植物造景的演变过程，从单纯的植物种植、具有象征意义的植物组合、追求艺术性的植物造景直至注重环境效益的生态园林，是随着社会的进步、人们对植物与环境认识的提高而发展的。经过20年的探索发展，中国生态园林建设取得了明显的社会效益和良好的艺术效果，以植物造景为主、走生态园林的道路，是现代园林绿地建设中的发展方向。中国历代诗词歌赋、山水画论、美学著作和造园理论博大精深，是园林植物造景取之不尽、用之不竭的艺术宝库。运用这些艺术经典，可以创造出更加生动活泼的植物景观，使生态园林建设更富有艺术情趣和感官韵味。

（二）园林植物的节律变化与表达

运用节奏与韵律、统一与变化、对比与谐调等美学原则，采用有障有敞、有透有漏、有疏有密、有张有弛等造景手法，创造富有季相节律并具有丰富园林空间的人工生态植物群落，给人以自然美和人工美的谐调享受，是园林植物生态景观效应的真谛。特别要强调的是，群体美能使景观开阔并显气势恢弘，富有感官震撼力，尤适于风景区和大面积园林坡地的景观规划，是突出群体美的良好场所。

1. 季相节律，在增强景观效应的审美情趣中具有突出的视觉艺术功能

中国古典园林中的植物造景，历来十分重视季相特征，如苏州拙政园的"海棠春坞"、狮子林的"向梅阁"，是着意春花烂漫的春景；留园的

"荷花厅"、拙政园的"荷风四面亭",则是侧重渲染荷莲满池的夏景；留园的"闻木樨香轩"及西部土山的枫林,是以秋色秋景为主；拙政园的十八曼陀罗馆,馆南小院有名种山茶十八株,以及累玉满梢的枇杷园,清香四溢的腊梅花台,却又是欣赏冬景的佳处。中国园林艺术中常用的季相景名,春景有杏坞春深、长堤春柳、绿杨柳、春笋廊等,夏景有听蝉谷、消夏湾、梧竹幽居、曲院风荷,秋景有金冈秋满、扫叶山房、闻木樨香轩、秋爽斋、写秋轩等,冬景有风寒居、三友轩、南山积雪、踏雪寻梅等。

清人陈扶摇《花镜》序中写道:"春时,梅呈人艳,柳破金芽,海棠红媚,兰瑞芳夸,梨梢月浸,桃浪风斜,树头蜂报花须,香径蝶迷林下。一庭新色,遍地繁华。夏日,榴花烘天,葵心倾日,荷盖摇风,杨花舞雪,乔木郁葱,群葩敛实。篁清三径之凉,槐荫两阶之灿。紫燕点波,锦鳞跃浪。秋令,金风播爽,云中桂子,月下梧桐,篱边丛菊,沼上芙蓉,霞升枫柏,雪泛荻芦。晚花尚留冻蝶,短砌犹噪寒蝉。冬至,于众芳摇落之时,而我圃不谢之花,尚有枇杷累玉,腊瓣舒香。茶苞含五色之葩,月季呈四时之丽。檐前碧草,窗外松筠,怡情适志。"园林植物的季相景色,被描绘得如诗如画。

2. 色彩对比与谐调,是节律应用恰当与否的重要美学基础

观花、观果、观叶树种的背景一般采用对比色,以突出主题,并巧妙应用"万绿丛中一点红,动人春色不宜多"的景观效果。北宋欧阳修有"浅深红白宜相间,先后仍须次第栽,我欲四时携酒去,莫教一日不花开"的名词佳句,苏东坡的《冬景》"荷尽已无擎雨盖,菊残犹有傲霜枝。一年好景君须记,正是橙黄橘绿时",更是脍炙人口。杭州西湖苏、白二堤的桃红柳绿就是园林绿化中树种色彩搭配的极佳典范,扬州瘦西湖的长堤春柳亦以同样的手法倾倒无数中外游客。红与白相间,黄与绿对映,都是色彩对比的妙用。而北京香山的黄栌、杭州文照山的乌桕、长沙岳麓山的枫林,均具"霜叶红于二月花"的靓姿。其他如杏花繁灼,梨花淡雅,樱花明媚,海棠艳丽,不胜枚举。

而运用近似色彩的搭配,景观效果则活泼轻松,如暖色调的贴梗海棠(大红)、碧桃(大红)、重瓣榆叶梅(粉红)、杏(红色)搭配热烈而显喜庆,冷色调的紫藤(紫色)、紫丁香(紫色)、紫薇(紫色)组合谐调而富情趣。即便是不同浓淡的绿色搭配,同样能取得清新爽好的视觉效果，如以绿色形成色彩基调的山林植被，由于森林的构成树种、植物组合状况和生长情况的不同，树叶的郁闭程度、树冠的形状、枝干的姿态又形成质地、轮廓的千变万化，作为视觉景观的林相就具有从暖绿到冷绿的千差万别，表现出从浅绿到深绿的不同景深。

在国内，模纹花坛是近十几年兴起的一种色彩造景形式，利用一些植株矮小、色彩鲜艳的绿篱地被树种，模拟各种装饰图案造型，景观轮廓鲜明、线条丰富。除了完善生态功能的需要，在提高园林绿地艺术水准方面也起到了积极的作用。结合现代栽培工艺，彩化地被的更多关注与应用已成为园林绿地建设的显著变化之一，如广州云台公园的彩色模纹地被就给人留下了深刻印象。同时彩化地被在旧有绿地的改造中也得到了高度重视，广州越秀公园林下、林缘的地被与花灌木覆盖取得的良好效果，被竞相仿效。

三、园林景观中的生物多样性追求

自然界中，只有生物有机体要素（植物、动物、微生物）集群和非生物无机体要素（土壤、水分、空气）环境之间的有机结合，山岳、水体、生物、天象等才能构成一个良好的或比较良好的自然景观生态环境。生物包括动物、植物、微生物各类，作为风景园林资源的生物，主要指辖区内的植物群落——植被以及栖息其间的动物而言，它们是园林中生态景观构成的基本要素和保持生态平衡的主体。在一个良好的、健康的自然生态环境下，各基本要素间的互相联系又互相制约，组成为一个统一的生态系统，维持着相对平衡的稳定状态，即所谓"生态平衡"。生态平衡对于系统内部变化和外部干扰具有一定的自我调节能力，如果外界的冲击和干扰超过了该系统的忍耐力，就会导致它的功能受阻、结构破坏、平衡丧失，甚至引起崩溃和瓦解，出现种种不堪设想的环境变异的恶果。譬如，任意砍伐树林、大量毁坏植被，不仅山岳失去绿色覆盖的优美景观而变成荒山秃岭，导致辖区内气候异常、某些天象要素消失，还由于土壤中的水分失去树木的涵养而导致山间水体枯竭，动物和鸟类失去栖息场所也会逐渐迁徙或灭亡。生态平衡一旦由于树木的大量砍伐而被破坏，整体环境的自然景观质量势必大为下降，即使花很大的力气要想恢复，也是旷日持久甚至是不可能的事了。因此，维持植物群落、追求物种多样性，是保持园林生态景观可持续发展的最佳途径，是体现园林生态景观艺术的最佳形式。

（一）生态景观中的植物多样性追求

1. 植物多样性的生态景观作用

中国是世界上植物种属最多的国家，被西方学者誉之为"园林之母"。据调查，全国的植物共有 2.7 万种，隶 353 科、3184 属，其中 190 属为中国所独有。裸子植物占世界上所有 12 科中的 11 科，被子植物占世界总科数的一半以上，针叶树占世界总科数的三分之一。此外，还有许多十分珍贵的植物稀有种和古老的植物子遗种。植物是园林中的绿色生命要素，担负维系生态景观功能的重要使命，与造园及生活的关系极为密切。植物在生态系统中的功能作用以及它在时间和空间中的地位，反映了植物与植物之间、植物与环境之间的关系。园林植物的选择与应用，实际上取决于生态位的配置，直接关系到园林生态系统景观审美价值的高低和综合功能的发挥。

园林植物的合理选择和正确应用，在遵循其生态类型、景观功能等基本规律的原则条件下，最终由栽培用途来体现。不同植物种类的形态特征和生长习性，决定了它在园林应用中的各自地位。但同一植物种类在不同环境条件和栽培意图下，又可有多种功能的选择和艺术的应用。此外，植株年龄、冠形这些个性化的体态特征，也对其合理的功能选择与艺术应用有重要影响。还有，人的观赏点所在位置不同，观其全貌抑或局部、仰观还是俯视、清晰还是模糊，都会收到不同的观赏效果。古人对花草树木的厚爱并不亚于山水，以寻求植物的自然规律进行人工配植，再现天然之趣，开荒欲引长流，摘景全留杂树。计成《园冶》中也多处阐述："梧荫匝地，槐荫当庭，插柳沿堤，栽梅绕屋，移竹当窗，分梨为院，芍药宜栏，蔷薇未架。"在植物造景中，突出植物特色，如梅花岭、柏松坡、海棠坞、木樨轩、玉兰堂、远香堂（荷花）等。清人陈扶瑶《花镜》中有"种植位置法"专论："花之喜阳者，引东旭而纳西晕；花之喜阴者，植北囿而领南薰。松柏宜峭壁奇峰，梧、竹宜深院孤亭，荷宜水阁南轩，菊宜茅舍清斋，枫叶飘丹，宜重楼远眺。"所以，园林植物在景观艺术中的选择与应用，决非是"按图索骥"那种简单的思维方式所能奏效的，它必须根据植物材料的具体情况以及环境场景的处理措施，围绕整体设计的艺术宗旨，综合考虑、灵活运用，才能获得较为满意的实际效果。

2. 植物多样性的生态配置效应

植物的物种多样性不仅可提高群落环境的丰富性、变化度或均匀度，也可加强群落的动态平衡与稳定性，调节自然环境条件与群落间的相互关系：草木华发涵养着新鲜的空气，云蒸霞蔚孕育着超尘的氛围。多种植物长期生活在一起，相互依存、共同获利，称为种间互得效应。豆科、兰科、杜鹃花科、龙胆科中的许多植物都能和真菌共生。一些树种的分泌物对另一些树种的生长发育是有利的，如黑接骨木对云杉根的分布有利。皂荚、白蜡与七里香等在一起生长，互相都有显著的促进作用。但也有一些树种的分泌物则对其他树种的生长不利，如胡桃与苹果、松树与云杉、白桦与松树等都不宜种在一起。还有些树种是其他树种病害的寄主，如圆柏是圆柏苹果锈病、圆柏梨锈病、圆柏海棠锈病、圆柏石楠锈病等的寄主，这些锈病以圆柏为越冬寄主，对圆柏本身虽伤害不严重，但对苹果、梨等危害很大，所以圆柏与苹果、梨、海棠、石楠等要远离种植，这在园林植物的选择和景观配置中应注意避免。

充分考虑植物的生态位特征、合理规划植物间的选配、避免种间直接竞争，形成结构合理、功能健全、种群稳定的复层群体结构，以利种间功能补充，则既可充分利用环境资源、又能形成优美的景观。如杭州植物园的槭树、杜鹃园就是利用不同植物在时间、空间和营养生态位上的差异来配置的，槭树树干直立高大、根深叶茂，可吸收群落上层较强的直射光和较深层土壤中的矿质养分；杜鹃是林下灌木，只吸收林下较弱的散射光和较浅层土中的矿质养分，较好地利用了槭树林下的荫生环境。两类树种在树体大小、根系深浅、养分需求和物候期方面差异较大，两者错落有致的合理化配置，可充分利用光能和养分等环境资源，有效体现了群落景观的互补性。春天杜鹃花争妍斗艳，夏天槭树绿冠浓郁，秋天槭树叶片转红，鲜明的季相景观给人以和谐美的充分享受。

（二）动物类景观要素多样性体现

动物是园林中最活跃、最有生气的要素。野生动物是自然生态系统中不可缺少的一部分，它与植物、微生物及其他非生物环境之间存在着相互依存、相互制约的关系，形成错综复杂的食物链网，在维持生态系统的结构与功能方面起着重要的作用。而在人工园林的生态环境构造中，包括动物、植物在内的生物要素间，不再是自然生态系统中的能量转换关系，食物链也不再错综复杂、完整循环。除了自然生态公园，一般园林中难见行动自由的猛禽、野兽，动物类景观要素的体现，主要是鱼类、昆虫类和鸟类的吸引或放养，而植物生态种群的营造和维护是最为直接有效的措施之一。

在一个稳定的植物群落中，各种群在时空条件、资源利用等方面都趋向于互相补充而不是直接竞争，系统愈复杂也就愈稳定。如承德避暑山庄，以乡土树种、天然植物群落为主，经多年自然选择和淘汰过程而带来植物、动物、微生物种群间的相对稳定，逐渐形成了相互依存、相互制约的平衡关系。丰富的树种适宜多种动物及昆虫的栖息繁衍，能够有效地控制病虫害的传播蔓延，从而发挥了良好的生态效益。动物类景观要素活跃的园林才能平添许多盎然的生机，充满动物情趣的园林艺术才能达到人类不断向往的世外桃源的理想境界。

第六节　中外园林艺术特征比较

站在世界地域文化的高度上，我们不妨把中外园林进行一个全面的剖析和对比。这种剖析和对比，必须是全方位的，否则只能是缺乏系统性的。所谓系统，就是要在这个历史过程中，进行从园林的造园理念，到造景元素，再到设计手法的比较。这也是遵循从外部到内部，从理论到操作，从形态到体验的研究步骤。下面以最有代表性的中国、日本、法国和英国的古典园林为例，作一系统比较。当然，本节只取古典部分似有些偏颇，但是，只有古典部分才最能代表中外园林最显著的差异。

一、造园理念

中国传统园林美学，来源于道家学说，强调"师法自然"、"天人合一"，讲求"虽由人作，宛自天开"。其组景和造景的手法之高超，在世界园林中已达到了登峰造极的地步。但由于受空间所限，喜好欣赏小景，偏爱把玩细部，往往使得有些园林空间局促拥塞，变化繁冗琐碎。

日本园林更加抽象和写意。尤其是枯山水，更专注于永恒。仅以石块象征山峦与岛屿，而避免使用随时间推移，产生枯荣与变化的植物和水体，以体现禅宗"向心而觉"、"梵我合一"的境界。其形态更为纯净，意境更加空灵，但往往居于一隅，空间局促，略显索漠冷落，寡无情趣。

受以笛卡尔为代表的理性主义哲学影响的法国园林，推崇人工美高于自然美，艺术高于自然，讲究主从与秩序、条理与比例。更加注重整体，而不强调玩味细节。但因一览无余，空间开阔，意境显得不够深远，人工斧凿痕迹太过。

英国的自然风景式园林的造园指导思想，认为美是一种感性经验，这来源于以培根和洛克为代表的"经验论"。总的来说，它更加强调保持自然的形态，排斥直线，反对人为之物，因而园林空间也更加整体与大气。但由于它过于追求"天然般景色"，往往源于自然却不能高于自然。又由于过于排斥人工痕迹，因之细部也较粗糙，园林空间略显空洞与单调。钱伯斯（W. chambers）就曾批评它"与普通的旷野几无区别，完全粗俗地抄袭自然"。

二、造景元素

中外各古典园林在景观的塑造上，表现出明显的地域模仿性，如中国的千山万水，英国的平冈浅阜等等。因而它们在各自不同的组景元素上也表现出了差别。

（一）水景

总的来说，中国园林理水受道家"虚静为本"思想的影响，重在表现其静态美，静中之动势。中国古典园林水景在高度提炼和概括自然水体的基础之上，表现出极高的艺术技巧。水体的聚散、开合、收放、曲直极有章法，多运用以小见大的手法，正所谓"一勺则江湖万里"。此外，中国园林还极其注重水体与山石的配合组景，宋代郭熙曾在《林泉高致》中写道："山得水而活，水得山而媚。"

日本园林的理水，则又向抽象化推进一步，隐喻和象征的成分较大，在沙面耙成平行的水纹曲线象征波浪万重，沿石根把沙面耙成环状的水形象征水流湍急，甚至利用不同石组的配列而构成"枯泷"，以象征无水之瀑布，乃无水之水，极其写意。

法国古典园林理水则与以上大相径庭，其主要表现为以跌瀑、喷泉为主的动态美。法国古典园林中的水剧场、水风琴、水晶栅栏、水惊喜、链式瀑布等，各式喷泉构思巧妙，充分展示出水所特有的灵性，而静水则正是少了这些许灵气。当然，静态水体经过高超的艺术处理后，所呈现出来的深远意境，是动态水体所难以企及的。法国古典主义造园理论家布阿依索在《论依据自然和艺术的原则造园》一书中这样论述水在园林中的作用："尤其是河里的流水和盘式喷泉上喷着的水，它们带来的运动和活力是花园最有生气的灵魂。……最大的水面是最美的，不过，最好不要因它的开阔而使其余的水面失色。"

英国自然风景式园林对水景的处理技巧，虽受到中国园林的显著影响，但并无超越前三者之处。但其特色在于，两岸缓缓的草坡斜侵入水，呈现出一派优美与纯净，这种造景形式常为后世引用。

（二）栽植

中国古典园林中的栽植以观形为主，取色、赏花、闻香、听音为辅，园中林木虬曲突兀、盘结交错、连理交柯者比比皆是。同时也注重季相与花期的变化，花木的选择与使用有明显的拟人化倾向，即所谓"梅之独傲霜雪、竹之虚心有节、兰之幽谷清香……"之类。孤植以观形、观叶、赏花为主；群植讲究搭配造景。此外，在组景上注意通过疏密、高低的变化形成帷幕、屏风式的空间界面，使景观有似连又断的流动感，似遮又露的景深层次。总的来说，各类花木的运用，已形成了基本的定式，如"堤湾宜柳"、"桃李成蹊"、"栽梅绕屋"、"移竹当窗"等等。林木在诸景中占有最大的空间。

日本园林，尤其是枯山水，植物配置则少而精，尤其讲究控制体量和姿态，远不像中国园林般枝叶蔓生。虽经修剪、扎结，仍力求保持它的自然，极少花卉而种青苔或蕨类，枯山水不植高大树木。日本枯山水对植物的精心裁剪，说明日本园林比中国园林更加注重对林木尺度的抽象与造型的抽象，但在组景造景方面似少有超越中国园林之处。

法国古典园林的栽植从类型上，主要有丛林、树篱、花坛、草坪等。丛林是相对集中的整形树木种植区，树篱一般做边界，花坛以色彩与图案取胜，草坪仅做铺地。丛林与花坛各自都有若干种固定的造型，尤其是花坛图案，犹如锦绣般美丽。总的来说，法国古典园林的栽植分门别类，相对集中，主次分明，形态规整，有"绿色雕刻"之称。园中植物虽多，但铺展感强，远不如中国园林般拥塞，但也不太自然。

英国自然风景式园林的栽植，则以表现树丛与大面积的草地为主，其缓坡大草坪即便是现在也经常被引用。相比其他园林，它更加注重树丛的疏密、林相、林冠线（起伏感）、林缘线（自然伸展感）结合地形的处理，整体效果既舒展开朗，又富自然情趣。

（三）石景

中国古典园林中的用石讲究"瘦、透、皱、漏"。可为特置主景，亦可与水体、植物配合组景，以得某种意境。同时也做障景、分景。造景中喜做险怪之奇构，层峦叠嶂、沟壑盘回，正所谓"峭壁贵于直立；悬崖使其后坚，岩、峦、洞、穴之莫穷，涧、壑、坡、矶之俨是"。穿行其间，挑压勾搭变幻莫测，明暗开合扑朔迷离。由于受士大夫猎奇和把玩心态的影响，往往造成石景的繁琐堆砌、比例失调。

石景是日本园林的主景之一，正所谓"无园不石"。尤其是在枯山水中取得了很高的成就。日本石景的选石，以浑厚、朴实、稳重者为贵，并不追求中国石景般的琐碎变化，但也十分讲究石形、纹理与色彩，尤其不做飞梁悬石、上阔下狭的奇构，而是山形稳重，底广顶削，深得自然之理。石景构图以"石组"为基本单位，石组又由若干单块石头配列而成。它们的平面位置的排列组合以及在体形、大小、姿态等方面的构图呼应关系，都经过精心推敲。在长期的实践过程中，逐渐形成了许多经典的程式和实用套路。总的来说，其抽象内涵较中国园林更为深远、阔大。

法国古典园林的石景，基本上没有自然形态，虽然雕像、台阶、柱廊、喷泉水盘都是大理石的，但其本身并不能成为独立的石景，因此，几乎让人感觉不到石景的存在。也有少量的自然形态的岩洞，但都仅作为瀑布的背景。

英国自然风景式园林用石则更少。虽然曾一度引进中国式叠石假山、残垒断碣，但在其后不断走向纯净的进程中，也基本消失殆尽。

（四）建筑

中国园林一般以自然的山水作为园林景观构图的主体，园林植物配合着山水随宜自由配置，道路回环萦回，穿插于山水、花木、建筑之间；建筑只为观赏风景和点缀风景而设置，以形成富有自然山水情调的园林艺术效果。而中国园林建筑取法于传统的木构架体系建筑，所以它的化大为小，化集中大体量为小体量的处理手法，显然非常适合于中国园林布局及园林景观的需要。园林中的建筑多轻巧淡雅、朴素简约、随形就势、体量分散、通透开敞。总的来说，在中国古典园林中，建筑已经高度园林化，它已和其他景物水乳交融，融为一体了。

法国古典园林则与此正好相反，它迫使园林服从建筑的构图原则，并将建筑的几何格律带入园林中，使之高度"建筑化"。建筑多位于主轴尽端的高地上，相对集中，尺度体量巨大。不仅统率着整个园林构图，同时也作为园景的幕布和背景。

英国自然风景式园林的建筑为追求园景本身的自然纯净，往往将附属建筑搬到看不见的地方，或用树丛遮挡起来，甚至做成地下室。主体建筑周围的草坪与主体建筑之间，往往也没有过渡环节，具体来说就是"去园林化"。

日本园林中的建筑不但数量少，体量、尺度也都较小。布局疏朗，往往偏于一隅。建筑物本身也多为简朴的草庵式，并不讲求对称；门阙也是极普通的柴扉形式，真可谓洗尽铅华、恬淡自然，深得禅宗精髓。

三、设计手法

不同的文化模式与不同的自然观，造成了中外园林在园林组景上的巨大差异。

中国古典园林的组景方式，可归纳为立体交融式，即分区设景。园中有园，景中有景，步移景异。组景讲究起景、入胜、造极、余韵的序列。注重层次、抑扬、因借、虚实的安排。单是基本的组景手法，就达十余种之多，如：借景、对景、漏景、障景、限景、夹景、分景、接景、返景、点景……赏景以近距离的小景把玩为主，全景式的远观因借为辅。

日本园林在其回游式园林中，基本上沿袭了中国的套路，但对细微处关注过多，整体则失之把握。日本学者高原荣重、小形研三在《园林建设》一书中说，日本园林"对组成外部空间秩序的表现，显得很生疏"。说明日本古典园林在整体组织上，并未达到炉火纯青的地步，具体组景手法也比中国园林欠缺得多。但日本枯山水的情况则不同，特别是石景的组织，尤为精彩。这在诸如《筑山庭造传》、《筑山染指录》等日本造园典籍中，都有详尽的论述。

法国古典园林的组景，基本上是平面图案式，它运用轴线控制的手法，将园林作为一个整体来进行构图，一切都要服从比例与秩序。园景一般沿轴线铺展，主次、起止、过渡、衔接都做精心的处理。由于其巨大的规模与尺度（如凡尔赛宫纵轴长达3km），创造出一系列气势恢弘、广袤深远的园景，故又有"伟大风格"之称。与中国古典园林擅长处理小景相比，法国古典园林则更擅长处理大景。

英国风景式园林的布景，则类似中国古典园林中的"步移景异"，引导游人从诗意中穿过。一连串画意构图，以不同距离、不同高度、不同角度展开，整体意境宁静而舒远，一派天然牧场般的田园风光。

第四章　园林艺术设计、创构教育

园林观赏、品评是人们在体味园林作品，把握艺术形象的过程中，通过感知、想像、情感、理解等一系列活动而形成的认识、体味、玩赏的审美活动。为了保证园林艺术观赏、品评的顺利进行，我们除了具备园林艺术相关知识以外，还应该要求受教者具备一些必要的特殊条件，即必须要有一定的素质水准和知识经验。本章还重点选择一些典型媒介，运用观赏的基本方法带领受教者进入园林艺术的殿堂。

第五章 园林艺术观赏、品评教育

第一节　园林艺术观赏、品评的素质基础

　　伟大的哲学家马克思说过："你想得到艺术的享受，你本身就必须是一个有艺术修养的人。"只有不断增强对造园艺术精髓的了解，不断培养丰富的艺术鉴赏能力，才能提升自我园林艺术欣赏的专业素质水准。同时，还要注意园林审美的方法选择和经验积累，当万般美景扑到自己眼前的时候，才会有自然健康的感情抒发出来，获得赏园的乐趣，成为造园家的"知音"。

一、熟稔中国园林艺术的造园法则

　　中国园林艺术是伴随着诗歌、绘画艺术而发展起来的，因而它表现出诗情画意的内涵；中华民族有着崇尚自然、热爱山水的传统风尚，所以它又具有师法自然的艺术特征；孔子"仁者乐山，智者乐水"的比德观，又使园林艺术带有"天人合一"的哲学思想。中国园林的表现形式虽有南北

流派、东西风格之别，甚至受到西方造园艺术的一定影响，但其造园法则却始终一脉相承，流传至今。

（一）造园之始，意在笔先

意，可视为意志、意念或意境，由画论移植而来。意境指情景交融、意念升华的艺术境界，表现了意因境存、境由意活这样一个辩证关系，它强调在造园之前必不可少的创意构思、指导思想、造园意图，而这些都是根据所造园林的性质、地位制定的：皇家园林必以皇恩浩荡、至高无上为主要意图，寺观园林当以超脱凡尘、普度众生为宗，私家园林有的想耀祖光宗、有的想拙政清野、有的想升华超脱。《园冶·兴造论》所谓"三分匠，七分主"之说，精辟地阐述了设计主持人的决定性作用。综观中国园林，崇尚自然、乐在其中的意境，是其最高境界的追求，如陶渊明所代表的田园意境，反映了古代文人雅士对清淡隐逸生活的向往。

（二）相地合宜，构园得体

凡造园，必按地形、地势、地貌的实际情况，考虑园林的性质、规模，构思其艺术特征和园景结构。园林布局首先要进行地形及竖向控制，只有合乎地形骨架的规律，才有构思得体的可能。《园冶·相地篇》说得好：无论方向及高低，只要"涉门成趣"即可"得景随形"。认为"园地唯山林最胜"，而在城市则"必向幽偏可筑"，旷野地带应"依呼平岗曲坞，叠陇乔林"，就是造园应多用偏幽山林、平岗山窟、丘陵多树等地，少占农田好地，这和当今生态园林选址相地的方针原则完全一致，反映了中国园林相地艺术中古今相通的一脉传承。

如何构园得体，《园冶》有"约十亩之地，须开池者三，……余七分之地，为垒土得四"的精辟论述。这种水、陆、山各三、四、三的用地比例，虽不可定格，但极有参考价值。城乡风景园林应以绿化空间为主，建筑面积应控制在占地的15%以下，绿地及水面应占总体面积的80%以上，并应有必要的地形起伏，创建制高控制点。只有山水相依、水陆比例合宜，才能创造山灵水活的良好园林生态意境。

（三）因地制宜，随势生机

相地虽可取得合适的构园选址，然而要想创造多种景观的协调关系，还要靠因地制宜、随势生机和随机应变的手法，进行合理布局。《园冶》中也多处提到"景到随机"、"得景随形"等原则，就是要根据环境形势的具体情况，因山就势、因高就低、因地制宜地创造园林景观，即所谓"高方欲就亭台，低凹可开池沼，卜筑贵从水面，立基先究源头，疏源之去由，察水之来历"，这样才能达到"景以境出"的效果。无锡的寄畅园是依山造园，因水成趣，别具之妙；蠡园则是依水建园，湖山一揽，天光云影。苏州的拙政园水系弯转，一派江南水乡景色；狮子林叠石成景，尽显林泉山野景趣。

（四）巧于因借，精在体宜

园林相地既然是一个有限的空间利用，就免不了有其局限性，只有深得造园艺术秘诀的大家，才能不就范于现有空间的局限，采取巧妙的"因借"手法，给有限的园林空间插上无限风光的翅膀。"因"者，是就地审势的意思。"借"者，则景不限内外，所谓"晴峦耸秀，绀宇凌空，极目所至，俗则屏之，嘉则收之……"，就是因地、因时借景的做法。如北京颐和园远借玉泉山宝塔、无锡寄畅园仰借龙光塔、苏州拙政园屏借北寺塔、南京玄武湖公园遥借钟山，均通过"因借"的园林艺术手法，大大超越了有限的园林空间。中国古典园林中"无心画"、"尺户窗"的内借外、此借彼，山借云海、水借蓝天的借天借地，东借朝阳、西借余晕的借远借近，秋借红叶、冬借残雪的借声借色，镜借背景、墙借疏影的借情借意，无不是放眼寰宇、博大胸怀的表现。

（五）欲扬先抑，柳暗花明

"欲露先藏，欲扬先抑"，东方园林艺术表达的审美心理与规律，多在造园中运用影壁、假山、水景等作为屏障，利用树丛配置做隔景，利用地形变化来组织空间的渐进发展，利用道路系统来引见园林景物的依次出现，利用实院虚墙的隔而不断创造园中园、景中景的效果等，在无形中拉长了游览路线、增加了空间层次，给人们带来"山重水复疑无路，柳暗花明又一村"的无穷情趣。

（六）起结开合，景随步移

如果说，欲扬先抑给人们带来层次感，起结开合则给人们以韵律感。

写文章或绘画，有起有结，有开有合，有放有收，有疏有密，有轻有重，有虚有实。节奏与韵律，表现在园林艺术上，就是创造大小不同、类型有别的空间分隔，通过人们在行进中的视点、视线、视距、视野、视角等不断变化，产生审美心理的变迁。通过移步换景的处理，增加引人入胜的魅力。园林艺术是一个流动的游赏空间，因此善于在流动中造景，也是中国园林的特色之一。比如景区的大小分配、景点的聚散疏密、水体的空间收放、园路的曲折宽窄、植物的郁闭稀疏、建筑的虚实高低等，这种多领域的开合变化，必然会给游人带来心理起伏的律动感，取得景随步移、移步换景的艺术表现效果，进入园林艺术欣赏的内核深处。

（七）小中见大，咫尺山林

这多用于较小的园林空间，利用形式美法则中的对比手法，调动景观诸要素之间的关系，通过对比和反衬，造成错觉或联想，达到以小寓大、以少胜多等扩大空间感的目的，形成咫尺山林的艺术效果。如对山水布局，要求"山要环抱，水要萦回"，"山立宾主，水注往来"。堆石为山、立石为峰、凿水为池、垒土为岛，都是创造咫尺山林、小中见大的主要手法。池仿西湖之浩淼，岛作蓬莱、方丈、瀛洲之神韵，则是模拟与缩写自然的传统模式。苏州的狮子林和环秀山庄虽咫尺之境，而山峦云涌、峭崖深谷、林木丛翠之典型佳作的创造，却引人抒发虽在小天地、置身大自然的艺术感慨。

（八）虽由人作，宛自天开

中国园林，无论是寺观园林、皇家园林或私家庭园，造园者顺应自然、利用自然和仿效自然的主导思想始终不弃，认为只要"稍动天机"即可做到"有真有假，做假成真"。《园冶》中论造山："峭壁贵于直立，悬崖使其后坚。岩、峦、洞穴之莫穷，涧、壑、坡、矶之俨是"；另有"未山先麓，自然地势之嶙嶒。构土成岗，不在石形之巧拙……"，"欲知堆土之奥妙，还拟理石之精微。山要意味深求，花木情趣易逗。有真为假，做假成真……"。又如理水，事先要"疏源之去由，察水之来历"，"山脉之通，按其水径；水道之达，理其山形"；做瀑布可利用高楼檐水，用天沟引流，"突出石口，泛漫而下，才如瀑布"，无锡寄畅园的八音涧是利用跌落水声造景的闻名范例。纵览我国造园范例，无不顺天然之理、应自然之规。用现代语言阐述，就是遵循客观规律、符合自然秩序、撷取天然精华、造园顺理成章，中国园林"巧夺天工"的造园艺术和建园技巧令全世界为之倾倒。

（九）文景相依，诗情画意

中国园林艺术之所以深入人心、流芳百世，贯穿古今、经久不衰，一是有符合自然规律的造园手法，二是有符合人文情意的诗画文学。"文因景成，景借文传"，文景相依，才更有勃发生机；情景交融，方更显诗情画意。泰山被联合国列为世界文化与自然遗产，就是中国园林有机结合人文景观与自然景观的最好例证。泰山的宗教神话、君主封禅、石雕碑刻和民俗传说，伴随着东岳的高峻雄伟和丰富的自然资源，向世界发出了景观音符的最强音。再如《红楼梦》中所描写的大观园，以文学的笔触为后人留下了丰富的造园哲理，一个"潇湘馆"的题名就点出种竹的内涵。唐代张继的《枫桥夜泊》一首，以脍炙人口的诗篇名扬海内外，把寒山寺的钟声深留人们的心田。李白"西辞白帝彩云间，千里江陵一日还。两岸猿声啼不住，轻舟已过万重山"的千古佳句，让四川的白帝城名扬四海。

中国园林的诗情画意，还集中表现在它的题名、楹联上。如苏州拙政园的"与谁同坐轩"，取自苏轼诗"与谁同坐？明月、清风、我"；杭州灵隐寺"邀月门"取自李白"举杯邀明月，对影成三人"，"松风阁"取自杜甫"松风吹解带，山月照弹琴"。西湖"曲院风荷"景点，就来自以荷为主的诗句："毕竟西湖六月中，风光不与四时同。接天莲叶无穷碧，映日荷花别样红。"

（十）胸有丘壑，统筹全局

中国造园是移天缩地的艺术创造，而不是造园诸要素的随意堆砌。绘画要有深思的平面布局，造园要有完善的空间布局。沈复在《浮生六记》中说，"若夫图亭楼阁，套室回廊，叠石成山，栽花取势，又在大中见小，小中见大，虚中有实，实中有虚，或藏或露，或浅或深，不仅在周围曲折有致，又不在地广石多徒烦一费"，这就是统筹布局的构思。

《园冶》云："凡园圃立基，定厅堂为主。先乎取景，好在朝南，倘有乔木数株，仅就中庭一二。筑垣须广，空地多存，任意为持，听从摆布。择成馆舍，余构亭台。格式随宜，栽培得致。"更明确指出布局要有构图中心，构思要有空间余地，建筑、栽植等设施才能做到格调灵活、各得其所。如苏州拙政园，中部以远香堂为中心，北有雪香云蔚亭立于主山之上，以土为主，既高又广；南有黄石假山作为入口障景，可谓宾山；东有牡丹亭立于山上，以石代土，可为次山；西部香洲之北有黄石叠落，可做配山。由此，营造出"四面有山皆入画、高低主次确有别"的深厚园林艺术氛围。

二、园林艺术欣赏的效果选择

（一）最佳游览路线的安排

大凡在时间中开展的一切艺术，都有起结开合的序列设计，有曲折高潮的意境组合。《东庄画论》有绝妙的论述："起如奔马绝尘，须勒得住而又有住而不住之势；结如众流归海，要收得尽而又有尽而不尽之意。"园林艺术的景观序列变化，以起景为序幕、主景为高潮、结景为尾声。北京颐和园在起结的艺术处理上达到了极高的境界：游人从东宫门入内，通过两个封闭院落，未见有半点消息；绕过仁寿殿后面的假山，眼前豁然开朗，偌大的昆明湖、万寿山、玉泉山、西山风景区，一起涌入眼底。到达全园制高点佛香阁，居高临下，昆明湖辽阔无边，山水风景如画。起结处理达到了令人叹为观止的境界。

园林观景如同看戏，都有起始、展开、曲折、高潮、尾声等结构处理。但园林观景又有异于看戏，戏剧须一幕幕顺序进行，而倒游园的情况却常有发生。游览路线是连接景区、景点的纽带，供组织游人按照风景序列的展现进行观赏，不同于单纯的交通组织路线。小型园林的游览路径通常设计成环行，以避免游人走回头路。大型园林通常有两个以上的出入口，则常采用串联或并联的方式来联系景区和景点，有时甚至设计多条环路，以分解游览线路上的游人压力，在组织游览路线时一定要仔细考虑。初游者应按照游览线路示意图进行选择，如能请到导游服务，不失为省事的有效捷径，还能了解若干景观趣事，更好地领会造园意境，但不足之处是受导游牵制太多，难以仔细品味园林的佳境美意。而许多中国著名古典园林如苏州留园、拙政园，现代园林如杭州西湖柳浪闻莺、花港观鱼景区以及杭州植物园，并没有一条明确的导游线路，风景序列不清，加之园区范围较大，空间组成复杂，院落重重、曲径深深，入园以后的路径选择随意性很大，初游者如入迷宫。这种导游线路带有迂回、曲折、往复、循环等不定的特点，而这却又是中国园林意境表达的特色之一：妙在不定和随意上，一切安排若似偶然，或有意与不经意之间，最易使游览者获得精神上的满足。

一般地说，初到一处园林，若时间充裕，最好沿着主干线从序幕到高潮一景一景地游，乘兴品赏，步步入胜，这叫漫游。若要想寻点雅趣，不妨偏径通幽，意趣超然。如果有水上游览线，最好不要放过，因其不仅能领略到水光波影的情趣，还由于视点低，方位和距离瞬息即变，画面运动速度变化比陆上游览强烈，更容易影响游人感情起伏。特别是水上环境所给人的辽阔、舒展而又亲近的感觉，是陆上游览难能领受到的。如果水岸林竹掩映，水中游鱼相逐，那情景就更能引人怡神。

（二）最佳观赏点的择取

游园赏景不是展室观画，一幅画只有一个透视角度，画面上的景物都是固定不变的轮廓。园林是一幅"立体画面"，园林空间按照严格的章法布局，只有身入其中，择取最佳观赏点，才能够全面领略到它的俊美和意境。

大处观景，主要是对园林总体布局的欣赏，纵横观览，领略它的整体美。从景物的平面布置去欣赏园林的艺术形象和风格特征，从景象的立体组合来品味造园家组景构图的独具匠心和造园手法的巧妙运用，游观南京瞻园就会产生这样的体验。瞻园是在一个狭长地段上造园，延长的水面像一条脉络把整个园林空间连贯起来，构成一个完整的艺术景象：水体源在北、终在南，先是涧谷，构成水体，水面小有聚散，出现层次。而后向南伸延，水面骤然开阔，形成湖池，构成园中水景主体。再向前去，水面又收缩成溪，湖水沿溪曲折南"流"，到"净妙堂"前出现泉瀑，达到高潮，成为视线焦点。泉瀑虽是人工造就，由于和整个水系联在一起，倒也觉得颇具自然之理、自然之趣。

任何一个观赏点都包含视点、视距、视角三个因素，其中任何一个因素的改变，都会引起景物外部轮廓的切换、变线，呈现新的景观。扬州瘦西湖的吹台所以能把五亭桥、白塔通过借景组织到一起，构成一个绮丽的画面，就是因为在造园时，按照组景规律设置了一个最佳观赏点。从最佳观赏点上去赏景，有剪裁、有取舍，就会获得最理想的景物画面，正如李方膺题《梅花》所云："触目横斜千万朵，赏心只有两三枝。"由于游览者们的审美能力、生活情趣以及社会职业上的差异，因而各人对观赏点的选择和景物画面的欣赏要求也不一样。或则喜欢建筑美，或则喜欢山水情，或则欣赏壮美，或则欣赏秀美，各有所爱、各有所取，难能强求统一。

游园是一个复杂的欣赏过程，如能景中寻趣，沉浸到静、幽、雅、趣的意境之中，当为上乘。游园要控制节奏，园内的主景和主景区通常是佳景的荟萃之处，应格外仔细欣赏。不过，除了在造园时已经安排好的观赏点之外，更多的却要靠游览者自己去观察选择，即所谓"寻景"。读过柳宗元《小石潭记》的人都会知道，柳宗元因"隔篁竹，闻水声，如鸣佩环"，引起心理上的好奇和追求，而后"伐竹取道"，来到"四面竹树环合"、"水尤清冽"的小石潭，再凝神观赏，终于觅得了潭中游鱼"似与游者相乐"的乐趣。可见，发现景观和取道观景，这两者有着不可分割的联系。

景不寻不得，趣不觅不生。学会用自己的眼睛去看别人见过的东西，在别人司空见惯的景物上能够发现美。游园就要讲究寻景觅趣，通过视点、视距、视角的不断变化，更多地捕捉景象画面。对于景象画面，要在不断变换中品赏，像电影镜头一样，全景、中景、近景、特写，甚至大全景、大特写，有层次地欣赏景观的特征和风格，含英咀华。丰富的意趣常蕴藏在景象的局部、细部，应仔细留意，不致忽略，否则就会减少对于园林艺术魅力的感受。

三、园林艺术的视觉欣赏方法

任何一种景物都离不开具体的空间和时间，不同的观赏方式会产生不同的景观效果。盛唐诗人王维在《终南山》里写道："太乙近天都，连山接海隅。白云回望合，青霭入看无。分野中峰变，阴晴众壑殊。欲投人处宿，隔水问樵夫。"详细描述了在游览终南山（今陕西省境内）时，如何从高、远、平、近、俯、仰的角度和方位观察山景，终于捕捉到变化多端的景观效果。苏轼的《题西林壁》诗"横看成岭侧成峰，远近高低各不同。不识庐山真面目，只缘身在此山中"，更是对庐山雄伟奇秀景色的绝妙观赏心得。游园虽然不同于登山，但造园艺术是对自然美景的提炼、创作和升华，游园时同样要掌握一把打开欣赏之门的钥匙，善于通过不同的视觉途径去真切感受园林景观的奥妙，以加深对园林艺术欣赏的理解力度。人们观赏景物大都是从整体开始，而后逐渐转入局部、细部，最终又回过头来让视线在大范围内结束。大处观景得其势，细部品赏得其意趣：不同的角度，各具风姿；不同的视野，各有千秋。

（一）居高极目

每座园林里都有一些视线开敞的制高观赏点，供游人登临俯瞰和眺望，楼台和山巅多是登高观景的最佳去处。

登高可以开阔视野，将偌大园林空间的层叠景物一览无余，从大处着眼纵横全貌，获得一个整体的园景形象。沈括在《梦溪笔谈》中说："若同真山之法，以下望上，只合见一重山，岂山可重重悉见，兼不应见其溪谷间事。"纵目远眺，主要适宜在大型风景园林中的远借艺术观赏，它可以扩大视野，常常能够获得迷离玄妙的景观效果。如扬州大明寺内的平山堂高踞蜀岗顶峰，以借用江南诸山为造景特点，游览时宜于堂前凭栏远眺，寻求"江流天地外，山色有无中"的意趣。

（二）平面扫描

环视一览，这是一种以满足静观为主的观赏方法，以获得大范围的景物画面而欣赏不迭。横向的回环流目，好像电影的摇镜头，随着视线的徐徐移动，园林景象依次展现在眼前，特别是进行中的环顾流盼，可以获得更多的精美画面。如何选择这类观赏点，主要取决于游人各自的欣赏水平和观景要求，由于古典园林是散点透视法造景，会有许多可供选择的观景视点被发现、寻找。

移步换景，起源于古代山水散文大师们的创作方法：寓目写景，把一路所见——纳入山水"长卷"。在文学史上最早使用这种方法的是东汉的马弟伯，他写了《封禅仪记》。柳宗元继而发展这种方法，写了著名的

《永州八记》，只短短的《小石潭记》，已把永州山水特色写得淋漓尽致。园林是在四度空间里布置景点，不同的透视处理，会出现不同的景观效果，具有变化无穷的观赏方位，每当观赏方位改变一次，就会引起景物外部轮廓的变化，产生新的视觉景观。移步换景是对园林景物的连续性欣赏，是一种动态的观景方式。由于观赏方位、角度、距离的不断改变，景象迭出不穷。相对而言，原来静止状态的景物变活了，出现了运动和速度、产生了节奏和韵律，可以让观赏者长时间地陶醉在绚丽景色之中。欣赏和创作应该是相通的、一致的，造园家用连续布局手法把自然山水再现成园林景观，对于观赏者，只有用移步换景法游园赏景，才能深得其中妙趣。

（三）即景抒情

园林是个广阔的艺术空间，园中景物的鲜明形象、深邃意境，无心人是难能深切体验和领受到的。游园的最大享受是情景交融，要将感情贯注其中，随着景物的不断变换，产生感情的跌宕起伏。要能展开联想和想象的翅膀，"以我观物，故物皆着我之色彩"，而成为画中游的智家、乐者。范仲淹观赏了岳阳楼后，触景兴怀的感情抒发，表达了"先天下之忧而忧，后天下之乐而乐"的崇高胸怀。刘勰在《文心雕龙》里说："登山则情满于山，观海则意溢于海。"游园赏景就要讲究神入其中，给景物涂上一层浓郁的感情色彩。

园林艺术是景象语言，景观的美来自生活和艺术中的情趣，而直观与联想总是紧密地联系在一起。造园家把自然美具有的一些特征，经过艺术概括和提炼，再现在园林里，使游人一进园林便置身在瑰丽景色之中。园林景物有诱发联想的功能，由此让人们将观赏景物和抒发情怀紧密联系起来，并根据各自的生活经验和观赏眼力，展开丰富的联想和想象，把看到的景物与自己所熟识的某个事物联系起来，从而透过景物外部形象，发现其内涵，达到情景交融，直到诱发内心共鸣而获得美的陶冶。联想，一是遵循造园家的造景意图，由景物形象直接诱发的联想，在美学上有人称为"预期联想"，园林中有许多匾额楹联都是些即景抒情的文字，更能对这种联想起到启迪作用。另一是按照游人各自特有的生活经历和思想情感，经过景象诱发而产生的所谓"自由联想"。如有人看到园中的小桥流水，想到自家门前的那道小河；看到鲜花、幽亭，勾起青年时的一段回忆。

园林艺术的欣赏，是要观赏者用心玩味。若是急急而来、匆匆离去，连景物的外部形象都没有看清楚，又怎能涌出联翩的想象？此外，游园时的心境状况也会影响观赏效果，产生不同的景物感受。而对同一景物，当观赏者心境与景物的意境不相一致的时候，则会产生感情上的强烈对比。若能把思想情感与所见景物的意境吻合起来，那就会收到弦外之音的乐趣。

第二节　园林艺术欣赏范例

本节选择了具有代表性的园林艺术作品，力求从普通观赏者的角度，通过这些作品中所创造出的意象、意境进行感受、体验、领悟、理解、玩味，一起来领略其中的奥妙，以期观赏者能举一而反三。

一、江南宅园欣赏——苏州拙政园景观漫游

"江南园林甲天下，苏州园林甲江南"，明清时期的苏州成为中国最繁华的地区之一，私家园林遍布古城内外。16—18世纪全盛时期，苏州有园林200余处，直至今天，保存较好、能代表我国南方园林风格的著名园林尚有数十处，其中沧浪亭（宋）、狮子林（元）、拙政园（明）、留园（清）号称"姑苏四大名园"，拙政园更与扬州个园、北京颐和园、承德避暑山庄被共誉为"中国四大名园"。

苏州古典园林是具有自然野趣的"城市山林"，凝聚和再现了江南山水之美，是"咫尺山林"意境的设计杰作，是中国风景园林集艺术、自然构思完美结合而创造出的一种和美宁静，是全人类的优秀文化遗产。宅园合一的苏州古典园林具备完美良好的居住条件，在人口密集和缺乏自然风光的城市中，这种建筑形态是人类依恋自然、追求与自然和谐相处、美化和完善自身居住环境的一种创造，它融建筑美、自然美、人工美为一体，可览、可游、可居，反映了江南的高度居住文明，曾影响到整个江南城市的建筑风格，体现了在中国乃至世界园林艺术发展史上的重要地位。

第五章　园林艺术观赏、品评教育

PAGE
169

（一）数百年沧桑，中国私家园林之最

拙政园是一座具有浓郁江南水乡特色的古典园林，其布局设计、建筑造型、书画雕刻、花木园艺等方面都有独到之处，被誉为"中国私家园林之最"。拙政园的布局疏密自然，以池水为中心形成湖、池、涧等不同的景区，把风景诗、山水画的意境和自然环境的实境再现于园中：曲岸湾头的淼淼池水以闲适、旷远、雅逸和平静氛围见长，来去无尽的流水以蜿蜒曲折、深谷藏幽而引人入胜。平桥小径为其脉络、长廊逶迤填充虚空、岛屿山石映其左右，含蓄曲折、木映花承，使貌若松散的园林建筑各具神韵，创造出处处有情、面面生诗的意境。春日繁花丽景、夏日蕉弹雨声、秋日红蓼芦塘、冬日梅影雪月，无不四时宜人，余味无尽。拙政园的园林艺术在中国造园史上具有重要的地位，它代表了江南私家园林一个历史阶段的特点和成就，是我国民族文化遗产中的园林瑰宝。

明代正德四年（1509 年），官场失意还乡的朝廷御史王献臣建造此园，取晋代文人潘岳《闲居赋》中"灌园鬻蔬，以供朝夕之膳，是亦拙者之为政"之意，命名"拙政园"，历时 16 年而建成。早期王氏拙政园，有文徵明的拙政园"图"、"记"、"咏"传世，比较完整地勾勒出整体的面貌和风格。其时，园广袤约 200 余亩，园多隙地，中亘积水，浚沼成池。有繁花坞、倚玉轩、芙蓉隈及轩、槛、池、台、坞、涧之属，共有三十一景。竹树野郁、山水弥漫的近乎自然风光，充满浓郁的天然野趣。王献臣死后，其子一夜豪赌，将园输给徐氏。徐氏居此园五世，其子孙后亦衰落。

明崇祯四年（1631 年），园东部归侍郎王心一。王善画山水，悉心经营，布置丘壑，并以陶潜"归园田居"诗命名，有放眼亭、夹耳岗、啸月台、紫藤坞、杏花涧、竹香廊等诸胜，可分为四个景区。

清顺治二年（1645 年），清军攻占苏州，园中部入官为巡抚行辕。顺治十年（1653 年），大学士陈之遴购得此园，重加修葺，备极侈丽，后因贿赂罪，此园被充公、没为官产。此园先为驻防将军府，后为兵备道行馆，再后为吴三桂婿王永宁居所。康熙十二年（1673 年）吴三桂兵败，王永宁惧而先死，园遭籍没，再次荒落。康熙十八年（1679 年），属苏松常道署；二十三年（1684 年），康熙南巡曾游此园。拙政园还与《红楼

梦》的诞生相瓜葛，相传康熙末年，园的一部分为曹寅购得，曹雪芹就诞生在园内，少年时常在园中游玩，所以大观园的许多景致描写就取材于此。乾隆三年（1738年），归太守蒋棨所有，名"复园"，有"葺旧成新、旧观已复"之意，沈德潜作有《复园记》，袁枚、赵翼、钱大昕、范来宗、潘奕隽等都是这里的座上客。嘉庆十四年（1809年）为查世倓所得，二十五年（1820年）归吴璥，称吴园。同治十年（1871年）冬，江苏巡抚张之洞入居园内；次年改为"八旗奉直会馆"，园名仍"拙政园"。

乾隆三年（1738年），西部归太守叶士宽，名"书园"，后又属程、赵、汪等姓。咸丰十年（1860年），忠王李秀成率军攻占苏州。据《苏台麋鹿记》载："以复园吴宅东拓于潘，西拓于汪，兼而并之，建为王府。"光绪三年（1877年）西部归富商张履谦，名"补园"。

四百多年来，拙政园几度分合，或为私人宅园，或做"金屋"藏娇，或是王府治所，留下了许多耐人探寻的遗迹和典故。辛亥革命时，曾在拙政园召开江苏临时省议会。1938年，日伪江苏省政府在此办公。日本投降后，一度作为国立社会教育学院校舍。中华人民共和国成立后，曾由苏南行署苏州专员公署使用。1951年划归苏南区文物管理委员会时，园中亭阁残破，小飞虹及西部曲廊等处已坍毁，见山楼腐朽倾斜。后经按原样修复，并连通中、西两部，1952年10月竣工，11月6日正式对外开放，恢复初名"拙政园"。1954年1月划归市园林管理处，1955年重建东部，1960年9月东部整修完毕，拙政园东、中、西三部重归统一，完整开放。1961年3月4日列入首批全国重点文物保护单位，1997年12月4日被联合国教科文组织列入世界文化遗产名录。拙政园还是国家首批AAAAA级旅游点，每年都有数以百万计的中外游人前来观光游览，陶醉在古老、文明、典雅、淡秀的江南园林艺术欣赏之中。

（二）中国"四大名园"之一，江南宅园的佳作典范

拙政园，初建时"广袤二百余亩，茂树曲池，胜甲吴下"，共有若墅堂、梦隐楼等31景；现占地62亩，是苏州最大的古典园林。在茫茫的时空里，拙政园一直保持着它特有的无声诗、有声画的风格，无论近观远眺都突出意境，追根寻源与大才子文徵明有很大的关联。

文徵明，明代吴门画派的代表人物，以翰墨自娱，画风清远恬淡。园

主王献臣与文徵明交往甚密，建园之始请其设计蓝图，形成以水为主、疏朗平淡、近乎自然风景的园林风格。园建成后，文徵明经常被王氏邀至此宴饮、赏游，故而对园中美景乐而忘返，以致拙政园成了他创作的蓝本。他曾数次为拙政园作画，其中比较有影响、流传至今的有《文待诏拙政园图》，集诗、书、画于一体，各全其美、相互映发，堪称巨构杰作。《王氏拙政园记》石刻，字体疏朗清秀、风骨自在，现位于倒影楼下拜文揖沈之斋。《千字文》置西部水廊内，系文徵明80岁时所作的蝇头小楷，笔势空灵飞动、书法高超，其艺术风格与拙政园的典雅特色似乎有着某些契合之处。名人名园、交相辉映，所谓"园亭之盛，必假名流觞咏，始能传于不朽"。文徵明名声鼎盛，后世追慕感怀，故拙政园虽屡废也屡依画而建。拙政园历经几百年的沧桑变迁，终使它能穿越时空，至今仍保持着平淡疏朗、旷远明瑟的明代风格，成为园林史上的奇迹，江南私家宅园的代表作。

拙政园总体布局以水体为中心，各式亭轩楼阁临水而筑。全园分东、中、西和住宅四部分，各具纤秀精美之特色：

东部（原"归园田居"）约31亩，因归园早已荒圮，现有景物大多为新建，其中芙蓉榭、天泉亭、秫香馆等主要建筑是移建，布局以平冈草地为主，配以山池亭榭，仍保持旧园的疏朗风格。拙政园的入口即设在南端。

中部（也称"复园"）约18.5亩，以池岛假山取胜，水面有分有聚，临水参差错落地建有形体不同的楼台亭榭，是全园的精华所在。虽历经变迁已与早期拙政园有较大差异，但还是以水为主、池中堆山、环池布置堂榭亭轩，基本上延续了浑厚、质朴、疏朗的明代格局。从咸丰年间和同治年间《拙政园图》以及光绪年间《八旗奉直会馆图》中，可以看到山水之南的海棠春坞、听雨轩、玲珑馆、枇杷园和小飞虹、小沧浪、听松风处、香洲、玉兰堂等庭院景观与现状诸景毫无二致。

西部（原"补园"）约12.5亩，有曲池折水与中部大池相接，沿池岸筑有波形水廊以沟通自身景域。隔池北望的山上建有浮翠阁，可登阁俯览全园，又能借景园外。现有布局形成于光绪三年（1877年），由张履谦修葺。园内建筑以乾隆时期形成的园林艺术风格为主，水石部分同中部景区较接近，起伏、曲折、凌波而过的水廊、溪涧是苏州园林造园佳构。

盆景园与雅石斋是镶嵌在拙政园中的两颗璀璨的明珠：西部一片清影摇曳的竹篱墙内，集萃着50余个品种、近万盆的苏派盆景精品。雅石斋位于中部一个池水游廊萦绕的幽静小院，室内陈列着佳品奇石，千姿百态的各种奇石配以红木座架置于案桌、条几，越显钟灵毓秀。

住宅区主要建筑为康熙年间遗构：中轴线上有轿厅、大厅和两进楼厅，其间还有砖雕门楼、明代紫藤，外有隔河照墙。东路有鸳鸯花篮厅、四面厅等。此处在1992年建成为我国第一座园林专题博物馆"苏州园林博物馆"，设园原、园史、园趣、园冶四个展厅，展现了苏州园林两千多年的历史变迁。

（三）秋水长林，致有爽气；诗境独特，曼妙奇思

拙政园以水为魂，水面约占全园的三分之一，足可表现园主的江湖之志。布局采取分割空间、利用自然、对比借景等手法，因地造景山，径水廊起伏曲折，景随步移，山光水影自然谐情，是极具江南水乡特色的城市园林。恽格在《作拙政园图》所题时，点出了园景所寓的主题："秋水长林，致有爽气。独坐南轩，望隔岸横岗，……使人悠然有濠濮间趣。"拙政园的另一独特之处便是亭阁之名的诗情画意：在流连感叹它的韵致幽雅与浓浓的文化氛围中，歇乏于"与谁同坐轩"，侧耳于"留听阁"，品味着"旧雨照明园，风前煎茗琴"的诗句，定会思绪如缕、感慨良多，不由得钦佩创意人的曼妙奇思，实为诗境独特的精品之作。

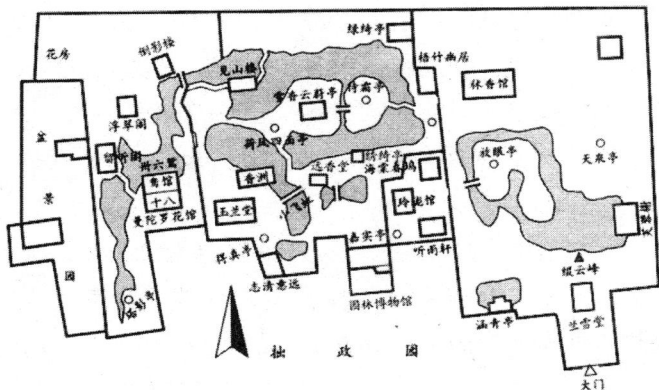

图2　拙政园平面示意图

1. 东部景区

原为明代"归园田居"旧址，1951年加以重建，布局以平冈远屿、竹坞曲水为主。主要景点有兰雪堂、芙蓉榭、天泉亭、秫香馆等。入园门，主要建筑兰雪堂，周围以桂、梅、竹屏之。东侧为面积旷阔的草坪。坪西堆土筑山，四周流水萦绕、岸柳低垂，间以石矶、立峰，临水建有水榭、曲桥。黑松、金桂、青枫、香樟、玉兰等古木佳树广植园中，具疏朗自然、古旷山野之趣。再西有一道依墙的复廊，上有漏窗透景，又以洞门数处与中区相通。

兰雪堂，是东部的主要厅堂。进入拙政园大门，经过一座空旷的庭院，前面是一道粉墙，东、西各有一个对称的圆洞门，门额为隶书"入胜"、"通幽"。由"入胜"门入内不足数十步，便是兰雪堂。此堂坐北朝南三开间，长窗落地，匾额"兰雪堂"。堂正中有屏门相隔，屏门南面为《拙政园全景图》、北面为《翠竹图》，全部采用苏州传统的漆雕工艺，屏门两边的槅扇裙板上刻有人物山水。兰雪堂始建于明崇祯八年（1635年），据园主王心一《归园田居记》记载为五楹草堂："东西桂树为屏，其后则有山如幅，纵横皆种梅花。梅之外有竹，竹临僧舍，旦暮梵声，时从竹中来。"堂为新建而用旧名，取意于李白"独立天地间，清风洒兰雪"诗句。堂前两棵白皮松苍劲古拙，墙边修竹苍翠欲滴，湖石玲珑、绿草夹径，环境幽僻。

涵青亭，居于园西一隅，空间范围比较局促。但造园家以高大的白墙作底，建了一座一主二从的组合式半亭：主亭平座挑出于水面之上，犹如水榭；两侧副亭略向后退，朝左右展开，似廊又非廊。主亭发两只戗，副亭发一只戗，亭姿犹如一只展翅欲飞的凤凰，给本来平直、单调的墙体增添了劲舞的动势。斜倚亭边美人靠小坐，天光云影水间，锦鲤游弋、荷莲轻浮。

秫香馆，为东部的主体建筑。王心一在《归园田居记》中说："折北为秫香楼，楼可四望，每当夏秋之交，家田种秫，皆在望中。"秫香指稻谷飘香，以前墙外皆为农田，丰收季节的秋风送来一阵阵令人心醉的稻谷清香，馆亦因此得名。秫香馆面水隔山，为单檐歇山结构，室内宽敞明亮，长窗裙板上的黄杨木雕共有48幅，据行家考证，一部为《西厢记》，另一部为《金玉如意》。其中《西厢记》一出中有"张生跳墙会莺莺"、

"拷红"、"长亭送别"等场景，雕镂精细，层次丰富，栩栩如生。夕阳西下，一抹余晖洒落在秫香馆的落地长窗上，加上精致的裙板木雕，更显得古朴雅致、别有情趣。

当代国学大师钱仲联亲为撰联：

> 此地秫花多说部，曹雪芹记"稻香村"，虚构岂能夺席；
> 四时园景好诗家，范成大有《杂兴》作，高吟如导先声。

上联抑虚构的稻香村、扬现实的秫香馆，下联系（宋）范成大《四时田园杂兴》诗。联语典故用得清新，词语洒脱而不失雅致，耐人回味。不过此时秫香馆周围，已不是稻菽，而是碧绿莲叶粉白莲花了；秫香馆前的路旁摆放着陶缸，缸中栽种着不同品种的莲，碧叶伸手可抚洁静、莲花凑近可闻花香。

缀云峰位于兰雪堂北，为人工堆叠的一组峰石，高耸在绿树竹荫中；山西北又有双峰并立，取名"联壁"。缀云峰、联壁峰为归园田居的园中景点。王心一《归园田居记》载，兰雪堂前有池，"池南有峰特起，云缀树杪，名之曰缀云峰。池左两峰并峙，如掌如帆，谓之联壁峰"。为明末叠石名家陈似云作品，所用湖石玲珑细润，以元末赵松雪山水画为范本。

缀云峰的形态自下而上逐渐增大，其巅伟如云状，岿然独立，旁无支撑。1943 年夏夜，缀云峰突然倾圮，后在园林专家汪星伯的指导下，重新堆成了这座高达两丈、玲珑天矫的奇峰。峰下有洞"小桃源"，步游入洞，桑麻鸡犬、别成世界。

天泉亭是一座重檐八角亭，出檐高挑，外部形成回廊，庄重质朴；围柱间有坐槛，可以坐歇欣赏。四周草坪环绕，花木扶疏，亭北平岗小坡，林木葱郁。亭名之所以取"天泉"，是因为它的下面有一口井，终年不涸、水质甘甜。据《乾隆长洲县志》记载：元朝大德年间，这一带有一座寺庙叫大宏寺，又过了百来年，馀泽和尚居住在这里，并建了一所"东斋"，斋前有井，称"天泉"。苏州是水乡泽国，河多、桥多、井也多，但被载入史册的则不多见。王心一建"归园田居"时，保留了这口井，也使园中平添几许田园风光。

芙蓉榭为广池边的水榭，卷棚歇山顶，四角飞翘，一半建在岸上、一半伸向水面，凌空架于水波之上，伫立水边、秀美倩巧，面临广池、池水

图3 缀云峰

清清，是夏日赏荷的好地方。榭是我国古典园林中一种很美的建筑形式，凭借周围风景而构成，形式灵活多变。漫步芙蓉榭，凭栏四顾，可见满池青翠、粉黛出水，风流丽质似亭亭玉立的仙子在碧波中美目流盼；微风骤起，掀起一片绿浪、送来阵阵荷香。临水的门框装有一个雕花的长方形落地罩，透过"框景"，可尽情领略荷花的娇美、幽雅和高洁的风骨。东部和中部之间用一条长长的复廊隔开，沿着花墙走，先觉得平常无奇，可一走到花墙的"将军门"，往中园一望，真是"惊艳"！如果将军门是取景框，那么近景是中园的荷花池：田田莲叶延伸到远处，池边杨柳万绦披拂；远景是池上的桥，桥边的亭和楼阁，再远的是山，更远的是几百米外的北寺塔……长廊的墙壁上开有25扇花窗，使两边的景色隔而不断、远景近观，参差迭换，每一步都看到不同的画。

2. 中部景区

中园以水为主，是全园的精华部分：水面约占五分之三，建筑群多临水，保持了明代清逸古朴的造园风格，是我国江南园林的代表作品。其总体布局以荷花池为中心，亭台楼榭皆临水而建，有的亭榭则直出水中，具有江南水乡的特色。腰门处一丘假山遮断视线、景深莫测，《红楼梦》描写的大观园入口处的景色，或许正是作者由此受到的启迪。假山过处，眼前豁然开朗：主建筑"远香堂"之南有平台池水，黄石假山。堂之东为枇杷园，园中以轩廊小院自成一区。堂之西，循曲廊接小飞虹廊桥和小沧浪水院。堂之北境界大开，池中以杂土石形成岛山两座，静水倒影如画，山岛碧若浮玉，而环绕远香堂所配置的林木花卉，则随时令演替而生景不绝。远香堂之西的"倚玉轩"与其西面船舫形的"香洲"遥遥相对，两者与其北面的"荷风四面亭"成三足鼎立之势，都可随处赏荷。西北有见山楼，四面环水，登楼可远眺虎丘。香洲西南的玉兰堂环境幽雅，小院种植玉兰、天竺，相传是文徵明作画之所。由此循西廊北上，"柳荫路曲"南端有半亭"别有洞天"，穿洞门至西区。

远香堂是拙政园中部的主体建筑，为清乾隆时所建，单檐歇山顶、面阔三间，青石屋基是明正德原若墅堂的旧址原物，室内陈设典雅精致。它面水而筑，堂北的宽阔平台连接荷花池，水中遍植荷花，故根据宋代周敦颐《爱莲说》中的"香远益清"句意，以为堂名。园主借花自喻，表达了园主高尚的情操，匾额"远香堂"为文徵明所书。堂中有一副苏州诸多园林中最长的80字楹联，记载了当年八旗奉直会馆达官贵人聚会时的盛况。四周装饰透明玲珑的玻璃落地长窗，规格整齐。由于长窗透空、池水旷朗清澈，四周各具情趣的景物、山光水影尽收眼底，犹如观赏山水长卷。堂南小池假山，竹木扶疏，层峦叠翠。夏日池中荷叶田田，荷风扑面，清香远送，是赏荷的绝佳去处。

枇杷园位于远香堂东南面，是中部花园的园中之园。全园以庭院建筑为主，有玲珑馆、嘉实亭、听雨轩和海棠春坞等，用"隔景"的造景手法把空间分割为三个小院，既隔又连、互相穿插，在空间处理和景物设置方面富有变化。每个庭院的天井，用肉眼看似一般大，但其实不然：海棠春坞尺寸较小，但开了几个漏窗，使天井显得比较宽敞；玲珑馆前的云墙造得较矮，视野开阔就显得大；听雨轩前的天井面积比较大，就开了一个小

图 4　小飞虹

池塘，使天井大小适宜，园景丰富。

小飞虹，长 8.60 米、宽 1.48 米，凌空飞架水面之上，又称"廊桥"。形制很特别：廊下的桥体为三跨石梁，东西两跨呈斜坡状八字形微微拱起，使这条水上长廊成弓形；桥两端与曲廊相连，朱红色桥栏倒映水中，水波粼粼，宛若飞虹，廊东悬一横匾，上书"小飞虹"三字，取自南北朝宋代鲍照《白云》诗"飞虹眺秦河，泛雾弄轻弦"。虹，是雨过天晴后横跨大地的一架绚丽的彩桥，古人以虹喻桥，用意绝妙，它不仅是连接水面和陆地的通道，而且构成了以桥为中心的独特景观。文徵明有《拙政园小飞虹图》咏："知君小试济川才，横绝寒流引飞渡。"整条长廊三间八柱，有两两相对的八根黑漆圆柱稳稳架起廊顶，廊顶上铺设黛瓦，两边花边滴水檐，檐下还饰以镂空花边挂落，桥面两侧设有朱红色万字木护栏，长廊内垂吊古色古香的宫灯盏盏，是苏州园林中唯一的一座精美廊桥。

小沧浪是一座三开间的水阁，取自《孟子》"沧浪之水清兮，可以濯我缨，沧浪之水浊兮，可以濯我足"之意，外形十分别致，似房非房、似船非船、似桥非桥，南窗北槛。两面临水，跨水而居，完全是架在水面上的一座水阁。水阁横跨池上，将水面再度划分，把到此结束的中园水尾营造得貌似绵延不断。亭廊围绕，构成一个开敞的幽静水院。苏州古城文人雅士、官宦人家众多，无论是华屋巨宅还是一般住房，都特别注意庭院小空间的修饰，而水庭院则只有这绝无仅有的小沧浪。它一方面因水造景体现了江南水乡风情，另一方面院落内外互相借景而构建了一个特别清凉的环境。从小沧浪往北看，廊桥"小飞虹"倒映在水中，犹若彩虹。这里是观赏水景的最佳去处，只见藕香榭前各路水源汇聚一池，水波荡漾，似乎"浩浩汤汤，横无际涯"。到了香洲前，突然分流四去，其中一脉支流弯弯曲曲、扑面而来，经"小飞虹"、过"小沧浪"，有一种余味未尽的感觉。"水面有聚有散，聚处以辽阔见长，散处以曲折取胜"的理水手法的妙用，在此可见一斑。

荷风四面亭，坐落在园中部的池中小岛，因荷而得名：亭四面皆水，湖内莲花亭亭玉立，湖岸柳枝丝丝婆娑，最宜夏暑纳凉观景。亭单檐六角、四面通透，亭中抱柱联"四面荷花三面柳，半潭秋水一房山"用在此处十分贴切。亭是园林中最为开敞的建筑物，柱间无墙，所以视线不受遮挡、备感空透明亮。虽然无壁，然而三面河岸垂柳茂盛无间，四周芙蓉偎依簇拥，不是密密匝匝地围成了一道绿色的香柔之墙吗？动人的夸张和丰富的想象，使这座岛上的小亭愈发显得亭亭可人。风吹墙动，绿浪翻滚，清香四溢，色、香、形俱佳。春柳轻、夏荷媚、秋水明、冬山静，四季皆宜。若从高处俯瞰荷风四面亭，但见亭出水面、飞檐出挑、红柱挺拔、基座玉白，分明是满塘荷花怀抱着的一颗光灿灿的明珠。

梧竹幽居为中部池东的观赏主景，是建筑风格独特、构思巧妙别致的一座方亭。外围为廊，红柱白墙，飞檐翘角，背靠长廊、面对广池，旁有梧桐阴荫、翠竹生情。亭的绝妙之处还在于四周白墙开了四个圆形洞门，洞环洞、洞套洞，在不同的角度可看到重叠交错的分圈、套圈、连圈的奇特景观。四个洞门既通透、采光、雅致，又形成了四幅花窗掩映、小桥流水、湖光山色、梧竹清韵的美丽框景画面，意味隽永。楹联"爽借清风明借月，动观流水静观山"为清末名书法家赵之谦撰书，上联连用二个借字点化出人与自然和谐相处的亲密之情，下联则用两个观字描绘出动静和虚实间相互映衬的趣味之景。

听雨轩在嘉实亭之东，与周围建筑用曲廊相接。轩前一泓清水，植有荷花。池边有芭蕉、翠竹，轩后也种植一丛芭蕉，前后相映。文人咏芭蕉的诗句颇多，如五代时南唐诗人李中的"听雨入秋竹，留僧覆旧棋"、宋代诗人杨万里的"蕉叶半黄荷叶碧，两家秋雨一家声"、现代苏州园艺家

图5　听雨轩

周瘦鹃的"芭蕉叶上潇潇雨，梦里犹闻碎玉声"等均脍炙人口。这里芭蕉、翠竹、荷叶都有，各具情趣的雨声，真是绝妙别具。

宜两亭踞于中园和西园分界的云墙边，亭基较高，六面置窗，窗格为梅花图案。别有洞天靠左叠有假山一座，沿石径而上，有一座六角形的亭子位于山顶，这就是宜两亭。登之可以俯瞰中部的山光水色，邻家西园的花影、曲廊、水池、山石也一一映入眼帘。从中花园观景，层层递进的景色展开后，宜两亭突出于廊脊之上，使整个景色变得绵延不尽，形成非常深远的景观空间，这是造园技巧上"邻借"的典型范例。

"宜两"出自一个有趣的故事。唐代白居易曾与元宗简结邻而居，院落中有高大的柳树探出围墙，可为两家共赏，白居易以"明月好同三径夜，绿杨宜作两家春"来比喻邻里间的和睦相处。当年，拙政园的中园和西园分属两家所有，西园主人不建高楼而改为堆山筑亭。西家可以在亭中观赏到十分羡慕的中园景色，而中园主人在园中亦可眺望亭阁高耸的一番情趣，借亭入景、丰富景观。一亭宜两家，添景更添情。

香洲是拙政园中的标志性景观之一，为中国古典园林中造型最为美观的舫，集中了亭、台、楼、阁、榭五种建筑类型：船头是荷花台，前舱是四方亭，中舱为面水榭，船尾是野航阁，阁上起澄观楼。两层舱楼通体高雅而洒脱，线条柔和起伏，比例大小得当，其身姿倒映水中，更显得纤丽

图6　香洲

而雅洁。船头悬有文徵明题写的"香洲"匾额，取自屈原《楚辞》中"采芳洲兮杜若，将以遗兮下女"，寄托了文人的理想与情操。古时常以香草来比喻清高之士，此处以荷花来喻意香草，也很得体。

在苏州园林中，舫是一种常见的建筑类型，以船来激活水，为园林营造了一种自然之趣，反映了江南的水乡特色。香洲位于水边，正当东、西水流和南北向河道的交汇处，三面环水、一面依岸，由三块石条所组成的跳板登"船"；站在船头，四周开敞明亮，波起涟漪、满园秀色，令人心爽：烈日酷暑，此地却荷风阵阵，举目清凉；天寒地冻，这里照样是鸟飞鱼翔，胜似春光。舫西是船尾，有小门通往玉兰堂后，门楣题额"野航"两字，取杜甫"野航恰受二三人"诗意，点出了景观主题。香洲这条旱船，建筑手法典雅精巧、引人入胜，使人感到一种对高洁人格的追寻。

别有洞天一景是苏州园林中通过借景来实现"园外有园"景观的典型范例，半亭之上、两旁古木翠柳丛中，有特意留出的空间。在这里，你会奇妙地发现：北寺塔淡淡的塔影耸立天际、被园内浓密的树荫簇拥着，而北寺塔的倒影则荡漾在清澈的碧波之中。一上一下，不仅相映成趣，而且巧妙地构成了"远寺浮屠"、"绀字凌空"的景象。没有塔的拙政园将园外景引入园内，极大地拓远了拙政园的空间、丰富了拙政园的天际线。

3. 西部景区

西区面积约 12.5 亩，有曲折水面和中区大池相接。园也以池水为中心，主厅是一座鸳鸯厅。鸳鸯厅是西园的主体建筑，精美华丽，为一座建筑美化了的"鸳鸯厅"结构：外面看是一个屋顶，里面有四个屋面；外面看是一个大厅，内部一分为二成两个厅房，南部叫"十八曼陀罗花馆"，北部叫"卅六鸳鸯馆"，一座建筑同时有两个名字。这是古建筑中的一种鸳鸯厅形式，以馆之中央的银杏木雕玻璃屏风、罩、纱槅将一座大厅分为两部，梁架一面用扁料、一面用圆料，似两进厅堂合并而成，其作用是南半部宜于冬、春，北半部宜于夏、秋。鸳鸯厅面阔三间，外观为硬山顶，平面呈方形；四隅建有四角攒尖的精巧耳房，又叫暖阁；北半部挑出于水面，由8根石柱撑住馆体架于池上。主人张履谦集欧阳修诗句成联："燕子来时，细雨满天风满园；阑干倚处，青梅如豆柳如烟。"馆之东有六角形宜两亭，南有八角形塔影亭，再往北可到留听阁。池东沿墙筑有一条呈波浪形的临水游廊，俗称水廊，是苏州园林建筑中的又一典型形式。池北有扇面亭"与谁同坐轩"，造型小巧玲珑；北山建有八角二层的浮翠阁，亦为园中的制高点；东北为倒影楼，同东南隅的宜两亭互为对景。西部景区，水面迂回，布局紧凑，依山傍水建以亭阁，台馆分峙、回廊起伏，水波倒影、清幽恬静，别有一番情趣。

（北厅）卅六鸳鸯馆临清池，夏、秋时推窗可见荷池中芙蕖浮动、鸳鸯戏水。东汉时大将军霍光有"园中凿大池，植五色睡莲，养鸳鸯卅六对，望之灿若披锦"，馆名即取其意，匾额为清同治年间苏州状元洪钧题写。馆内顶棚采用连续四卷的拱形状，既弯曲美观、遮掩顶上梁架，又利用这弧形屋顶来反射声音来增强音响效果，使得余音袅袅、绕梁萦回。张履谦好昆曲，在厅中铺一方红氍毹，吹笛弄箫，吟歌唱曲。厅内陈设考究，古色古香，书画挂屏、家具摆设配置精当。晴天由室内透过蓝色玻璃窗观看，室外景色犹如一片雪景。

（南厅）十八曼陀罗花馆，厅南向阳，小院围墙既挡风又聚暖，并使室内有适量的阳光照射，宜于冬、春居处。曼陀罗花即山茶花，张履谦建此馆时曾栽种18株名贵的山茶花。冬季百花凋零，山茶却"树头万朵齐吞火，残雪烧红半个天"，表现出蓬勃的生命力，展示着独特的季相美。此馆匾额是苏州的另一个晚清状元陆润庠所题，苏州方言中洪、陆谐音"红、绿"，这一红（洪）一绿（陆）同邑两状元为同一建筑写匾额，为厅堂增色不少。

图7　波形廊

　　波形廊是西花园与中花园交界处的一道界墙，即是以黄石、湖石混合堆砌而成的水廊，因随势高下、状若波涛起伏，故而人称波形廊，在苏州古典园林中独树一帜，是别处园林中少见的佳构。从平面上看，水廊临水而筑，呈"L"形环池布局，分成两段：南段从别有洞天入口，到卅六鸳鸯馆止；北段止于倒影楼，悬空于水上。这里原来是一堵分隔中、西园的水墙，作为两园之间的分界横在那里，如何规划成景颇费踌躇。聪明的工匠借墙为廊、凌水而建，以一种绝处求生的高妙造园手法来打破僵直、沉闷的墙面：将廊的下部架空，犹如栈道一般，依水势作成高低起伏、弯转曲折状，使景观空间富于弹性，具有韵律美和节奏感。由南往北，经过一系列形态变化之后，突然出现大幅度转折，把它拉离园墙一段距离，使之突出于水池之上，低贴水面，左右凌空；廊顶变化如亭盖，临水处立小石栏柱两根，犹如钓台一般，在波形廊靠近倒影楼的近终点处，于其下部设一孔水洞，让廊跨越而过，使园的中、西部水系相通，廊体也拔高至最高点。远看水廊，便似长虹卧波，气势不凡。

　　倒影楼位于卅六鸳鸯馆的北面，因为从面前池塘里可以清楚地看到这幢楼阁的倒影而取名，是以观赏水中倒影为主的景点。倒影楼分两层，楼上原是园主儿媳王氏的书房，楼下是为"拜文揖沈之斋"。文徵明、沈周（石田），均是苏州著名的画家。拙政园之蜚声江南，是与大画家、大诗人文徵明分不开的，西园园主张履谦为表达自己的景仰之情，于光绪二十年（1894年）特建此楼以资纪念，将自己收藏的文徵明、沈石田画像和《王氏拙政园记》拓片以及俞粟庐书《补园记》石刻嵌在楼下左右两壁。中间裙板上雕刻有扬州八怪之一郑板桥的无根竹图真迹。面水的一侧于柱间安装通透玲珑的长窗，窗内有木质低栏，倚栏而立可凭水观景。左有波形长廊相衬，右有"与谁同坐轩"相映，尤其是这些景物的倒影如画，尽入眼中。水底明月，池中云彩，波影浮动，景色绝佳。此楼四周遍植桂花无数，入秋观罢残荷赏金桂，桂香如酒令人醉。无论是读书习字、吟诗作画，还是观景自娱，皆环境可人、幽香可爱。

图8　留听阁

留听阁位于卅六鸳鸯馆的西北面，为单层阁，体型轻巧，四周开窗，阁前置平台。阁内有雕刻成云龙图案的楠木落地罩和螺钿雕漆屏风等，清代银杏木立体雕刻的松、竹、梅、鹊飞罩，采用浮雕、镂雕、圆雕相结合的手法，刀法娴熟、技艺高超、构思巧妙，将"岁寒三友"和"喜鹊登梅"两种图案糅合在一起，接缝处不留痕迹、浑然天成，是园林飞罩中不可多得的精品。从整体外形看，留听阁是一个抽象化的船厅，厅前平台如船头。左侧池塘中种满了荷花，荷花生长期间其叶、蕾、花、果皆有姿有态，观赏期特长，从春末夏初池面冒出点点绿钱，到盛夏时节的满池华盖，直至秋意浓浓的枯叶残花，每一个阶段都有其独到的美。唐代李商隐有"秋阴不散霜飞晚，留得残荷听雨声"的名句，留听阁就是取此诗意。

浮翠阁是一座八角形的双层建筑，四面皆窗。因这里是全园的最高点，所以在阁上，可舒目远眺，在有限的空间里，你会发现这里能享受到一种极目无限的快感。

与谁同坐轩，名取自宋代大诗人苏东坡的词《点绛唇·闲倚胡床》："闲倚胡床，庾公楼外峰千朵，与谁同坐，明月清风我。"此轩依水而建，呈扇形，因其内门、窗、桌、凳都为扇形而又称扇亭。扇面两侧实墙上开着两个扇形空窗，一个对着"鸳鸯厅"，另一个对着倒影楼，后面面山的那一窗中又正好映入山上的笠亭，而笠亭的顶盖又恰好配成一个完整的扇子。"与谁同坐轩"匾额为清代姚孟起书写，是一种特别的隶书。窗两边用杜甫的诗句"江山如有待，花柳更无私"作联，也是隶书，书者为清代的何绍基。杜甫的两句诗把"江山"和"花柳"都拟人化了，仿佛它们都是有情的，在等待着人们的观赏：清水池上，绿树丛中，可赏水中之月、可受清风之爽。扇形亭在树木和花丛的衬托下，倒影于池中，池水随微风轻拂，呈现出虚实对照，自成妙景。

图9　见山楼

见山楼是一座江南风格的民居式楼房：重檐卷棚，歇山顶坡度平缓，粉墙黛瓦色彩淡雅，楼上的明瓦窗保持了古朴之风，高而不危、耸而平稳，与周围的景物构成均衡的画面。见山楼三面环水、两侧傍山，从西部可通过平坦的廊桥进入底层，而上楼则要经过爬山廊或假山石级。底层被称做"藕香榭"，沿水的外廊设吴王靠，小憩时凭靠可近观游鱼、中赏荷花，远则园内诸景如画一般地在眼前缓缓展开。上层为见山楼，楼名出自陶渊明名句"采菊东篱下，悠然见南山"。此楼高敞，临窗近观则园中景色尽收眼底，扶疏远眺可西部群山尽显眼前。春季满园新翠，姹紫嫣红；夏日熏风徐来，荷香阵阵；秋天池畔芦荻迎风，寒意萧瑟；冬时满屋暖阳，雪景宜人。见山楼依山而筑、临水而建，楼上楼下互不相通，比较安全，相传太平天国时期曾被忠王李秀成选为办公之所。

塔影亭是园中最精致华丽的建筑物之一，从顶部到底座及四周窗格均为正八角图案。在留听阁船台，回头望塔影亭，十分美妙：狭长的纵向水系拉开了层次、隔开了距离，增强了水湾的纵深感。那攒尖的八角亭印入水中，宛如宝塔、端庄怡然。真亭假塔，虚实相连，不失为西部花园中一个别致的景观。在拙政园中，有两处景观与宝塔有关：一处是在倚虹亭看远借的园外北寺塔，还有一处便是这借水景而成的塔影亭。但在中花园中看到的宝塔是实体，而在西花园中看到的宝塔是虚体。不论是真塔远望，还是假塔近观，都让人产生丰富的联想、留下深刻的印象。塔影亭所处的位置并不显眼，已到了花园的尽头，聪明的主人在水源将尽处筑了一个小亭，若将整个西园比做一首旋律优美的乐曲，那么塔影亭就是这最后一节音符。戛然而止的乐曲让人觉得突兀，而此处有了塔影亭则组成了完整的乐章。更妙的是，不只有亭、还有影，犹如曲终遗音余韵不绝，耐人回味。

（四）独具个性的特点，古典文学的形象范本

现代著名建筑师童隽在《苏州园林》中写道："中国园林实际上正是一座诳人的花园。是一处真实的梦幻佳境，一个小的假想世界。"苏州园林是中国传统美学的完整体现，园林的主人是诗人、画家，也是园丁和工匠，数不尽的文人骚客在亭台楼阁之间流连诗酒、吟风弄月，硬生生地把苏州园林打造成一个个中国古典文学的形象范本。

王献臣建园之期，曾请文徵明为其设计蓝图，形成以水为主、疏朗平淡、近乎自然风景的园林风格。拙政园初建时"广袤二百余亩，茂树曲池，胜甲吴下"，共有若墅堂、梦隐楼等31景。在茫茫的时空里，拙政园一直保持着它特有的无声诗、有声画的风格，无论近观远眺都很有意境。拙政园的不同历史阶段，园林布局有着一定区别，特别是早期拙政园与今日现状并不完全一样。正是这种差异，逐步形成了拙政园独具个性的特点：

1. 因地制宜，以水见长

据《王氏拙政园记》和《归园田居记》记载，园地"居多隙地，有积水亘其中，稍加浚治，环以林木"，"地可池则池之，取土于池，积而成高，可山则山之。池之上，山之间可屋则屋之"。充分反映出拙政园利用园地多积水的优势，疏浚为池，望若湖泊，形成荡漾渺弥的个性和特色。拙政园中部现有水面近6亩，约占园林面积的三分之一，"凡诸亭槛台榭，皆因水为面势"，用大面积水面造成园林空间的开朗气氛，基本上保持了明代"池广林茂"的特点。

2. 疏朗典雅，天然野趣

早期拙政园，林木葱郁，水色迷茫，景色自然。园林中的建筑十分稀疏，仅"堂一、楼一、为亭六"而已，建筑数量很少，大大低于今日园林中的建筑密度。竹篱、茅亭、草堂与自然山水融为一体，简朴素雅，一派自然风光。拙政园中部现有山水景观部分，约占据园林面积的五分之三。池中有两座岛屿，山顶池畔仅点缀几座亭榭小筑，景区显得疏朗、雅致、天然，具有明代风范。

3. 庭院错落，曲折变化

拙政园的园林建筑，早期多为单体，到晚清时期发生了很大变化。首先表现在厅堂亭榭、游廊画舫等园林建筑明显地增加，中部的建筑密度达到了16.3%。其次是建筑趋向群体组合，庭院空间变幻曲折。如小沧浪，从文徵明拙政园图中可以看出，仅为水边小亭一座。而八旗奉直会馆时期，这里已是一组水院，由小飞虹、得真亭、志清意远、小沧浪、听松风处等轩亭廊桥依水围合而成，独具特色。水庭之东还有一组庭园，即枇杷园，由海棠春坞、听雨轩、嘉实亭三组院落组合而成，主要建筑为玲珑馆。在园林山水和住宅之间，穿插的这两组庭院，较好地解决了住宅与园林之间的过渡。同时，对山水景观而言，由于这些大小不等的院落空间的对比衬托，主体空间显得更加疏朗、开阔。

这种园中园、多空间的庭院组合以及空间的分割渗透、对比衬托，空间的隐显结合、虚实相间，空间的蜿蜒曲折、藏露掩映，空间的欲放先收、先抑后扬等手法，其目的是要突破空间的局限，收到小中见大的效果，从而取得丰富的园林景观。这种园中园式的庭院空间的出现和变化，究其原因除了使用方面的理由外，也与园林面积缩小有关。光绪年间的拙政园仅剩下了 1.2 公顷园地，因而造园活动首要解决的课题是在不大的空间范围内，能够营造出自然山水的无限风光。

4. 园林景观，花木为胜

拙政园向以"林木绝胜"著称，数百年来一脉相承，沿袭不衰。早期王氏拙政园三十一景中，三分之二景观取自植物题材：如桃花片，"夹岸植桃，花时望若红霞"；竹涧，"夹涧美竹千挺"、"境特幽回"；瑶圃百本，"花时灿若瑶华"。归田园居也是丛桂参差，垂柳拂地，"林木茂密，石藓然"。每至春日，山茶如火，玉兰如雪，杏花盛开，"遮映落霞迷涧壑"。夏日之荷，清香扑面。秋日之木芙蓉，如锦帐重叠。冬日老梅偃仰屈曲，独傲冰霜。仅中部 23 处景观，80% 以植物为主景：如远香堂、荷风四面亭的荷，倚玉轩、玲珑馆的竹，待霜亭的橘，听雨轩的竹、荷、芭蕉，玉兰堂的玉兰，雪香云蔚亭的梅，听松风处的松，以及海棠春坞的海棠，柳荫路曲的柳，枇杷园、嘉实亭的枇杷，得真亭的松、竹、柏等。至今，拙政园仍然保持了以植物景观取胜的传统，荷花、山茶、杜鹃为著名的三大特色花卉。文徵明当年亲手种植的紫藤，历经 400 余年，仍身姿矫健、绿荫满庭，被称为"苏州三绝"之一。

苏州园林，那杨柳扶风的娟秀、白墙灰瓦的内敛，凝聚的是中国古代的中庸哲学，追求的是天人合一的东方审美。拙政园游人不断，可是身在其间，你却感觉不到喧闹和拥挤。她像一位极富涵养而胸怀无私的丽人，以自己平和、温馨的面目接纳着崇尚与钦佩自己的来访者。用幽雅的风姿、宁馨的气度愉悦于人，用淳朴、自然与亲切与你贴得如此之近。而她博大深刻的思想，则持续着自己不变的永恒。

附录一：拙政园游记（摘自人民网。原作者孤山，题目已改动。）

"上有天堂，下有苏杭"，很小的时候就常听人们这么说，其时就所能想象到的最美好程度与物象，都附丽于这个地名之上。在苏州每一处观光的景点，你都能听到不同导游以此作为共同的开场白。同时，他们还要着重强调说："苏州排在了杭州的前面，是第一。"

在苏州游览，最好的地方我想就是拙政园了。只要你走出拙政园，再看苏州的其他园林，尽管留园、沧浪亭、网师园、狮子林同拙政园一道都拥有"世界遗产"称号，但总有品茗后再饮白水的感觉。当你赏留园的典雅、觅沧浪亭的古朴、品网师园的精巧、揽狮子林的湖石之胜后，你会极为自然地想起"似曾相识燕归来"这一诗句。而在你的内心，会无数次地回望拙政园，因它清丽的气息而顾盼，为它深邃的神韵所迷醉。

大凡中国的念书人，都有一种《红楼梦》情结，也许这就是所谓的文化沉淀吧！《红楼梦》使你不得不去读拙政园，拙政园又令你不得不更爱《红楼梦》，拙政园是解读《红楼梦》的一把钥匙。在拙政园，单是这郁郁葱葱的蕙草佳木、艳卉香蕊，就使你觉出天道之不公、上苍之独爱。高树蔽日，碧叶盈风，层层叠翠，处处生霭。湖石形神怪异，嵯峨者造山，嶙峋者构洞；其间，布绿竹簇簇积云，挑苍藤盘绕织舍。石径旁，杜鹃似染血，玉兰如凝霜；廊桥间，蝶舞蜂唱，花染山香。

拙政园是水的天地，水在江南确实有点嫌多，而拙政园的水既不臃肿又不烦多。园中的水面上覆盖了无数风格迥异的楼阁亭榭，大小不等的汀、渚、洲把水分隔成各自独立的世界和洞天，其互不搅扰又有河溪相贯，勾连成一个分割不开的整体。神秘莫测的气象，千变万幻的风姿，水这种无与伦比、无法穷尽的神韵在园中获得了充分展示。这里有澎湃浩荡之阔，有潺潺入荫之幽；有戏鱼逗虾之柔，有拍石惊雀之怒；有龙潜深潭之静，有追风逐雨之闹。水成为园中鲜活的灵魂：舟泛于湖，网结于塘，面濯于潭，炊汲于溪，真可谓知山可觅道、识水能获悟。缘河临湖：去虑弃忧，韬光而养晦；丢毁忘辱，净性而明心。

雕窗含雨敛雾，绣帘引潮唤浪。楼阁临湖而耸，亭榭寻波而卧；朱栏凌渊而踞，琴宇攀峰而依。布局随地就势，不露雕凿痕迹，只觉鬼斧神工，一派浑然天成。此时，松涛袭棋苑，琴声递花语，水鸣隐桨橹，鸟啼断竹篱。置身园中，于树间花影窥月，在雨雾迷濛听荷，波光射岚时啜茗，霞落几案时泼墨。静穆的潭水，勾勒出胜景飘忽的幻象；冰凉的石桥，流眄那一河易逝的岁月。艳莲虽娇，以波为巢；银铃悦耳，终寄命于风。大漠孤烟息，何不卸服褪冠；金戈铁马休，岂不结庐逐鹅！

流连园中，不禁感悟园主深藏浅露的奥妙与玄机：隐富于深墙，藏秀于高垒，是为座右铭。盘桓于层层叠叠的楼阁，往复于曲曲弯弯的幽径，慢慢浸染了些许道骨仙风，竟生有超凡脱世之意、放浪形骸之情。扪心而叹：拙政园，蕴涵着一种深远的精神境界，拥有着丰富的审美情趣。倏忽间，犹湖心渔翁清唱，恍石隙樵夫高歌，由远渐近，由近渐远：或如金石相碰，又似皎月漏林；仿佛水荡风卷，又疑雨落翠荷；其清澈冠绕山之碧溪，其悠扬胜古刹之洪钟，余音拂潭缠檐，过桥穿园仍萦绕不绝。原来，这就是苏州评弹！细细品味这曲径上的一檐一瓦，慢慢咀嚼这入幽中的一砖一石，你会体味出评弹艺术为何在这一地域滥觞的缘由。那一唱三叹、吟咏回环、跌宕起伏又峰回路转的音韵，令人洗心濯肺，回肠荡气。这音律，与江南曲径通幽的古建珠联璧合、融于一炉。拙政园，不就是一部恢弘的评弹组乐?！吟唱和咏叹着它深邃的思想与沉雄的情感，启悟着一个个后来者。

回廊雕拱燕檐、倚墙蜿蜒，走势千回百转、往复回还，犹若一条明丽的丝绦，绾系着殿堂屋舍、花圃庭院。穿假山，过水榭，经湖行潭。斗折蛇行、通幽入暗，随山而起、就桥而卧、时藏时显，体现了一种大略须深藏、奇谋要厚苦的处世思想。把高人善隐、蛟龙善潜的立身哲学，建构为一种建筑思想；使人联想到博大精深的中医，就是建造在东方哲学上的高塔，凝聚并展示了一个民族深奥的智慧。廊墙窗牖，工艺细腻精湛，内容有趣浪漫，每扇窗户都是一处诱人驻足的景观；绝技惊目，匠心独运。透窗窥景，又一院别出心裁、构思卓越的景致隔窗可触，叫人流连忘返。对照我有关天堂的想象，比起这拙政园来，太有些乏味了！

附录二：苏州古典园林（The Classical Gardens of Suzhou）世界遗产名录资料

1997年，根据文化遗产遴选标准C（Ⅰ）（Ⅱ）（Ⅲ）（Ⅳ）（Ⅴ），苏州古典园林狮子林、拙政园、留园和网师园被列入《世界遗产名录》。

2001年，苏州古典园林沧浪亭被增列《世界遗产名录》。

世界遗产委员会评价

没有哪些园林比历史名城苏州的四大园林更能体现出中国古典园林设计的理想品质。咫尺之内再造乾坤，苏州园林被公认是实现这一设计思想的典范。这些建造于16—18世纪的园林，以其精雕细琢的设计，折射出中国文化中取法自然而又超越自然的深邃意境。

1. 概况

中国东部江苏省的苏州是中国著名的历史文化名城，这里素来以山水秀丽，园林典雅而闻名天下，有"江南园林甲天下，苏州园林甲江南"的美称。根据记载，苏州城内有大小园林将近200处。其中沧浪亭、狮子林、拙政园和留园分别代表着宋（960—1278年）、元（1271—1368年）、明（1368—1644年）、清（1644—1911年）四个朝代的艺术风格，被称为苏州"四大名园"，网师园也颇负盛名。

沧浪亭位于苏州城南，是苏州最古老的一所园林，始建于北宋庆历年间（1041—1048年），南宋初年（12世纪初）曾为名将韩世忠的住宅。沧浪亭造园艺术与众不同，未进园门便设一池绿水绕于园外。园内以山石为主景，迎面一座土山，沧浪石亭便坐落其上。山下凿有水池，山水之间以一条曲折的复廊相连。假山东南部的明道堂是园林的主建筑，此外还有五百名贤祠、看山楼、翠玲珑馆、仰止亭和御碑亭等建筑与之衬映。

狮子林位于苏州城内东北部，始建于元至正二年（1342年）。因园内石峰林立，多状似狮子，故名"狮子林"。狮子林平面呈长方形，面积约15亩，林内的湖石假山多且精美，建筑分布错落有致，主要建筑有燕誉堂、见山楼、飞瀑亭、问梅阁等。狮子林主题明确，景深丰富，个性分明，假山洞壑匠心独具，一草一木别有风韵。

留园坐落在苏州市阊门外，始建于明代。清代时称"寒碧山庄"，俗称"刘园"，后改为"留园"。留园占地约50亩，中部以山水为主，是全园的精华所在。主要建筑有涵碧山房、明瑟楼、远翠阁、曲溪楼、清风池馆等处。留园内建筑的数量在苏州诸园中居冠，其在空间上的突出处理，充分体现了古代造园家的高超技艺和卓越智慧。

拙政园位于苏州娄门内，是苏州最大的一处园林，也是苏州园林的代表作，明正德年间（1506—1521年）修建。现存园貌多为清末时（20世纪初）所形成，占地面积达62亩。拙政园的布局主题以水为中心，池水面积约占总面积的五分之一，各种亭台轩榭多临水而筑。主要建筑有远香堂、雪香云蔚亭、待霜亭、留听阁、十八曼陀罗花馆、三十六鸳鸯馆等。拙政园建筑布局疏落相宜、构思巧妙，风格清新秀雅、朴素自然。

网师园位于苏州城东南部。始建于南宋时期（1127—1279年），当时称为"渔隐"。清代乾隆年间（1736—1796年）重建，取"渔隐"旧意，改名为"网师园"。网师园占地约半公顷，是苏州园林中最小的一座。园内主要建筑有丛桂轩、濯缨水阁、看松读画轩、殿春簃等。网师园的亭台楼榭无不临水，全园处处有水可依，各种建筑配合得当，布局紧凑，以精巧见长，具有典型的明代风格。

2. 文化遗产价值

苏州古典园林的历史可上溯至公元前 6 世纪春秋时吴王的园囿，私家园林最早见于记载的是东晋（4 世纪）的辟疆园，历代造园兴盛，名园日多。明清时期，苏州成为中国最繁华的地区，私家园林遍布古城内外。16—18 世纪全盛时期，苏州有园林 200 余处，现在保存尚好的有数十处，并因此使苏州素有"人间天堂"的美誉。

作为苏州古典园林典型例证的拙政园、留园、网师园和环秀山庄，产生于苏州私家园林发展的鼎盛时期，以其意境深远、构筑精致、艺术高雅、文化内涵丰富而成为苏州众多古典园林的典范和代表。

苏州园林在有限的空间范围内，利用独特的造园艺术，将湖光山色与亭台楼阁融为一体，把生意盎然的自然美和创造性的艺术美融为一体，令人不出城市便可感受到山林的自然之美。此外，苏州园林还有着极为丰富的文化底蕴，它所反映出的造园艺术、建筑特色以及文人骚客们留下的诗画墨迹，无不折射出中国传统文化中的精髓和内涵。

附录三：中国入选世界遗产名录一览表（至 2007 年 6 月）

1985 年 12 月 22 日第六届全国人民代表大会第 13 次会议批准我国加入《保护世界文化和自然遗产公约》，至此中国就成为这个组织中的一个重要成员。至 2007 年 6 月，全球共有世界遗产地 85 处，其中文化遗产 660 处、自然遗产 166 处、混合遗产 25 处；中国入选世界遗产名录已达 35 处。

文化遗产（24 处）

1987 年 12 月：长城，北京故宫，陕西秦始皇陵及兵马俑，甘肃敦煌莫高窟，北京周口店北京猿人遗址。

1994 年 12 月：西藏布达拉宫——大昭寺，河北承德避暑山庄及周围寺庙，山东曲阜孔庙、孔府及孔林，湖北武当山古建筑群。

1997 年 12 月：云南丽江古城，山西平遥古城，江苏苏州古典园林（狮子林、拙政园、留园和网师园）。

1998 年 12 月：北京皇家祭坛天坛，北京皇家园林颐和园。

1999 年 12 月：重庆大足石刻，福建武夷山风景名胜区。

2000 年 11 月：四川青城山和都江堰，河南洛阳龙门石窟，安徽古村落：西递、宏村，明清皇家陵寝：明显陵（湖北钟祥市）、清东陵（河北遵化市）、清西陵（河北易县）。

2001 年 12 月：山西大同云冈石窟。

2004 年 7 月：高句丽王城、王陵及贵族墓葬。

2005 年 7 月：澳门历史城区。

2006 年 7 月：安阳殷墟。

自然遗产（6 处）

1992 年 12 月：湖南武陵源国家级名胜区，四川九寨沟国家级名胜区，四川黄龙国家级名胜区。

2003 年 7 月：云南"三江并流"景观。

2006 年 7 月：四川大熊猫栖息地。

2007 年 6 月：中国南方喀斯特（云南石林、贵州荔波和重庆武隆）。

文化与自然双重遗产（4 处）

1987 年 12 月：山东泰山风景名胜区。

1990 年 12 月：安徽黄山风景名胜区。

1996 年 12 月：四川峨眉山—乐山风景名胜区。

2007 年 6 月：广东开平碉楼与村落。

文化景观遗产（1 处）

1996 年 12 月：江西庐山风景名胜区。

附 1：2000 年 11 月拉萨大昭寺、2001 年 12 月拉萨罗布林卡，作为布达拉宫的扩展项目入遗。

附 2：2000 年 11 月苏州艺圃、藕园、沧浪亭、退思园，作为苏州古典园林的扩展项目入遗。

附 3：2003 年 7 月北京十三陵和南京明孝陵、2004 年 7 月盛京三陵，作为明清皇家陵寝的一部分入遗。

附 4：2004 年 7 月沈阳故宫作为明清皇宫扩展项止入遗。

二、京都皇苑欣赏——北京颐和园集景大成

颐和园，原为封建帝王的行宫和花园，远在金贞元元年（1153 年）即在这里修建"西山八院"之一的"金山行宫"。明弘治七年（1494 年）修建了园静寺，后来皇室在此建成好山园。1664 年清廷定都北京后，又将

其更名为"瓮山行宫"。清乾隆继位以前，在北京西郊从海淀到香山一带，已建起了四座自成体系的大型皇家园林（玉泉山静明园、香山静宜园、畅春园、圆明园），但相互间缺乏有机的联系，中间的"瓮山泊"成了一片空旷地带。乾隆十五年（1750 年），为筹备庆贺孝圣皇太后 60 寿辰改建为"清漪园"，瓮山改名万寿山、瓮山泊改名昆明湖，前后历时十五年，于 1764 年建成。此时的清漪园，北自文昌阁至西宫门筑有围墙，东、南、西三面以昆明湖水为屏障，园内共有建筑 13 个大类、110 处楼台亭阁：宫殿 2 处，寺庙 16 处，庭院建筑群 14 处，小园林 16 处，单体点景建筑 20 处，长廊 2 处，戏园 1 处，城关 6 处，村舍 1 处，街市 1 处，大型桥梁 11 处，园门 5 处，辅助建筑 5 处。该园是皇家三山五园中最后兴建的一座园林，为圆明园的属园。由此，以清漪园为中心把两边的四座园林连成一体，形成了从现清华园到香山长达 20 公里的皇家园林区。

咸丰十年（1860 年），英法联军疯狂抢劫并焚烧了园内大部分建筑，除宝云阁（俗称"铜亭"）、智慧海、多宝琉璃塔幸存外，珍宝被洗劫一空，建筑夷为一片废墟。光绪十四年（1888 年）慈禧太后挪用海军经费，在清漪园的废墟上兴建起颐和园。光绪二十六年（1900 年）颐和园又遭八国联军的野蛮破坏，1911 年慈禧动用巨款重新修复。辛亥革命成功推翻了清王朝，颐和园作为公园对外开放游览，一直延续至今。1960 年被国务院颁布为首批全国重点文物保护单位。

（一）园林艺术史上的辉煌杰作

1. 颐和园是目前世界上建筑规模最大、保存最完整、文化艺术价值最高的一座皇家园林

颐和园，主要由万寿山和昆明湖组成，占地 290 公顷，其中水面占全园的四分之三。踞山面水的佛香阁是全园的建筑中心，数十处景点分布在万寿山和昆明湖岸边。苍翠如黛的万寿山、碧波涟漪的昆明湖、辉煌壮观的建筑群、按造园林艺术栽种的各种植物以及周边借景的巧妙应用，人工美与自然美的浑然天成，向人们展示了一幅精妙绝伦的、具有中国鲜明文化特色的山水画卷。而依靠后湖使万寿山形成三面环水格局的后湖景区，具有观赏、游览和防火三项功能，特别是将防火功能与园林设计巧妙地相结合，其作用类似于城墙四周的护城河。

图 10 万寿山和昆明湖

在世界古典园林中享有盛誉的颐和园，布局和谐，浑然一体：在高 60 米的万寿山前山的中央，纵向自低而高排列着云辉玉宇坊、排云门、排云殿、德辉殿、佛香阁、智慧海等一组建筑，依山而立，步步高升，气派宏伟。以高大的佛香阁为主体，构成一条明显的中轴线。顺山势而下，又有许多假山隧洞，游人可以上下穿行。

昆明湖湖水清澈碧绿，景色宜人。沿湖北岸横向而建的长廊，长 728 米、共 273 间，像一条彩带横跨于万寿山前，连接着东面前山建筑群。南部烟波浩淼的前湖区，西望群山起伏、北望楼阁成群。湖岸建有廓如亭、知春亭、凤凰墩等秀美建筑，其中位于湖西北岸的清晏舫（石舫），中西合璧、精巧华丽，是园中著名的水上建筑。湖中有一道西堤，堤上桃柳成行，6 座不同形式的拱桥掩映其中。在广阔的湖面上，有三个小岛宝石般点缀。十七孔桥造型优美，横卧湖上如一架彩虹，既是通往湖中的道路，又是一处叫人过目不忘的景点。

后山后湖，其设计格局则与宏伟、壮丽的前山迥然而异：林茂竹青、景色幽雅，到处是松林曲径、小桥流水，山脚下的苏州河，曲折蜿蜒、时狭时阔，颇具江南特色。原为宫内民间买卖的苏州街，现已修复并向游人开放。在岸边的树丛中建有多宝琉璃塔，后山还有一座仿西藏佛教建筑——香岩宗印之阁，造型奇特。

拥山抱水、绚丽多姿的颐和园，几乎集中了中国古代建筑的所有形式，亭台楼阁、殿堂厅室、廊馆轩榭、塔舫桥关等应有尽有，除了木建筑以外，还有铜铸、石砌、琉璃镶嵌等，体现了我国造园艺术的高超水平。

第五章 园林艺术观赏、品评教育

这座历史上为帝王建造的古典皇家园林，自对民众开放以来，每年接待中外游客达数百万人，现已成为中国最著名的旅游景点之一。1998 年11 月，颐和园被联合国教科文组织正式列入《世界遗产名录》。

2. 荟萃建筑精华、云集园林艺术的集景大成

颐和园的建筑风格吸收了中国各地建筑的精华。东部的宫殿区和内廷区，是典型的北方四合院风格，一个一个封闭院落由游廊联通；南部的湖泊区是典型杭州西湖风格，一道"苏堤"把湖泊一分为二，十足的江南格调；万寿山的北面，是典型的西藏喇嘛教庙宇风格，有白塔和堡垒式建筑；北部的苏州街，店铺林立、水道纵通，又是典型的江南水乡风格。

颐和园的设计特色集中了全国园林艺术的精华，并着力模仿全国主要名胜景区的著名景点。如南湖岛上的望蟾阁仿武昌的黄鹤楼，十七孔桥仿卢沟桥，后山的苏州街是仿苏州的买卖街；在后湖的西段有一处湖岸，两边怪石高耸是仿长江三峡的景色；万寿山后边，还有一组仿西藏布达拉宫的建筑群，称"小布达拉宫"。其中，构思最巧妙、最有特色的是长达728米的长廊，长廊和廊中的绘画本身就有很高的艺术价值，另外还起到了将园内各个景点有机地联系起来的作用，烘托出整体的园林美。西堤本是一条不宽的堤岸，没有多大景观作用，可是设计者巧妙地将平坦的堤岸人为断开，建起"西堤六桥"，形成优美的"六桥烟柳"，景色丝毫不亚于杭州西湖的苏堤。

昆明湖的南边是建园时有意保留下来的称做龙王庙的小岛，由十七孔桥与湖的东岸连接起来。昆明湖有了十七孔桥、龙王庙和西堤的装点，又巧妙地利用了中国园林艺术的借景手法，将远处的西山和玉泉山群峰纳入游人的视线，湖光山色交相辉映，远景近观美不胜收。

(二) 园林艺术之海的畅想漫游

北京西郊山青水秀、风景优美，每至盛夏十里荷花香气袭人，历代封建统治者都在此修建御苑，是个名园荟萃的地方。清代在此造园最为集中，著名的"三山五园"（万寿山清漪园、玉泉山静明园、香山静宜园、畅春园、圆明园）即完成于此。

占地约290 公顷的颐和园，分宫廷区、万寿山和昆明湖三大部分，集聚历代皇家园林之大成，荟萃南北私家园林之精华，是中国现存最完整、

规模最大的皇家园林。颐和园博采各地造园手法，既有北方山川的雄浑宏阔，又有江南水乡的清丽婉约，并蓄帝王宫室的富丽堂皇和民间宅居的精巧别致，成为中国最著名的古典园林。

颐和园包括万寿山、昆明湖两大部分，园内山水秀美，建筑宏伟。全园有各式建筑 3000 余间，园内布局可分为政治、生活、游览三个区域：政治活动区，以仁寿殿为中心，是过去慈禧太后和光绪皇帝办理朝事、会见朝臣、使节的地方；生活居住区，以玉澜堂、宜芸馆、乐寿堂为主体，是慈禧、光绪及后妃居住之地；风景游览区，以万寿山前山、后山、后湖、昆明湖为主，是全园的主要组成部分。佛香阁是全园的建筑中心，踞山面水、金碧高耸；昆明湖水天空阔，旖旎动人。浩淼烟波中，神山仙岛鼎足而立。十七孔桥宛若飞虹，跨向绿水之中。一线西堤纵贯南北，六桥婀娜、景色天成。后山后湖、松涛阵阵，买卖宫市、酒旗临风。宫阙巍峨、山水辉映，更以西山、玉泉群峰为借景。其构思巧妙、建筑之精，集中国园林艺术之大成，有"皇家园林博物馆"之称。

游览路线：东宫门——仁寿殿——玉澜堂——戏楼——谐趣园、乐寿堂——长廊——排云殿——德辉殿——佛香阁——智慧海——画中游——听鹂馆——石舫——乘摆渡船去龙王庙——十七孔桥——铜牛——知春亭——出东门。如游兴甚浓，还可游览后山后湖、苏州街。万寿山东麓的谐趣园，虽地处偏僻，但小巧精致，为仿江南园林风格而建的园中之园，不可不到。

进东宫门，前行便是以仁寿殿为中心的宫廷区。仁寿殿，曾名勤政殿，是皇帝处理政务的地方，门两旁有两块青石分别象征着孙悟空和猪八戒伫立警卫；殿中平床上设宝座、屏风、掌扇、鼎炉、鹤灯等，屏风上有 9 条巨龙、226 个不同写法的"寿"字，保存着清代的原来陈设。在仁寿殿北面不远处为德和园，是清代所建三大戏台最大的一个（另处是北京故宫的畅音阁和承德避暑山庄的清音阁），每年慈禧做寿都有吉祥戏目演出。仁寿殿后是三座大型四合院：乐寿堂、玉澜堂和宜芸馆，分别为慈禧、光绪和后妃们居住的地方。从乐寿堂往西过邀月门，有一条 728 米的长廊沿昆明湖北岸向西伸展，如一条锦带将远山近水和园内各种建筑有机地联系在一起，是中国园林建筑中最长的游廊；长廊上 8000 多幅彩色绘画，构成一条五光十色的画廊，洋溢着浓重的民族文化气息。

出长廊，进排云门，面前就是紧依万寿山的排云殿。沿殿两边斜线上行，穿德辉殿、登114级台阶，就到了建在万寿山58米高处山坡上的佛香阁，内供接引佛，当年每月朔望之时，慈禧便在此烧香礼佛。佛香阁是颐和园的标志，八面三层四生檐，也是中国古代建筑杰出的代表。

从佛香阁下望，东侧有转轮藏，西侧有宝云阁。宝云阁又名铜亭，整个亭的铸造用铜207吨，通体呈蟹青冷古铜色，造型精美，是世界上少有的珍品。佛香阁往上是颐和园的制高建筑智慧海，俗称"无梁殿"，内部结构以纵横交错的拱券支撑顶部，不用柱梁承重，堪称绝活。

万寿山以南，是碧波荡漾的昆明湖，烟波浩渺、气象万千。西堤、湖心岛、十七孔桥等著名景点，与万寿山上下映衬、遥相呼应。湖西部仿杭州西湖苏堤而建的西堤，将湖面分为东西两半，西堤上有六座形制各异的桥，其中以远望如玉带轻飘的玉带桥最为有名。与西堤相接的东堤是一道石造长堤，中段有仿卢沟桥而建的十七孔桥，桥柱上有神态各异的石狮564只。

颐和园三大景区，既有湖光山色，又有庭园美景。不同特点的建筑群落自成一格又相互联系。造景100余处，虽然寓意繁丰，但突出地体现着皇权与神权的至高无上，无一处不是悠久历史的深厚积淀，无一处不渗透着民族文化的丰厚蕴涵。颐和园巧妙地借西部玉泉山作为它的大背景，与自然风光和谐地融会在一起，是中国园林借景艺术的杰出典范。

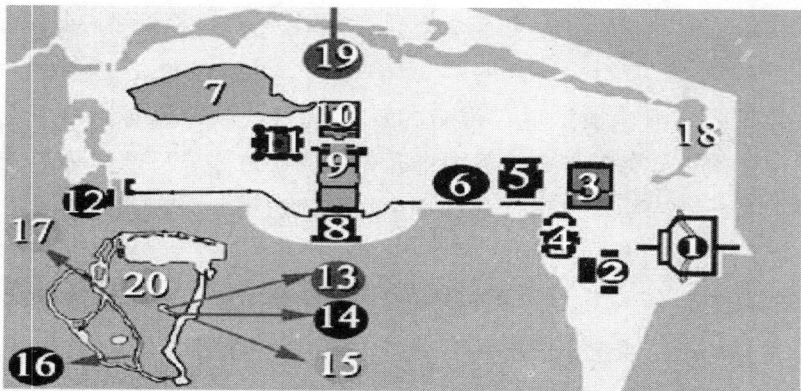

1. 东官门　2. 仁寿殿　3. 德和园大戏楼　4. 玉澜堂　5. 乐寿堂　6. 长廊　7. 万寿山　8. 排云殿　9. 四大部洲　10. 佛香阁　11. 宝云阁　12. 石舫　13. 南湖岛　14. 十七孔桥　15. 镇水铜牛　16. 昆明湖西堤　17. 玉带桥　18. 谐趣园　19. 苏州街　20. 昆明湖

图11　颐和园景观配置示意图

（三）园林艺术宝库中的大观集成

1. 东宫门景区

颐和园最东边原是清朝皇帝从事政治活动和日常生活起居的地方，包括朝见大臣的仁寿殿和南北朝房、寝宫、大戏台、庭院等。

东宫门，现在是颐和园的正门，坐西朝东，为三明两暗的庑殿式建筑，门楣檐下全部用油彩描绘着绚丽的图案。六扇朱红色大门上嵌着整齐的黄色门钉，中间檐下挂着九龙金字大匾，上书"颐和园"三个大字，为光绪皇帝御笔。中间正门供帝、后出入，称为"御路"，两边门洞供王公大臣出入，太监、兵卒从边门出入。龙为皇家尊严的象征，又是谕旨和敕令的标志，门前御道丹陛上的云龙石刻为二龙戏珠浮雕，从圆明园废墟（安佑宫）处移来，为乾隆年间所刻。

仁寿殿，是宫廷区的主要建筑之一，原名勤政殿，光绪年间改为今名，意为施仁政者长寿。它是清朝末年慈禧太后和光绪皇帝听政的大殿，也是中国近代史上变法维新运动的策划地之一。1898 年光绪皇帝曾在此殿召见改良派领袖康有为，任命他为总理各国事务衙门的章京上行走，准其专折奏事，从而揭开了维新变法的序幕。但好景不长，由于封建保守势力的反对，"百日维新"终归失败。

乐寿堂，是居住生活区的主建筑，原建于乾隆十五年（1750 年），咸丰十年（1860 年）被毁，光绪十三年（1887 年）重建。大殿红柱灰顶，垂脊卷棚歇山式，造型别致，富丽堂皇。室内陈设基本上保持当年的面貌：殿内设宝座、御案、掌扇及玻璃屏风，座旁有两只盛水果闻香味用的青龙花大磁盘，四只烧檀香用的九桃大铜炉；西套间为卧室，东套间为更衣室，室内紫檀大衣柜为乾隆时遗物。庭院内陈列着铜鹿、铜鹤和铜花瓶，取意为"六合太平"。院内植有玉兰、海棠、牡丹等，寓"玉堂富贵"之意。这里的玉兰花很有名，尤其院后那棵有两百年历史的紫玉兰——辛夷，干高繁茂，花冠群芳。当年乾隆特意从南方移植来的玉兰有数十株之多，称为"玉香海"，几次遭劫后，仅剩邀月门前一株，其他玉兰树都是后来种植。院内有一块名"青芝岫"的巨石，长 6.8 米、宽 2 米、高 3.4 米，是明朝官吏太仆少卿米万钟的遗物。

乐寿堂为一大型四合院，面临昆明湖、背倚万寿山，东达仁寿殿、西

图 12　乐寿堂

接长廊，是园内位置最好的居住之地和游乐处所，慈禧太后的寝宫。轩前湖岸有慈禧的御舟停泊处，慈禧自京城由水路来园时，自高梁桥畔倚红堂登船，顺水至广源闸，换乘颐和园轮船，入绣漪桥水津门，直达于此。临湖的五间穿堂殿额上刻着"水木自亲"四字。

图 13　藕香榭

玉澜堂，仁寿殿西南，临湖而建的一座三合院式建筑，光绪皇帝的寝宫。正殿玉澜堂坐北朝南，后门直对宜芸馆；东配殿霞芬室，可到仁寿殿；西配殿藕香榭，可到湖畔码头。1898 年慈禧发动宫廷政变后，曾把主张维新的光绪皇帝囚禁于此，现在还能看到当时修筑的封闭通道的高墙。

　　宜芸馆，位于玉澜堂北侧，意为宜于藏书和读书的地方，清朝末期是光绪的妻子隆裕皇后的寝宫。其正殿由前五间和后三间组成，室内宽敞，前后有门，有精美的落地雕花楣扇，布局典雅富丽。东西配殿各有五间，也都有前后门，院内的南墙上，镶有乾隆摹写的"三希堂"书法石刻。

图 14　大戏楼

　　大戏楼，位于德和园内，1892 年专为庆贺慈禧 60 大寿而建。戏楼占地 385 平方米，高 21 米，共三层，后台化妆楼二层。下层戏台宽 17 米，地板中有"地井"，下挖一眼 10 米深的砖井，四周还开挖了 5 个 1 米见方的深水池，与此相对应，中、上层戏楼安装有 5 部绞车，下层天花板中心有 7 个天井与中、上层戏台串通，巧设机关布景、上下配合，可以表演水法、戏法以及天界人物的上天入地、变化无穷。戏楼结构复杂、设计巧妙、建筑宏伟，堪称一绝，是我国现存历史最久、规模最大的戏台。

　　颐乐殿，大戏楼对面的慈禧看戏处，正殿宝座为金漆珐琅百鸟朝凤宝座，两侧边廊里则是王公大臣的座位。颐乐殿内只有慈禧和光绪的后妃以及宫中女眷们才可进入，光绪皇帝也只能在廊外临时放置座位看戏。颐乐殿后有殿堂五间，是慈禧看戏休息和吸鸦片的地方。

夕佳楼，建在昆明湖东岸，是一座二层小楼。南有光绪皇帝居住的玉澜堂，北有隆裕皇后居住的宜芸馆，是帝、后夏天纳凉和观景的最佳处所。夕佳楼是清漪园时的旧名，根据陶渊明"山气日夕佳，飞鸟相与还"的诗句演化来。登上楼台，视野开阔，远处的西山群峰、玉峰宝塔，近处的万寿山楼阁、浩淼的湖面，尽收眼底。

长廊，位于万寿山南麓，北依万寿山、南临昆明湖，东起邀月门、西止石丈亭，全长 728 米，自东向西建有"留佳"、"寄澜"、"秋水"和"清遥"四座重檐八角亭，左右对称、布局严谨，是中国廊建筑中最大、最长、最负盛名的游廊。1992 年被认定为世界上最长的长廊，列入"吉尼斯世界纪录"。长廊的东西两部各有一座临水敞轩，即"对鸥舫"和"鱼藻轩"。建廊时，乾隆曾派如意馆画师去杭州写生，根据稿本在廊内 273 个横枋两面共画了 546 幅杭州风景。廊中彩画系典型的苏式彩画，14000 余幅彩画内容包括花卉翎毛、人物典故、山水风景等。其中人物画多出自我国古典文学名著，如《红楼梦》、《西游记》、《三国演义》、《水浒》、《封神演义》等。画师门还在横梁上绘制了象征长寿的 500 多只仙鹤，姿态各异，栩栩如生。长廊建于乾隆十四年（1749 年），专为孝圣皇太后沿廊漫步和观雨赏雪之用。雨天，湖面波涛汹涌，天水相连；雪季，冰上银絮飞扬，漫天皆白。

听鹂馆，是长廊西段北侧高台阶上的一组建筑群，东临山色湖光共一楼，北倚山坡上画中游，西边是石舫。院内有正殿、配殿、旁院和一个两层的戏楼。此建筑群 1860 年被烧毁，光绪年间重建。听鹂馆一名，指悦耳之音比做黄鹂叫，因为帝后常在这里听戏，故把此组建筑叫"听鹂馆"。正门上的"金支秀华"匾额，是指这里有一支人数众多的、乐器齐全和装饰豪华的皇家乐队。初建时，院内的戏楼是坐北朝南的，这是因为乾隆皇帝也曾上台为皇太后表演，作为一国之君献艺的场所，戏台必须面南，到了光绪时期，慈禧和光绪都成了观众，故重建时又把戏台的方向改为坐南朝北。德和园大戏楼建成后，慈禧等人就经常在德和园的颐乐殿里看戏，听鹂馆的小戏楼也就不用了。

谐趣园，位于万寿山东麓，是一个独立成区、具有南方园林风格的园中之园。清漪园时名叫"惠山园"，是乾隆皇帝南巡回京后仿无锡惠山寄

图15　听鹂馆

畅园而建。嘉庆十六年（1811年）重修后，取"以物外之静趣，谐寸田之中和"和乾隆诗句"一亭一径，足谐奇趣"的意境，改名为"谐趣园"。园内共有亭、台、堂、榭13处，并用百间游廊和5座形式不同的桥相沟通。所有建筑均围绕中间水池展开，沿廊而行、一步一景，再现了南方园林特色。园内东南角有一石桥，桥头石坊上有乾隆题写的"知鱼桥"。相传，庄子和惠子同在水边观鱼：一个说，鱼儿在水中游得真快乐。一个说，你不是鱼，怎么知道鱼儿快乐。一个则反驳说，你不是我，怎么知道我不知道鱼快乐。一个又说，我不是你，故不知你，而你非鱼，你也不知道鱼之乐。乾隆很欣赏这两位古人的辩论技巧，后来每过此桥时都有诗留下，其中一首写道："锡步石桥上，轻悠出水游。濠梁真识乐，竿浅不须投。子嗤我多辨，烟被匪外求。淋池春雨足，青藻任潜浮。"

2. 万寿山景区

万寿山景区的整体布局，重点突出、主宾分明，既体现了皇家园林雍容磅礴的气势，又不失其婉约清丽的风姿。从空中俯视万寿山，只见殿阁楼亭依山势排列，严谨中又富有变化。前山以佛香阁和排云殿建筑群为主体，其他各建筑物疏朗地布置在山麓、山坡或山脊上，以此烘托主体建筑的端庄、华丽。昆明湖于山前展开，碧水荡漾，幽深静谧。登临山顶，湖光山色，美不胜收。

（1）前山景区：万寿山海拔 109 米，前山景区由两条垂直对称的轴线统领。东西轴线是长廊；南北轴线从长廊中部起，依次为排云门、二宫门、排云殿、德辉殿、佛香阁直至山顶的智慧海，以佛香阁为中心，形成一组气势雄伟、巍峨壮观的建筑群。

排云殿，在万寿山前山建筑的中心部位，原是乾隆为他母亲 60 寿辰而建的大报恩延寿寺。慈禧重建时改为排云殿，"排云"两字取自郭璞"神仙排云出，但见金银台"诗句，比喻似在云雾缭绕的仙山琼阁中神仙即将露面，是慈禧在园内居住和过生日时接受朝拜的地方。大殿横列复道与左右耳殿相连，共有房屋 21 间，均为朱柱黄瓦、金龙眩目，气势宏大，是前山最宏伟的一组宫殿式建筑群。从远处望去，排云殿与牌楼、排云门、金水桥、二宫门连成了层层升高的一条直线，是颐和园中最为壮观的建筑群体。

佛香阁，位于前山中央部位的山腰陡坡，建在高 21 米的巨石台基上，是一座八面三层四重檐的宗教建筑，上层榜曰"式廷风教"、中层榜曰"气象昭回"、下层榜曰"云外天香"，阁内供奉着"接引佛"，供皇室在此烧香礼佛。阁高 41 米，阁内有 8 根巨大铁梨木擎天柱，结构复杂，为古典建筑精品。佛香阁南对昆明湖、背靠智慧海佛殿，以它为中心的各建筑群严整而对称地向两翼展开，彼此呼应、蔚为壮观。佛香阁依山而建，高台矗立、气势磅礴，犹如巨擘将万寿山周围数十里以内的风景提携于周围，将东边的圆明园、畅春园和西边的静明园、静宜园巧妙地连成一体，使之成为一个大型皇家园林风景区。原阁 1860 年被英法联军烧毁，现阁光绪十七年（1891 年）重建、1894 年竣工，是颐和园中最大的工程。

据载，乾隆修造清漪园时，原准备在此处建一座九层宝塔，建到第八层时，一道圣旨把已建好的塔体全部拆除，重新建造了一座八方阁，即佛香阁。对于乾隆拆塔建阁之事，历来众说不一：一种认为乾隆建延寿塔，名义上为母后做寿，实则为把三山五园连成一体，想用延寿塔作为携东西四座皇家园林的主体建筑，但建到第八层时发现和原来想象的效果不符，故拆塔建阁。另一种认为，京西一带历来塔多，为避免塔影重叠，乾隆才下决心拆塔建阁。实际上，阁高有气势、阁大而稳重，与前山建筑融洽得体，建阁确实收到了比较好的视觉景观效果。

转轮藏，西部紧靠佛香阁，与其西边的五方阁一组建筑互为对称。始建于乾隆年间，1860年和佛香阁一起被焚毁，光绪年间重建。转轮藏是仿杭州西湖法云寺藏经阁而建：正殿面阔三间，两层三重檐，顶上用绿色琉璃瓦装饰。正殿两侧各建有一座二层圆亭，亭内有木塔，塔八面六层，塔身周围可以贮藏佛经和佛像；塔中间有轴，地下设有机关，用力推动可以旋转，所以此建筑叫转轮藏。每当帝后们来此祈祷念经，就有人钻入地下推动机关，塔上所藏佛经也就开始转动起来，而帝后们则是用手轻轻地抚一下，就算把放在木塔上的全部经书念了一遍。关于转轮藏还有一种解释：转轮王是佛教的佛王之一，有宝轮能降服四方，转轮藏即是转轮王藏宝之地。转轮藏院内有一石碑，通高10.87米，碑座、碑身、碑帽都用巨石雕刻而成，体形高大雄伟，雕刻工整精美。正面为"万寿山昆明湖"，背面有"万寿山昆明湖记"，记述了扩展昆明湖的目的和过程，均出自乾隆御笔手书。

景福阁地处万寿山顶东部，向南眺望，与德和园大戏楼及东堤北端的城关建筑文昌阁恰好处在一条线上，形成了颐和园东部建筑的一条主要轴线。在清漪园时期叫昙花阁，是一座六瓣莲花形的三层楼阁。1860年被英法联军烧毁，光绪十八年（1892年）改建后名为景福阁。阁前半部是200平方米的敞厅，下有花砖铺地，上有彩画描绘，显得既宽阔明亮又富丽堂皇。慈禧晚年常在此观雨赏月，有时也在这里宴请外国公使的眷属。慈禧每年七月初七在此祭牛郎织女，八月中秋在此赏月，九月重阳节在此登高，吃福（野雉）、禄（鹿肉）、寿（羊肉）、喜（关东鲟鳇鱼）。盛夏伏暑季节，慈禧常在这里和后妃宫女押宝、推牌九，名叫"过阴天儿"。1949年初解放军包围北平时，中国共产党代表和国民党傅作义部队的代表曾在此会晤，就解放军入城后对北平市如何实施管理等问题进行谈判。

宝云阁铜殿，建在佛香阁西侧的五方阁院中一座高4米的汉白玉石座上，为清帝后祈福诵经之所，乾隆二十年（1755年）建成。通高7.55米，重207吨，铜殿梁柱、斗拱、椽瓦、匾联等全部构件采用我国传统的铸造工艺烧制而成。虽为铜制，但完全按照木构架结构而做。东、南、西三面有门，形制为四扇格扇门。北面是八扇格扇窗。门窗格扇均有菱花格扇心，帘架上部也有格扇心，所有格扇心均为内外两层。铜亭工艺繁杂，有很高的科学价值，是中国目前尚存的工艺最精致、体量最大的铜铸品之一。1860年英法联军火烧清漪园时，是园内幸存的建筑之一，但内部陈设被劫掠一空，只剩下一张铜供桌。1900年又遭到八国联军破坏。20世纪初铜窗流失国外，1975年法国巴黎法王德古玩店致函故宫博物院，称有颐和园之铜窗高价出售，1993年美国工商保险公司董事长格林伯格出资515万美元购回并捐赠我国，宝云阁才得以恢复历史原貌。

画中游，万寿山西部一组重要景点建筑。依山而建，正面有一座两层的楼阁，左右各有一楼，名"爱山"、"借秋"。阁后立有一座石牌坊，牌坊后边是"澄晖阁"，建筑之间有爬山廊。由于地处半山腰，建筑形式丰富多彩，楼、阁、廊分别建在不同的等高线上，青山翠柏中簇拥着一组由红、黄、蓝、绿琉璃瓦覆盖着的建筑群体，酷似一幅中国山水画。

智慧海，万寿山中轴建筑群最高处的一座建筑，建筑外层全部用精美的黄、绿两色琉璃瓦装饰，上部用少量紫色、蓝色的琉璃瓦盖顶，整座建筑显得色彩鲜艳、富丽堂皇。"智慧海"一词为佛教用语，本意是赞扬佛的智慧如海、佛法无边。该建筑虽极像木结构，但实际上不用枋檩承重，没有一根木料、全部用石砖发券砌成，又称"无梁殿"。再因殿内供奉了无量寿佛，所以也称为"无量殿"。在它的前面，还有一座用五彩琉璃建造的牌坊"众香界"。它们色彩绚丽，把从排云殿至佛香阁一组建筑群烘托得既有气势又富丽堂皇。

图16　四大部洲

智慧海始建于乾隆年间。1860年英法联军放火烧毁时，因为智慧海没有木料、都是砖石，故没有被焚毁，但不少小佛像已被砸坏。1900年八国联军占领北京后又闯进颐和园，更是对这座建筑进行了乱砸乱砍，毁了不少佛像。侵略者们的这些罪证劣迹，今天仍留在墙壁上历历在目。

（2）后山、后湖景区：位于颐和园最北部，建筑较少、林木葱茏，山路曲折、优雅恬静，一组宏伟的西藏建筑和一条江南水乡特色的苏州街，布局紧凑、各有妙趣，与前山的华丽形成鲜明对照。后山、后湖景区早先庙宇林立、建筑富丽堂皇，1860年英法联军焚烧清漪园时被化为灰烬，光绪年间修建颐和园时也未恢复，现有景观为20世纪80年代复建。

四大部洲，占地2万平方米，是一座宏伟的汉藏式寺庙建筑群，因山顺势、就地起阁，排列有序、金碧辉煌。前有须弥灵境（现改为平台），两侧有3米高的经幢，后有寺庙群主体建筑香岩宗印之阁。四周是象征佛教世界的四大部洲——东胜身洲、西牛货洲、南赡部洲、北俱卢洲，以及用不同形式的塔台修建成的八小部洲。南、西南、东北、西北，还有代表佛经"四智"的红、白、黑、绿四座喇嘛塔。有人说这四座塔构成世界上的地、火、水、风，也有人说象征四大天王。塔形别致，造型端庄美观，塔上有十三层环状"相轮"，表示佛经"十三天"。四大部洲和八小部洲中间有两个凹凸不平的台殿，一个代表月台、一个代表日台，象征着日月环绕佛身。四大部洲这组建筑，1860年被美法联军烧毁，光绪年间，只在原地上修了一层香岩宗印之阁，其他仍是瓦砾一片。1980年，国家拨巨资

图17　苏州街

彻底修整，基本上恢复了原貌。

苏州街，是后湖两岸仿江南水乡而建的买卖街，清漪园时期有玉器古玩店、绸缎店、点心铺、茶楼、金银首饰楼等各式店铺，店员都是太监、宫女装扮，皇帝游幸时"营业"，1860 年被列强焚毁，现在的景观为 1986年重修。

3. 昆明湖景区

万寿山南麓的昆明湖，占全园面积的四分之三，约 220 公顷。南部的前湖区碧波荡漾，烟波淼淼，西望起伏、北望楼阁成群。湖中有一道西堤，堤上桃柳成行。十七孔桥横卧湖上，湖中三岛上也有形式各异的古典建筑。

图 18　十七孔桥

十七孔桥，西连南湖岛、东接廓如亭，是连接昆明湖东堤和南湖岛的唯一通道。桥长 150 米、宽 8 米，造型优美、形若长虹，是园内最大的一座桥梁。石桥两边栏杆上雕有大小不同、形态各异的石狮 500 多只，是湖区的一个重要景点。自万寿山上南望，十七孔桥和南湖岛犹如浮于昆明湖上。

廓如亭，坐落于十七孔桥东桥头南侧，为我国现存古亭类建筑中最大的亭。因是一座八角重檐的建筑，故也称"八方亭"。廓如亭建筑面积 300平方米，由内外三圈 40 根柱子组成，其中 16 根为方柱、24 根为圆柱，屋顶采用重檐攒尖的形式。枋檩上全部饰以旋子彩画，形体舒展而稳重，气势雄浑，颇为壮观。在乾隆时期，这一地区无围墙，东堤以外是一片稻田，地界开阔，一望无际。廓如亭，即开朗空廓、虚明洞澈之亭，乾隆有诗曰:"有山不让土,故得高閌閌;有河不择流,故得宽弥弥,是谓之大公。"此建筑于1860年被焚毁,光绪年间按原样重建,仍用原名。

铜牛,位于昆明湖东岸,十七孔桥东桥头北侧,称为"金牛"。铸于1755年,为古代镇压水患而设。据说,老北京时有金、木、水、火、土五镇,而颐和园的昆明湖代表五镇中的水镇。牛识水性,在水边置一铜牛,有镇水之用。铜牛背上铸有篆书铭文:"夏禹治河,铁牛传诵。义重安澜,后人景从。制寓刚戊,象取厚坤。蛟龙远避,讵数鼍龟。郏比昆明,潆流万顷。金写神牛,用镇悠永。巴邱淮水,共贯同条,人称汉武,我慕唐尧。瑞应之符,建于西海。敬兹降祥,乾隆乙亥。"

石舫,在长廊西端湖边,又名清晏舫,寓"海清河晏"之意,是颐和园内唯一带有西洋风格的建筑。它的前身是明朝圆静寺的放生台,乾隆修清漪园时,改台为船,更名为"石舫"。舫身用巨型大理石雕造而成,通长36米,有上下两层舱房,取意"水能载舟,亦能覆舟"。舫底花砖铺地,窗户为彩色玻璃,顶部砖雕装饰。下雨时,落在船顶的雨水通过四角的空心柱子,由船身的四个龙头口排入湖中,设计十分巧妙。乾隆在《石舫记》中写道:"若夫凛载舟之戒,奠磐石之安,虚明洞达,职思其居,意在思乎。"乾隆建造一艘永不能覆的石船,象征清王朝的江山永远不会被水覆灭。每年四月初八"浴佛日",乾隆陪着他的母亲孝圣皇太后至此放生(放鱼虾之类),以表示他们从善之心。咸丰十年(1860年)英法联军焚烧清漪园时,石舫上的木质结构被大火烧毁。

西堤六桥,仿杭州西湖苏堤建造的一道长长的西堤,将昆明湖宽阔的水面切去一块,造成湖内有湖、景中有景的效果。每至初春,垂柳吐绿,桃绽红蕾,花香盈袖,令人赏心悦目。由北向南依次坐落着界湖桥、豳风桥、玉带桥、镜桥、练桥和柳桥等,如同一条色彩淡雅的珠链浮现在昆明湖中,与万寿山前热烈浓密的氛围形成强烈的景观对比效果。

玉带桥是六桥中的唯一高拱石桥,桥身、桥栏用青白石和汉白玉雕砌,通体洁白、柔和、匀称,宛如一条玉带,最负盛名,乾隆咏诗曰:"玉带高跨入明湖,春水初生春末都。"其他几座桥名也多取古诗的意境,镜桥取意于唐代诗人李白"雨水夹明镜,双桥落彩虹",练桥取意于南朝诗人谢朓"澄江静如练",柳桥取意于唐代诗人杜甫"柳桥晴有絮"。

豳风桥原称桑苧桥,因为桥西一带原有水村居、耕织图等一些与农事有关的景点。废桑薴而改豳风的原因，据说是"桑薴"发音似"丧主"。又慈禧的丈夫咸丰，名叫"奕詝"，与"薴"同音，尽管当时奕詝已死多年，还是要避这个讳。慈禧住园时，几乎每天都要乘龙舟游湖赏景。一次，她着渔婆装束，命后妃和宫女扮渔女，心腹太监李莲英扮渔船艄公，在豳风桥旁荡舟拍照。

蓬莱岛，位于昆明湖南部，岛上有龙王庙，由十七孔桥与东岸相连。岛上的涵虚堂原是一座三层的高阁，叫望蟾阁，与万寿山上的佛香阁南北呼应，于1860年被焚毁。现在岛上的广润灵雨祠、月波楼、涵虚堂等建筑，都是光绪年间重建。

广润灵雨祠，俗称龙王庙，因庙里有一尊龙王像而得名。据史料记载，广润灵雨祠的历史，比昆明湖还要长。乾隆在大力扩展水域将瓮山泊改建为昆明湖时，根据造园的需要特意留了一个南湖岛，原先建在该处的龙王庙也保留了下来。乾隆的用意很明白，在一大片水域里有一座龙王庙，无论从哪方面讲都是顺理成章的。当年慈禧每次从城里的紫禁城乘船来颐和园时，船到昆明湖后，一般都要先去龙王庙进香，祈求龙王保佑她在昆明湖上的活动平平安安。龙王庙北岛上临湖地势高处有岚翠间，光绪十五年（1889年），慈禧将它改建为阅水兵将台，并亲率光绪以及后妃王室成员至此阅兵。

附录：世界遗产委员会评价资料

北京颐和园始建于公元1750年，1860年在战火中严重损毁，1888年在原址上重新进行了修缮。其亭台、长廊、殿堂、庙宇和小桥等人工景观与自然山峦和开阔的湖面相互和谐、艺术地融为一体，堪称中国风景园林设计中的杰作。

1. 概况

颐和园是世界著名的皇家园林，它地处北京西北郊外，距京城约15公里，旧称"清漪园"。1888年重建，改名"颐和园"，耗银3000万两，历时十年。颐和园规模宏大，占地面积达290.8公顷，主要由万寿山和昆明湖两部分组成。各种形式的宫殿园林建筑3000余间，大致可分为行政、生活、游览三个部分。

以仁寿殿为中心的行政区，是当年慈禧太后和光绪皇帝坐朝听政，会见外宾的地方。仁寿殿后是三座大型四合院：乐寿堂、玉澜堂和宜芸馆，分别为慈禧、光绪和后妃们居住的地方。宜芸馆东侧的德和园大戏楼是清代三大戏楼之一。

颐和园自万寿山顶的智慧海向下，由佛香阁、德辉殿、排云殿、排云门、云辉玉宇坊，构成了一条层次分明的中轴线。山下是一条长700多米的"长廊"，长廊枋梁上有彩画8000多幅，号称"世界第一廊"。长廊之前即是碧波荡漾的昆明湖。昆明湖的西堤是仿照西湖的苏堤建造的。

万寿山后山、后湖古木成林，环境幽雅，有藏式寺庙，苏州河古买卖街。后湖东端有仿无锡寄畅园而建的谐趣园，小巧玲珑，被称为"园中之园"。

颐和园整个园林艺术构思巧妙，在中外园林艺术史上地位显著，是举世罕见的园林艺术杰作。

2. 文化遗产价值

颐和园主要有万寿山和昆明湖所组成，占地面积290.8公顷，水面（昆明湖）面积占四分之三，约220公顷。园内建筑以佛香阁为中心，共有亭、台、楼、阁、廊、榭等不同形式的建筑3000多间。全园大体分为三个区域：以仁寿殿为中心的政治活动区，以乐寿堂、玉澜堂和宜芸馆为主体的生活居住区，以万寿山和昆明湖等组成的风景游览区。整个景区规模宏大，是集中国园林建筑艺术之大成的杰作。

三、湖上林园欣赏——扬州瘦西湖风光集锦

扬州是国务院首批公布的二十四座历史文化名城之一，素有淮左名都之誉。自然风光秀美，文化底蕴深厚，留下了李白、杜牧、白居易、欧阳修、苏轼、郑板桥、朱自清等大批名人雅士的足迹。从李白的"故人西辞黄鹤楼，烟花三月下扬州"，到张若虚的"春江花月夜"孤本压全唐，从徐凝的"天下三分明月夜，二分无赖是扬州"，到杜牧的"春风十里扬州路，卷上珠帘总不如"、"二十四桥明月夜，玉人何处教吹箫"，历代文人墨客从未吝啬过对扬州的赞美与吟诵。清康熙、乾隆二帝曾数度南巡扬州，当地豪绅争相建园，赢得"园林之盛，甲于天下"的美名。

人因景名，景以人著，扬州园林从古及今既有诗文记述，又有专集评说：从唐代李白、杜甫、白居易、杜牧，宋朝欧阳修、苏轼、梅尧臣、秦

观，到明清汤显祖、金农、郑燮，咏诵扬州的诗文，迄近代以前不下6000首，而咏景的又占大半。在古典文学名著里，扬州园林也成了作家笔下的不朽素材，《浮生六记》、《儒林外史》、《红楼梦》、《聊斋志异》、《二十年目睹之怪现状》等书中，或直接描写、或作为人物活动背景、或假托人物游玩所见，为扬州的园林风光增添了诸多艺术情趣。而画师们则握管挥翰，袁江的《乔氏东园图》、袁耀的《贺氏东园图》、高翔的《弹指阁》、卢雅雨的《虹桥览胜图》，更描绘出扬州园林"十里春风景物稠"的繁华景象。

瘦西湖，位于扬州市西北郊，总面积103.7公顷，其中水面49.9公顷，是国家级重点风景名胜区"蜀冈——瘦西湖风景名胜区"的核心部分。湖道迂回曲折，迤逦伸展，仿佛翩跹的神女，媚态动人。湖道上缀以融南秀北雄于一体的古典园林群，串以长堤春柳、四桥烟雨、徐园、小金山、吹台、五亭桥、白塔、二十四桥、玲珑花界、熙春台、望春楼、吟月茶楼、湖滨长廊、石壁流淙、静香书屋等两岸景点，形成移步换景、相互因借的山水长轴。名寺古刹和古城墙垣绵延相属，名胜古迹和历史遗存散布其间，风韵独具的自然风光和含蕴丰厚的人文景观相映生辉，俨然一幅天然秀美的国画长卷，是镶嵌在历史文化名城中的一颗璀璨明珠。同济大学院仪三教授赞为"目前国内唯一没有视觉污染的风景点"。

不妨，就让我们徐徐打开扬州园林的艺术画卷，细细品味湖上园林的代表佳作——瘦西湖风景区的精美绝伦。

（一）也是销金一锅子，故应唤做瘦西湖

瘦西湖，原不过是扬州一条极为普通的城河——保障河。袁枚在《扬州名胜录》中说它"长河如绳，宽不过二丈许"，但经造园家的巧妙构思、精心安排，就在这长河之中营造出一连串妙景佳境：一是拓宽水面，使得湖中处处有变化、眼中景景有情趣。或用葑泥堆土石于湖中，如小金山；或将葑泥堆成小汀，如西园曲水中的琵琶岛；或用湖泥围池、在湖中设湖，如"荷浦熏风"景点，外围东、西面为湖水包围，而中间北首堆成土阜、建造小亭，南部则挖池栽荷。或以长渚伸入湖心，筑台观景，如钓鱼台。二是发挥河道曲折变化的特点，或收或纵、迢递不断。从便益门开始，河道先由东向西，到西园曲水由南向北，到小金山又由东向西，到甘四桥再由南向北。中间又有不少汊河，如到冶春园处向南到小秦淮河，到问月桥处向北有凤凰河，到西园曲水处向南有丁溪，到四桥烟雨处向北有长春河。正如袁枚所赞"水则洋洋然九折矣"，湖水曲曲折折，一来、一往、一可望，虽是狭河，却营造出了宽阔的湖面。三是所有景点皆傍湖而建，一面临水、一面傍路。景点皆相互照应、各呈其妙，在每个转折处上都设置比较大的景区，如西园曲水、小金山、二十四桥三大景区，形成著名的"集景式滨水园林群落"特色景观。

扬州瘦西湖水面仅50公顷、6公里多的游程，较之杭州西湖近600公顷水面、15公里围湖的规模相去甚远。清《冷庐杂识》卷六中称"天下西湖三十有六，惟杭州最著"，似乎并不包括扬州。但一条曲水或放或收、或宽或狭，状如锦带，缥碧清澄，两岸景观三步一亭、五步一园，斗艳争奇、各具特色。更有诗词碑刻、匾额联对，点到人心，恰到好处，是唯一可以和杭州西湖相媲美的湖上园林。清代杭州诗人汪沆，比较这两处湖光后挥毫一首：

> 垂杨不断接残芜，雁齿红桥俨画图。
> 也是销金一锅子，故应唤做瘦西湖。

这也是"瘦西湖"称谓的由来之一，这"瘦"字后来成了"秀"的代言，成为扬州人引以为傲的独特园林艺术表现形式。易左君在《闲话扬州》中十分热情地说："有人觉得很奇怪，怎么杭州有一个西湖而扬州有一个瘦西湖呢？你要游过瘦西湖才知道'瘦'的好处，以美人而论，肥环真不如瘦燕；以食物论，馒头倒也不及花卷，西湖是不瘦不胖，太湖我叫它做'胖西湖'，扬州瘦西湖真是又媚又俏！假如天下湖光是一副美人的娇面，太湖就好像胭脂般的两颊——东西洞庭绝似一对酒窝，西湖就好像一对剪水的秋波，瘦西湖就好像夹在翠眉间的一线'眉心俏'。"

（二）两堤花柳全依水，一路楼台直到山

瘦西湖有起伏多姿的坡岸、清流映带的碧波、蓊郁芳鲜的佳卉、幽窈明瑟的厅堂，并在沿河傍岸桃柳间植、将诸景连成一片，形成"两堤花柳全依水，一路楼台直到山"的带状艺术效果，以湖上园林的俊美风姿盛名国内外。电视剧《红楼梦》中元妃省亲的重场戏就是在这儿拍摄的，风光

明媚、水天焕彩，绿柳吻水、亭台亲颊，说不尽的富贵风流，道不完的含蓄清幽，使人陶醉其中、乐而忘返。

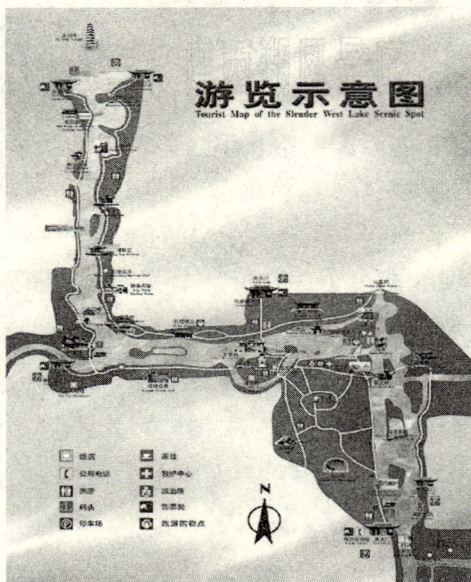

图 19　瘦西湖游览示意图

　　游览瘦西湖最好的方式是乘船观赏，船在水中行、人在画中游的享受可不是随处可得的。夏日的瘦西湖更显秀气、精致，特别是在夜间灯光的照射下，扑朔朦胧、意境非凡，乘船夜游更可品味一份清丽脱俗、如梦如幻的韵味。"扬州明月好，诗画瘦西湖"，月光下泛舟湖上，在幽幽的桨声中感受瘦西湖的清风明月，烟波柔渚，临水楼台张灯结彩，烟雾缥缈如玉宇琼楼。扶栏赏月，天上水中，风吹月动。"天高月上玉绳低，酒碧灯红夹两堤。一阵歌喉风动水，轻舟围绕画桥西"。荡漾在夜晚的瘦西湖上，天光、水色、云影相互辉映，伴着曲曲袅袅动情的箫声，使人沉浸在诗画瘦西湖的意境中久久不忍离去。

1. 虹桥修禊意深

　　"扬州好，第一是虹桥，杨柳绿齐三尺雨，樱桃红破一声箫。处处是兰桡。"① 今日虹桥，成为进入瘦西湖的东路陆上门户，登桥极目北

---

① （清）费轩：《梦香词·调寄望江南》。

眺：湖身开阔、汀屿巧布，波平如镜、水天交碧，竟不知是云沉湖底，还是树映天上，更隐约可见小金山上的山亭远影，似在招引游人步入胜境。

虹桥，建于明崇祯年间，原为木构，围以红栏，故名"红桥"，清初名士王士祯有诗吟道："红桥飞跨水当中，一字栏杆九曲红；日午划船桥下过，衣香人影太匆匆。"清乾隆元年（1736年），郎中黄履昂改建为单拱石桥，如同虹卧于波，遂改称"虹桥"。因在城内小秦淮河上另有一座小虹桥，故此又称大虹桥。1972年，扬州市政府对其进行改建，拓宽为现宽7.6米的三孔低坡青石桥，形式更为壮观，通衢更为便捷。

虹桥的文化内核，在于她曾经是文人的活动中心，是吟诗与宴游的场所。《桃花扇》作者孔东塘、扬州推官王渔洋、两淮盐运使卢雅雨及其同僚，曾分别在虹桥举行"修禊"，其中以王渔洋《浣溪沙·红桥怀古》二首最为著名：

一

北郭清溪一带流，红桥风物眼中秋，绿杨城廓是扬州。西望雷塘何处是？香魂零落使人愁，淡烟芳草旧迷楼。

二

白鸟朱荷引画桡，垂杨影里见红桥，欲寻往事已魂销。遥指平山山外路，断鸿无数水迢迢，新愁分付广陵潮。

卢雅雨曾为之作赋，和者先后达七千余人，编成三百余卷，绘《虹桥览胜图》记其盛举。虹桥胜迹，遂名闻于天下，被称为"北郊二十四景第一丽观"。

虹桥修禊，（清）李斗《扬州画舫录》云："元崔伯亨花园，今洪氏别墅也。洪氏有二园：'虹桥修禊'为大洪园，'卷石洞天'为小洪园。大洪园有两景：一为'虹桥修禊'，一为'柳湖春泛'，是园为王文简（王渔洋）赋冶春诗处，后卢转运（卢雅雨）修禊亦于此，因以'虹桥修禊'名其景，列于牙牌二十四景中，恭邀赐名'倚虹院'。"然今虹桥修禊已并非过去面貌，由1997年在旧址复建的。主景饯春堂西临湖水，堂西有白石平台枕于水上，南侧八角重檐亭，曲廊方亭巧妙勾连、蜿蜒逶迤，其布局灵活、组合丰富、一气呵成。园之东南，增土为坡冈，上筑方亭曲廊，下缀垒垒黄石。园中地形起伏，芳草如茵，黄石散置。园东北建一六角双亭，更有娇花照水、弱柳抚风、莺歌蝶舞，或小憩品岁，或临水赋诗，或幽窗对弈，或静观美景，比之当年击钵赋诗、绢素横飞，又多了几分情趣、几味雅韵。园周岸边，高柳相接、绿绦如帘，春风飘拂、柳絮如烟。更兼扬州盆景博物馆落户园中，白墙黛瓦、云脊漏窗、微盆咫尺、佳境浓缩，龙干虬枝、鬼斧神工，倾倒无数远近游客、中外嘉宾。

2. 长堤春柳情话

瘦西湖的入园正门坐北朝南，主体为歇山式门厅三楹，西山接廊屋七间，东山以短廊接亭直插水际。门厅廊柱上的一副楹联，由晚清扬州诗人李逸休撰题，其女、扬州著名书法家李圣和书写：

天地本无私，春花秋月尽我留连，得闲便是主人，且莫问平泉草木；

湖山信多丽，杰阁幽亭凭谁点缀，到处别开生面，真不减清閟画图。

诗联好，为瘦西湖风光平添几分魅力；书法佳，给翰墨城山水倍增无限情趣。

瘦西湖的入园门厅犹如一袭面纱，将内中的景物半遮半掩，更增添了几多羞涩、几分妩媚。进入园门，便见一条长约二里、宽约两丈的林荫道展现眼前：东侧是波光粼粼的湖面，天光云影，三步一桃，五步一柳；西面是芳草萋萋的缓坡，地形起伏，树木葱茏，绿荫匝地。由闹市入幽静，由局限拥挤的街道市井进入开阔舒畅的湖光山色，"长堤垂柳最依依，才过虹桥便入迷"。造园者深知游客心理，故堤虽长而不单调，途中仅设一亭而不觉得空旷。这便是二十四景之一的"长堤春柳"，沈复《浮生六记》赞曰："长堤春柳缀于此，更见布置之妙。"

汉代"扬州"，"杨"字从木不从手。扬州属江南水乡，最宜植柳，故名"杨柳"。隋炀帝开挖运河，筑隋堤、广植柳，并赐柳姓扬，是为"扬柳"。所以扬州因柳而名，扬柳也成了扬州的市树——"多情最是扬州柳"。

长堤的柳，纤丝如烟。树体痴肥臃肿，斜倚水面倾倒碧波风光；枝条柔软细长，风拂水抚更见情致飞扬。长堤的桃，色艳似灿。绛桃、碧桃、寿星桃，种种娇美；赤、橙、白、粉，色色生香；单瓣、复瓣、台阁瓣，形形诱人。烟花三月信步长堤，欣赏着桃红柳绿的怡人美景，呼吸着湖面吹来的清新空气，感受着烟花柳絮的漫天飞舞，正如长堤春柳亭联所书"佳气溢芳甸，宿云澹野川"：清爽的空气充溢遍满芳草的旷野，宁静的云朵浮映绿野郊外的河流。人行其中，必然有"沾衣欲湿桃花雨，吹面不寒杨柳风"的愉悦之感。

园林艺术是空间艺术和时间艺术的交融，"长堤春柳"是瘦西湖的序幕，但意义绝非一般。一般的序幕，相对于高潮来说只是一个附属，是铺垫和引子，但"长堤春柳"，无论是外景还是内涵都具有自身的独立品格：坦然而不直露，蜿蜒但不曲折；既有山野的情趣，又具城郭的氛围。无论是文人雅士，还是市井百姓，都能感受到自身想要的东西。使人们从喧嚣的城市进入清幽境地，心胸为之一阔，世俗杂念渐离心头，恬淡幽静趣味顿生，正如李商隐诗中所描写的"堤远意相随"。

长堤之尾即为桃花坞。如果说长堤以东风二月，桃红柳绿间植取胜，那么桃花坞若云霞聚彩，一袭长空群置见长。确是"花谢花飞飞满天，红消香断有谁怜"。电视连续剧《红楼梦》拍摄时，黛玉在此以锦囊收桃花艳骨，埋于一抔净土之中，连桃花坞的花瓣也簌簌飘落，似乎同情着黛玉的不幸。

3. 徐园明瑟开篇

长堤北端是徐园，是为纪念徐宝山而建。徐宝山，草莽出身，被清政府招安后曾统管两淮及八百里长江的缉私，辛亥革命后追随孙中山，后袁世凯复辟，被人用藏在花瓶里的炸弹炸死。扬州名士、冶春后社诗人吉亮工题写，"徐"字为行楷，"圆"字成行草，字径逾尺，配合和谐，笔力道劲，气势非凡，结构雄浑缜密。康有为曾为徐氏撰联吊唁："大树飘零，草木犹知名胜；遗园明瑟，山林长忆将军。"

徐园，原清初韩园桃花坞故址。徐园规模不大，占地0.6公顷，但庭院结构得体，起承转合，错落有致。说是祠堂，其实是极精巧的园林，外有曲水、内有池塘，花木竹石、交相掩映。园横亘路中，一道高墙将大片湖水挡住，仅以一圆形的月洞门引人入内。月洞园门如一画框，园内芊芊柳丝、朦胧依稀，微风过处，柳枝摇曳，透出殿宇一角、显现佳境一隅。园中有一馆、一榭、一亭，三处建筑成锁壳形同处一园，中馆、西榭均为歇山式建筑，东亭双檐四角攒尖式，确有廊腰缦回、檐牙高啄的意境。

园内迎门点石，园中一泓池水，园景在碧水中倒映。湖石驳岸，塘边红蓼、菖蒲伴石，垂柳悬丝、木香攀缘，池内莲荷浮波，桃梅缀桥，香溢四周。池东筑青石板桥一座，下有小溪，使池水与园东湖水相通。过桥越池向北则是听鹂馆，取杜甫"两个黄鹂鸣翠柳，一行白鹭上青天"之意，抱柱楹联"绿印苔痕留鹤篆，红流花韵爱莺黄"，是同治状元陆润庠所撰。馆内楠木落地罩槅，精刻松竹梅图案，为扬州木雕之珍品。台前植白玉兰、广玉兰、腊梅、紫藤，东侧湖岸多植高柳，时有黄鹂穿飞鸣唱于枝丛之间。馆东部为碑亭，《徐园碑记》碑文为仪征吴恩棠先生撰写。馆西为"春草池塘吟榭"，取谢灵运"池塘生春草"之意，几案明净，最宜小坐，静听池上蝉唱、湖边蛙鸣。榭后转侧门，内有雅室三间，为冶春后社旧址。西折有曲廊逶迤，接疏峰馆，馆前植腊梅、紫藤，花木间垒以湖石，颇有幽致。

徐园，作为瘦西湖景观设计中的第二道障景，作用非凡。游至西北，又一湖面挡住去路，给人"山重水复疑无路"之感，待继续前行至小红桥之上，驻足依栏向西极目：湖面开阔，碧波荡漾，方知瘦西湖面却也不"瘦"，五亭莲花，白塔晴云，顿觉景观意境豁然开朗。袖珍小园之后竟还有如此开畅的空间，此时再回眸徐园，方觉察其乃是造园意境高潮前的一场开篇，才感悟其造园艺术中"柳暗花明又一村"的深切内涵。有人曾比较杭州西湖和扬州瘦西湖的构园艺术，杭州西湖虽阔大，但站在湖边，诸景尽收眼底，有一览无余之快；而扬州瘦西湖虽秀小，需深入其境，方知诸景奥妙，具高潮跌宕意境。

4. 四桥烟雨朦胧

从徐园向湖东遥望，绿色葱茏中有一座"四桥烟雨楼"，是为二十四景之一。登楼远眺，可在烟雨朦胧中见到大虹桥、长春桥、春波桥、莲花桥的芳姿倩影。

《扬州画舫录》卷十二载："'四桥烟雨'，一名'黄园'，黄氏别墅也，上赐名'趣园'"。"趣园"之名，取陶渊明《归去来兮辞》"园日涉以成趣"意。原有主要建筑锦镜阁、四照轩、金粟庵、涟漪阁、澄碧堂、光启堂、云锦淙等，楼台厅堂曲室度地而筑，丛桂青竹绿水环翠相连。四桥烟雨实际是园的总名，原先范围很大，东有江园环翠阁，飞檐重屋，架夹河中。如有"竹间水际"、"回环林翠"景，随势造景，土山逶迤，山中筑丛桂亭，山下为四照轩，分别是观赏植物之所在，一临水观竹，一登坡入林，其他建筑罗布期间。乾隆帝曾作趣园诗："多有名园绿水盆，清游不事羽林纷。何曾日涉原成趣，恰值云开亦觉欣。得句便前无系恋，遇花且止足芳芬。问予喜处诚奚托？宜雨宜旸利种耘。"登上主楼，极目四顾，景色确是怡人，可见乾隆评述不假。

"摇到四桥烟雨里，拨开一片水云天"（清，郑板桥），该景最大的妙处是可以饱览水景：碧水如带，由南而至，至此一注向北、一注向西，形成"丁溪"。水不见头，唯见河上重重桥梁。河上桥梁各具形制，大虹桥为三孔拱桥，花岗石凿就，桥势平缓，车水马龙；春波桥却是梁桥，上、下桥桥堍都是用黄石叠成阶级，拾级而上，又是竹木桥面，风亭翼然，古树交柯，更显得自然朴实而富有野趣；长春桥朴实平缓，与碧水、蓝天、翠柳融为一体，自然和谐，恬静悠闲。五亭桥状似莲花，静浮碧波，黄瓦朱甍，如若彩带束腰，更显佳丽端庄。四桥景观，分中有合、合中有分，既能把被湖水分割的景物相互衔接起来，又以各自不同的落点和构架将全湖景点划分为若干区间，使每一风景区都呈现出自身的特色和韵味。若能雨中登楼，诸桥同处雨雾之中，如蒙上一层轻纱，空蒙变幻，朦朦胧胧，更觉趣味非同一般。月明之夜，登楼凭窗眺望，四桥之间"若明若暗湖边柳，小窗处处灯摇红"，更是让人拍手叫绝。

2004 年，瘦西湖风景区参照清代《扬州画舫录》的记载和故宫所藏《江南园林胜景图》复建趣园景区时，注重延伸历史文脉，对四桥烟雨楼进行了全面维修，并重建了锦镜阁、水苑清音、绿杨澄碧等景点。在植物配置上以桂树为主要树种，并配以乌桕、合欢、银杏、红枫等，形成了林木荟蔚的一方胜境。

5. 小金山精致

"小金山"，又称长春岭，四围环水，形如青螺。乾隆二十二年（1757年），为使乾隆帝能坐船直抵平山堂，用开挖莲花埝新河的泥土堆积为岭而成，是瘦西湖景观艺术应用的又一得意佳作。有诗赞曰："借得西湖一角，堪夸其瘦；移来金山半点，何惜乎小。"

瘦西湖是"凵"形狭长河道，由南向北，再折西向北，而长春岭就处在"𠃌"的拐点上。一道屏障，将北面湖景遮住，先行展现西湖面的五亭、白塔主景，使人感到气度非凡，沈复《浮生六记》对此颇有赞美，认为：“有此一挡便觉气势紧凑，亦非俗笔。”文人雅士亦看中此地，构堂筑室，植花种草，堆山叠石，代有增添，到清代时已成为瘦西湖景观最引人处，有“湖上蓬莱”之称。主要景观有琴室、棋室、木樨书屋、月观、梅岭春深、湖上草堂、吹台、绿荫馆、玉版桥、风亭、玉拂洞、小南海等。

出徐园北行，过小红桥，迎面一座小型寺院建筑，门额上题“小金山”。院内植银杏两株，古木参天，置盆形奇石一座，峰峦起伏、洞壑天然，自成山水景观，为北宋末年花石纲遗物，极其珍稀。院北有堂，堂前有侧门通东边琴室。琴室东南水边的观自在亭，是东望四桥烟雨景色的最佳处。琴室之东、观自在亭之北，有花墙围出一方清净院落——桂园，院内植桂花、腊梅、牡丹，略点湖石，院西有棋室，院北辟小门东通月观。在不大的建筑配置空间内，居然敢再以院墙进行分隔，大园当中藏有小园，这种园中园的构置，是我国古典园林造园艺术华采之笔。植物配置是，春日赏魏紫姚黄，国色天香；夏日看荷花睡莲，优雅典庄；秋日品三秋桂子，香飘满园；冬日赏疏野横斜，浮动暗香。

月观之北，为岭之东麓，因岭上多植梅树，石额题景曰“梅岭春深”，为二十四景之一。咸丰年间曾毁于兵火，光绪年间复建。岭下建筑，皆依山傍水。岭西麓有湖上草堂，匾额、楹联皆为嘉庆年间扬州知府、书法家伊秉绶手书，两侧楹联为“白云初晴，旧雨适至；幽赏未已，高谭转清”。自湖上草堂西行，有绿荫馆，馆门面南，身后被水。再西，有长渚深入湖心，尽头为吹台。堂北侧立有枯木，凌霄攀缘其上，青藤绿叶，犹如枯木逢春。其东为玉佛洞。沿磴道、土坡，可至岭上风亭，为湖上最高观景点。风亭匾额为清代著名诗人阮元所题，连同琴室、月观、吹台，把迎风吹箫、沐月抚琴的休闲文化内涵精辟点出，有人撰联曰：“风月无边，到此胸怀何似；亭台依旧，羡他烟水全收。”

小金山，“借山叠石因成趣，种竹栽花为有香”。以黄石布成曲折磴道，两旁随势点缀黄石山峰，山势虽不太险峻，但人行其间如入高山空谷，且周围皆为湖水环抱，加上松、竹、梅的种植，人处其间，感到十分自然、深幽。山顶建一风亭，山上植以老柏，亭瘦而高，树高而劲。登高远眺，南可极目大虹桥，西可遥对五亭桥，瘦西湖景色尽收眼底。

小金山，虽为湖中小岛，山不险峻、体不庞大，但为湖上观景最高据点（风亭）、景致最为幽深（月观后院）、花木最为奇异（枯木逢春）、奇石最为珍稀（盆形钟乳石）、陈设最为精美（棋室、月观）、借景最为神奇（吹台），再加上名家书法、百年古木以及南北两座形制、质地各异的精美渡桥（小红桥、玉版桥），已成为瘦西湖造园艺术中最具欣赏品位的精华之作，被举为瘦西湖园林景观中最令人流连忘返的精品之所。

（1）琴室拨弦

琴室，位于正门东侧，临水而建。面南三楹，中为敞间，两间设半截木栏。北墙外嵌"琴室"石额一方。门前古柏两株，皆逾二百年，葱茏叠翠，拔地过檐数丈。屋前芳径，面水临桥，水边数株垂柳依水，古人常在此面水弹琴。原本这里有一挂件——鱼纹音石，轻轻敲击，似有音符，悦耳动听，如果古筝弹奏，音石击拍，正是红牙拍板。进琴室为一庭院，面西有八角吹花门，清大书法家邓石如书题"静观"额其上，园内植有老桂15株，花时浓香醉人，故名"桂园"。庭院东面是木樨书屋，俗称小桂花厅，面南二楹，屋前西墙嵌《重修长春岭殿宇记》碑石。门外沿墙筑坛，花木幽深，特别是秋桂浓香外溢之季，闻桂花香、读万卷书，此乐何极？

棋室，内置乾隆年间江南苏州府监造金砖棋盘两方，大者是象棋盘，近1米见方。室内面南置放两堂清代山水画图饰青瓷屏风，共12片，画面严整而富于变化，瓷质洁白而玉质莹润，是扬州盐商在景德镇烧制，专为贡奉皇上使用的；边框皆为楠木雕琢，图纹极富装饰性。溥仪离位时，将此带到天津，"文革"中复出，回归扬州。另有红木多宝橱两张，刻漆螺钿扬州八怪字画挂屏四幅，皆为稀罕之物。如果在棋室中点一炉妙香，沏一杯清茶，日光将窗外的树影透洒进来，两人对弈，宾朋围观，这种意境恰如室前楹联所述："青山载酒呼棋局，紫褥传杯近笛林"。

（2）皓月东升

作为中国古典园林艺术的经典之作，琴室、棋室、书屋之后必有画室，然此只有月观而无画室，其实月观就是画室。中国的绘画艺术强调虚实结合，贵在"笔不到意到"，造园就是如此。如果月观改为画室，就会因过于求实而索然无味，扬州园林也就没有翰墨园林之称了。"月为诗源，花为画本"，构园者深知赏月可以使文人墨客的诗情大发、画意大增，更鉴于"天下三分明月夜，二分无赖是扬州"的盛誉，于是将琴室、棋室、书屋明提，而将画室暗点：当你顺着琴室、棋室、书屋的走廊向前时，自然就到了月观。

月观三间，为湖上诸园内第一精美花厅，内悬月观横匾，两侧是郑板桥的抱柱联"月来满地水，云起一天山"。东面临湖，皆作雕花槅扇，其余三面开窗，最宜观月东升。每逢望日之夜，皓月高悬、柳梢低挂，湖上月、水中柳交相缠绵，室中光、地上影稀疏摇曳。尤其是中秋之夜，木樨盛开、三秋桂子，十里荷花、宛如琼楼，杯中月、茶中香沁人心田。水明、灯明、婵娟明，茶香、酒香、木樨香，谁个诗人不文思如涌，哪位画家不泼墨淋漓？室外卵石铺地，意趣盎然，曲廊连屋，时时见奇。折墙透迤，随势造景，鲜花点缀，暗香四溢。著名建筑学家梁思成来此游览，盛赞小院布局得体、构筑精良，当为扬州园林书卷气的范本。

月观中的明清家具陈设，同样华贵精良，甚为难得。家具陈设在古典园林艺术中的应用，具有重要地位。月观中的部分几案为明式家具，选料讲究，做工精良，线条简练，且很少用漆，材质本身色泽含蓄柔和、纹理清晰富于变化。八仙桌、大茶几、画案、太师椅、椭圆形凳、扇形凳则是造型复杂而富丽的清代物件，整套家具组合一起，却十分和谐。其中一件槟榔纹饰，其桌围都施槟榔高浮雕、以折枝花叶连缀，围下花饰则为槟榔镂空雕、虚实相映凹凸得体，一颗颗槟榔珠圆玉润、平滑如水、光洁可鉴。另一套河塘清趣图饰八仙桌和太师椅，更构思奇巧，雕饰既注意局部的写实，又注意整体的和谐，令人叹服。以椅为例，两侧扶手即为两枝藕，如真藕一般大小。椅背下为水波纹，上浮一枝嫩藕，其上是荷花、荷叶、莲蓬、荷箭，其间有水鸟。椅背当中则用圆形大理石镶嵌，分明是一轮满月。

（3）钓台临水

《扬州画舫录》卷十三云："岭西一亭依麓，额曰'钓渚'。"绿荫馆向西，有一宽丈许、长百余步的长渚直插湖心，把原本不太宽的湖面又用一渚分隔，看起来似不近情理，细细体味却妙不可言：因伸入湖心的是渚而不是堤，其效果似隔非隔、欲断还连。长渚西伸的尽头，临水有一重檐、四角攒尖顶的青瓦黄墙方亭，人称钓鱼台，内悬"吹台"匾，外悬"钓鱼台"匾。集联云："浩歌向兰渚（徐彦伯），把钓待秋风（杜甫）。"扬州人虽很少称呼"吹台"，但来源相传与南朝的南兖州（今扬州）刺史徐湛之有关，他曾在蜀冈上建有"风亭、月观、吹台、琴室"，是扬州历史上构造官园的始创者。

图20　吹台

　　提起钓鱼台，全国以此命名的景点很多，陕西咸阳渭水之滨者，是姜太公直钩钓鱼的所在；山东濮水之边者，是庄子钓鱼的地方。江苏淮安有韩信钓鱼台，浙江桐庐有严子陵钓鱼台。

　　扬州钓鱼台的精妙之处，在于虽同样为近水而建，却位于长渚尽头，似静候于水边的轿抬。长渚凸进湖中，湖上风光尽收眼底。钓台四壁皆门，四周景观任君观赏，面东装木刻镂空落地罩阁门，余三面皆为砖砌月洞门。站在东门外凝目西舒，以门借景，昔有"三星拱照"之称：西门洞正园，内衔的五亭桥横卧波光，若莲花盛开，更显五亭之丰；南门洞椭圆，内收的白塔竖立云表，似春笋破篛，更突白塔之耸；北门洞所收的"水云胜概堂"，由一主厅和一方阁构成。"框景"殊异，堪为园林艺术景观中的杰作；"借景"美妙，堪称园林景观艺术中的典范。

　　水云胜概堂，俗称桂花厅。主厅为三楹四面厅、四周廊，厅前面湖构筑丹墀，围以汉白玉石栏。方阁居主厅之西。厅大阁小，构建时颇具匠心，故意将厅后置，而将阁提前，形成前后的错落，又将阁提高，与厅形成高低的掩映。再以爬山廊三折三层将厅阁相连，形成曲栏层楼的气派。厅东植大片琼花，春日玉树琼云；西北广植桂树，秋日三桂齐放。1988版电视连续剧《红楼梦》元妃省亲的大观楼即设于此，实在不负"天上人间诸景备"的盛名。

6. 凫庄仙寰玲巧

五亭桥东南湖中、莲性寺北门对面，有一个碧水环绕的小小岛屿，似浮若泅，称为凫庄，取《楚辞》之意，"将泛泛若水中之凫，与波上下，偷以全吾躯乎"。"凫"是水鸭子，登五亭桥俯瞰，其确如浮于碧波之中的一只野鸭，纤巧而又清秀。

《扬州画舫录》卷一载，凫庄，在莲花桥侧，邑人陈氏别墅。凫庄成型于 1921 年，园主人陈卓胸有丘壑，凭借高度的审美观念，巧用这一亩荒岛的地形优势，把真实山水的精华，因地制宜地加以运用。庄在水中央，门近莲性寺，庄前建小活桥，朱栏曲折，长达数丈，游人非由此桥不能入。庄东为曲尺形水榭，临湖南建敞厅三楹，不规则的荷花池位于厅前，上有杨柳、下载芙蓉，足称夏季纳凉胜境。厅后更叠人高之湖石，立意颇深。庄中环植梅、桃、筱竹，尤具花木之胜。庄北临湖处，西设水阁数间，春夏之交，并可临流把钓。庄西北隅建有小阁，可以登临远眺。阁侧塑观音大士像，独立水滨，盖仿南海普陀山"观音跳"之意。

图 21　凫庄

凫庄的园林构景最大特色，一是尽量取小、细巧玲珑。按照画论，相度地形，经营位置，叠山凿石。厅馆台榭，不求造型奇特，而以精小纤秀取胜。再是另辟蹊径、相映成趣，将厅榭楼台和水面假山结合为一个整体，不与五亭桥、莲性寺、白塔争胜，而是巧借诸景的环绕包抄，在形制体量上形成强烈对比，行锦上添花的功效。建筑多在东、北、西三面临水处，景观小巧玲珑，尽量营造宽敞的中央空间，给人以疏朗的感觉。北为湖石堆叠的假山，山不甚险。上建一亭，亭不太高，角系风铃，风来声响，轻击美韵雅音。登亭观望五亭桥，只见卷洞连环，纵贯横连，更看出空灵透剔。庄北临湖水阁外套亭廊周接，上置挂楣，沿设美人靠，临水近赏五亭英姿，又别有一番情趣。春夏之交，临流把钓，荷香鱼跃，其乐无穷。正如《望江南百调》所歌："亭榭高低风月胜，柳桃杂错水波环，此地即仙寰。"

凫庄，在瘦西湖如画如诗的园林艺术长卷中，小得犹如一个逗号，但亭榭山池皆备，玲珑秀美俱佳，颇得造园艺术之精髓；与瘦西湖景观中的标志性建筑五亭桥、白塔相临为伴，巧辟蹊径，以清幽、精细取胜，更可看出雄秀相映成趣。凫庄卧于水波之上，四面环水，岛上多是单层水榭、精巧的风亭、曲折的串廊，所有建筑皆低于五亭桥的桥基，与桥比岂不是庄秀桥雄？它南侧的莲性寺，大雄宝殿、藏经阁、山门这些寺宇建筑雄踞高地，围墙高耸，多为庄严的立山建筑，形制高大，比起凫庄来岂不又是寺雄庄秀？

7. 五亭白塔双杰

"扬州好，高跨五亭桥。面面清波涵月影，头头空洞过云桡。夜听玉人箫。"如果说瘦西湖像一位婀娜多姿的苗条少女，那么五亭桥就似一条五朵莲花组成的腰带紧束着俏美人的腰肢，更显出她无比迷人的风姿。桥的跨度连斜阶全长 55.5 米，下面是 12 座大块青石砌成的桥墩，形成"草"字头型的桥基，比起普通桥梁多了四翼，两端为宽阔的石阶，完全是一种阳刚之美，给人以厚重有力的感觉。五亭桥的艺术奇妙，是在桥上却置五亭，亭与亭之间有短廊连接，形成完整的屋面，中亭较高，瓦顶重檐，四角攒尖顶，翼角四亭对称，皆为单檐，亭挑四角，檐牙高啄。亭内天花板上还有彩绘藻井，图案绘制精妙；亭上有宝顶，四角悬风铃。五亭都是朱红亭柱，金黄瓦顶，彩绘雀替，活脱是典型的江南风韵，完全是一种柔秀之美。其造型典雅优美，既庄重大方，又玲珑巧妙，是我国古代桥梁建筑艺术上的杰作，是扬州城的城标。在八月中秋之夜、月朗高悬之时，各个卷洞内都衔有一个水月，形成众月争辉、银光晃漾的美景，令人心醉不已，更给有"月亮城"之称的扬州平添许多神奇的色彩。

桥基雄，桥亭秀，两者共筑一身，如何能配置协调？关键是两者的比例适当，形制互融。造桥者把桥身建成拱券形，由三种不同的券洞联系，计 15 个桥孔，孔孔相通。中心桥孔最大，跨度为 7.13 米，呈半圆形，直贯东西；旁边 12 个桥孔布置在桥基三面，亦呈半圆形，可通南北，桥阶孔则为扇形，可通东西。从湖面望去，形成五孔，大小不一，形状各殊。

这样，就在厚重的桥基上安排了空灵的拱券，在直线的拼缝、转角中安置了曲线的桥洞，桥基与桥亭的配置自然就和谐一体了。难怪有人把石砌的桥基比成北方威武的勇士，而把木制的桥亭比做南方秀美的少女，力与美的结合，壮与秀的和谐，形制与景观的融洽，成就了五亭桥在园林桥艺中的独特魅力。郁达夫在《扬州旧梦寄语堂》中赞道，那一座有五个整齐金碧的亭子排立着的白石平桥，比金鳌玉蛟，虽则短些，可是东方建筑的古典趣味全荟萃在这一座桥、这五个亭上了。

图 22 　五亭桥

　　五亭桥，是因为建于莲花梗上，再加之形状像一朵盛开的莲花，故又称莲花桥。初建于清乾隆二十二年（1757 年），系扬州盐商迎奉乾隆帝南巡而建，后曾毁于太平天国战火，1933 年重新修复。据说，乾隆曾感叹它像琼岛春荫之景，这就点出了该桥是借鉴北京北海公园之景。北海五龙亭临水而建，中曰龙泽，重檐下方上圆，象征天圆地方；西方，涌瑞方形重檐，浮翠方形单檐；东方，澄祥方形重檐，滋香方形单檐。五亭皆绿琉璃瓦顶，亭与亭之间有石梁相连，婉转若游龙。另，龙泽、浮翠、滋香三亭有单孔石桥与石岸相接，朱栏画栋，光耀涟漪。设计者为取悦皇帝，本想将北海大桥、五龙亭和白塔集于一处，可是瘦西湖太窄、所处环境没有北海的开阔水面，聪明的工匠别出一格，将亭、桥结合形成亭桥——分之为五亭、聚之为一桥，亭与亭之间用廊相接，确实构思巧妙，成为中国桥梁建筑史上的一颗明珠。

白塔，位于五亭桥南平冈之上，在莲性寺后西南，是瘦西湖园林景观中又一闻名遐迩的标志性建筑。塔分三层，砖石结构，气势壮观。塔下筑有长方形高台一座，四周围以栏板，前有小台，可从两侧拾级登临，有石阶 53 级，象征佛教童子拜观音的"五十三参"。白塔位于高台中央，底层为砖砌须弥座，四面有 12 佛龛，塑 12 生肖像，象征周天 12 时辰。中层为塔身，南有壶门，内供白衣大士像。上层是由 13 层圆圈构成的"十三天"，形如壶颈，其上则是鎏金塔顶。塔体建筑元素，处处有暗示、意意有象征，将建筑技巧与佛教文化典故巧妙地糅合在一起。

白塔系清乾隆年间仿北京北海白塔式样而建造的喇嘛塔，《扬州画舫录》也说其"访京师万岁山塔式"，然形制已大有改变，融进了江南园林艺术的秀美之魂，消隐了厚重之势，窈窕气质倍增。北海的白塔为寺庙塔，为喇嘛教塔制，肚大头细，下为高大的砖石台基，塔座为折角式的须弥座，塔高约 36 米。瘦西湖的白塔系园林塔，建筑风格随柔秀见长的江南特色，形制改换上表现为一是高度降低，仅约 28 米；二是塔龛缩小，13 层刹级也较白海塔瘦长，外形轮廓线变得如古瓶般秀美；三是塔座采用砖雕的束腰须弥座，八角四面。陈从周先生在《园林谈丛》评价道，"然比例秀匀，玉立亭亭，晴云临水，有别于北海白塔的厚重工稳"。

莲性寺原名法海寺，位于五亭桥南平冈之上，四周绿水环绕，故以幽静著称，郑板桥曾作诗盛赞："参差楼阁密遮山，鸦雀无声树影闲。门外秋风敲落叶，错疑人叫紫金环。"西南有藕香桥、西北有莲花桥、西有晴云桥与外界相通。因莲花是佛教之花，象征佛教思想天下众生，且附近西北即是莲花埂，上建莲花桥，寺东侧一汪静水，夏送芙蓉笑，上架藕香桥。立于寺前，既见莲花形美，"荷背风翻白，莲腮雨褪红"，更思莲花性佳，"出污泥而不染，濯清涟而不妖"，并联想到"佛心常清净，普渡众芸生"，所以康熙帝为寺题名"莲性"，并多次在寺内驻跸，留下若干笔墨，现可在塔旁碑亭中一睹华章。

该寺是园林寺，是寺庙走向园林化的一处杰作，陈重庆题联甚妙："一枝孤塔，似白鹤飞来，试添金碧楼台，便成北海；几度游人，被黄鸡催老，哪得乾嘉耆旧，与话南巡。"旧景惜早已荒芜，1984 年在园之故址重建。园门东开，入门为一小院，北为积翠轩，南墙前有一曲池，通墙外大湖。轩后有小景，植树叠石，景色清幽。沿轩西走廊南行，有半亭与廊接。亭西墙下有门通另一小院，院北为花南水北之堂，院南为林香榭，皆南向而建，榭前柱间有集联："名园依绿水（杜甫）；仙塔俪云庄（怀素）。"榭前临水建白石平台，诸景均一一浮于水上。画舫往来不断，东向五亭桥、西行熙春台，欢声笑语在碧波荡漾间回荡。

图 23　五亭桥和白塔

　　五亭桥、白塔都是瘦西湖的标志性景点，在中国园林建筑艺术中有着极其受人关注的地位。瘦西湖园林景观艺术应用的美妙之处之一，就是五亭桥和白塔二者间近乎完美的组合：一个高耸入云，直指蓝天；一个横卧莲塘，戏水碧波。一立一卧，一素一彩；一为绿树簇拥，一为碧波托浮。蓝天勾勒出参差的轮廓，阳光映照出美丽的身姿，特别是在渚上的钓鱼台前，透过圆形洞门欣赏，西圆门正圆，端映出五亭桥金碧辉煌，莲影浮波，夕阳西照，华丽夺目，婵娟般妩媚；南圆门椭圆，俏映出白塔金顶璀璨，孤柱擎天，晴云飘曳，白体圣洁，武士般神圣。清代文人金安清曾在《水窗春呓》中这样描写五亭桥白塔景区："其尤妙者，在虹桥迤西一转，小金山矗立其南，五亭桥锁其中，而白塔一区雄伟古朴。往往夕阳返照，箫鼓灯船，如入汉宫图画。"

8．二十四桥景胜

二十四桥景区，位于瘦西湖西段至平山堂的水道转折处，湖面甚为开阔。乾隆年间景称"春台明月"，嘉庆年间毁圮，但地形地貌、河湾港汉犹存。1986年，按《扬州画舫录》记载和故宫博物院珍藏的扬州著名画师袁耀所绘《邗上八景·春台明月》册页、乾隆《南巡盛典图》等有关史料，结合地形地貌现状，设计复建方案。

景区占地约7公顷，包括新建的玲珑花界、九曲桥、熙春台、十字阁、重檐亭、二十四桥，后又续建望春楼、栈桥、静香书屋等，构成一组疏密有间、似断若续、互相因借的古典园林建筑群。其布局呈"之"字形排列，构造旷奥收放、抑扬错落，各面转折对景都是一幅山水画卷，湖两岸长廊依云墙伸展，陆路与水道并行，对重现瘦西湖景区"两岸花柳全依水，一路楼台直到山"的景观盛况，起着非常重要的承接作用，是"乾隆水上游览线"的主要胜景。

图24　二十四桥景区

（1）玲珑花界

过晴云桥西行，最先进入二十四桥景区范围的是位于湖水南岸的玲珑花界：亭榭临水，长廊曲折，观芍亭居中连接。玲珑花界的闻名，当为清代中叶专莳芍药的缘故。芍药是扬州的市花，扬州芍药大约始于唐而盛于宋，其时不仅数量多，而且名种迭出，古人流传至今的芍药谱现存四册，其中《淮扬芍药谱》、《扬州芍药谱》、《芍药谱》三部都是记载扬州芍药的。孔武仲《芍药谱》载："扬州芍药，名于天下，非特以多为夸也。其敷腴盛大而纤丽巧密，皆他州所不及。"歌咏扬州芍药的诗词更不可枚举，如苏轼《题赵昌芍药》："扬州近日千叶红，自是风流时世妆。"黄庭坚

《广陵春早》："红药梢头初茧栗，扬州风物鬓成丝。"

近人周瘦鹃先生在《花木丛中》写道，据说扬州芍药，冠于天下，多至30余种。紫色的有宝妆成、叠香英、宿妆殷诸品；红色的有冠群芳、醉娇红、点妆红、试浓妆诸品；白色的有晓妆新、玉逍遥、试梅妆诸品；浅红色的有醉西施、怨春红、浅妆匀诸品；黄色的有金带围、道妆成、御衣黄诸品。芍药之美好，不亚于牡丹，因而昔人称为"娇客"，自可当之无愧。

其中，最具传奇色彩的当数"金带围"，一种花色大红的托桂型品种，两重花瓣之间的金黄色雄蕊，如同一道腰带镶嵌其中。故事出自宋沈括《梦溪笔谈·补笔谈》卷三：北宋庆历年间的扬州太守韩琦，偶然发现一株一茎四花的"金带围"，极为珍视，遂起意邀请四位嘉宾，以应此祥瑞之兆。其时，邀得路过的京官王珪、王安石、陈升之。席间，韩琦非常高兴，剪下此花，每人各簪一朵，彼此祝贺，尽欢而散。令人难以置信的是，此后三十年间，在扬州簪花的四人，先后都做了大宋的宰相。有人说，"金带围"的花色就像宰相的大红官袍，配上金色的腰带，自然是祥瑞之兆。有人说，"金带围"是扬州芍药的精华所在，此花一开，扬州的发达就如同百花盛开般繁茂。虽然，"金带围"自"文革"期间消失后尚未重现，但改革开放的春风同样给扬州带来了前所未有的大好形势，我们期盼"金带围"也能盛世现身，给花团锦簇的历史文化名城再续一份神奇。

（2）春台祝寿

《扬州画舫录》载："熙春台在新河曲处，与莲花桥相对，白石为砌，围以石柱，中为露台，第一层横可跃马，纵可方轨，分中左右三阶皆墄，第二层建方阁，上下三层，下一层额曰'熙春台'。"1990年景点复建，在施工挖地基时，发现该景房屋的老地基、假山石基础的湖石，更证实了原址当在此处。《扬州画舫录》又载："乾隆二十二年（1757年），高御史开莲花埂新河抵平山堂，两岸皆建名园。"熙春台为乾隆时奉宸苑卿汪廷璋在"春台明月"故址所建。如果说瘦西湖从虹桥到小金山为一折，湖面由南北转为东西，越吹台、穿五亭，到此又一折，湖面由东西转为南北，直到蜀冈山麓。熙春台和小金山都处在湖面转折处，景致的选点均极其精妙。

熙春台建于三级平台之上，红剁斧石露台宽广，围以汉白玉栏杆，层层而下，止于水边，是当年为乾隆皇帝祝寿之所，处处体现出皇家园林富丽堂皇的阔大气派。主楼面阔五楹，前有抱厦，二层重檐，四面有廊，飞檐翘角。下檐中悬"春台祝寿"额；两侧楹联为："胜地居淮南，看云影当空，与水平分秋一色；扁舟过桥下，闻箫声何处，有人吹到月二更。"台内云纹梁柱，云月漏窗，中置刻漆屏《玉女月夜吹箫图》。上层檐下悬"熙春台"额。内置仿古编钟，二层若干根大竹筒拼成两个半月形图案，集历代歌咏扬州的名句。楼南紧后是双檐六角攒尖亭，楼北前远方设一十字阁，阁结五顶，中顶攒尖耸峙，多角交错，很有紫禁城角楼的味道，但形制更为秀丽。主楼和两亭分别以串廊和栈道连接，浑然一体。所有建筑的瓦顶全用绿琉璃筒瓦，屋脊甍上是两条金龙，脊角走兽亦为龙头，琼楼琳宫，金窗玉槛，与红色露台、汉白玉栏杆以及远处五亭桥的黄瓦朱栋、白塔的玉体金顶相映成趣，确是"碧瓦朱甍照城廓，浅黄轻绿映楼台"。台之南，有湖石假山、风亭、复道廊，组合成景。

熙春台富丽堂皇，堂内之图、柱上之联、碑上之诗、壁上之月，均可见、可闻、可思，引导游客进入更深层次的艺术欣赏境地。登楼远眺，舒目骋怀，只见青山逶迤，隐于天际；绿水如带，迢递不断。向东极目，五亭桥畔，画舫拍波；回首北望，蜀冈山麓，古刹高耸。难怪当年乾隆感慨不已，写诗赞道："初识江南景物饶，已闻好马助春娇。明朝又放征帆下，去向扬州廿四桥。"晚清大臣李鸿章的孙子李孔昕从海外归来，在此流连，乐而忘返，其时文思如涌、把管疾书，三尺素笺、满幅生辉："二十四桥月如钩，黄花开遍瘦西湖。西子范蠡今若在，不到杭州到扬州。"

（3）箫声月色

"青山隐隐水迢迢，秋尽江南草未凋。二十四桥明月夜，玉人何处教吹箫。"

杜牧的这首诗已流传了一千多年，可谓妇孺皆知，诗因桥而咏出，桥因诗而闻名。1991年10月21日，江泽民总书记陪同朝鲜劳动党总书记金日成游览二十四桥景区时，在毛泽东手书杜牧诗碑前一起观赏，并激情朗诵。国外著名音乐家曾指出贝多芬的第二十三钢琴协奏曲与杜牧的这首诗意境十分相仿，又说明诗与音乐的密切联系，可谓诗中有画，画中有音。

二十四桥的得名说法不一，一种说法是二十四桥即为吴家砖桥，周围山青水秀，风光旖旎，本是文人欢聚、歌妓吟唱之地。唐代有二十四歌女，曾于月明之夜来此吹箫弄笛，巧遇杜牧，其中一名歌女特地折素花献上，请杜牧赋诗而得名。二是据《扬州鼓吹词》载："是桥因古之二十四美人吹箫于此，故名。"而宋代沈括一向是以严谨著称的，他在《梦溪笔谈·补笔谈》卷三中写道，"扬州在唐时最为富盛，旧城十五里一百一十步，东西七里三十步，可记者有二十四桥"，并一一写明桥名及其方位。单是桥名就引动多少文人学者，打了一千多年的笔墨官司。

现今景区内复建的二十四桥是一座单孔拱形石桥，桥身高耸，似霓虹卧波，如玉带飘逸。桥长 24 米，高、宽各 2.4 米，两侧 24 根汉白玉雕栏，上下各有 24 级台阶，一次次地呼唤二十四佳数。洁白栏板上彩云追月的浮雕，桥头与水衔接处以湖石堆叠成巧云状。沿阶拾级而下，桥东水上接三折平桥，小屿上构吹箫亭，亭临水畔，小巧别致，亭前有平台，围以石座。桥东有贴壁黄石假山，周围遍植馥郁丹桂，再现了唐诗中的诗情画意，使人随时看到云、水、花、月的景观，体会到"二十四桥明月夜"的意境，遥想杜牧当年的风流佳话。

若在月圆之夜，清辉笼罩、波涵月影、画舫拍波、箫声委婉，天上的月华、船内的灯影、水面的波光融在一起，桥上箫声、船内歌声、岸边笑声汇在一起，桥洞半圆与倒影正如满月，吹箫弄笛，是非曲直成趣。此时再咏诵"天下三分明月夜，二分无赖是扬州"，你定会为唐代诗人徐凝的精妙描写而抚掌称绝。

（4）小李将军画本

在瘦西湖的亭台楼阁之中，有一处景点的名字最为特别，这就是"小李将军画本"，在清代已是瘦西湖上的有名楼阁。室内的墙壁、屏风上绘着五彩的云气，梁柱上绘着五彩的漆纹，屋面上铺着五彩的琉璃，远远望去，一片金碧，倒映水中，好似昆仑山上的五彩云气，幻化为五彩流水，令人如入仙境。这一景观，主要体现唐代金碧山水画派的领军人物小李将军五彩缤纷、金碧辉煌的山水意境。

宗室画家李思训，唐高宗时受封为左武卫将军，人称大李将军，善山水竹石，笔力遒劲，鸟兽草木，亦得其态。其画作被推为"国朝山水第一"，代表作品有《江山鱼乐图》《江帆楼阁图》，为 1961 年国家纪念的古代十大画家之一。其子李昭道，人称小李将军，善画金碧山水，多点缀鸟兽，并创作海景，画风工巧繁缛，被评为"变父之势，妙又过之"。二李首先在笔法方面改变了青绿山水画皴法极少、勾勒填色的特点，以笔格遒劲的皴法点染自开新路。其次是设色改变了前人生硬如斧刃的画法，而是吞云吐雾，云霞明灭，渲染辉煌灿烂、光彩夺目的效果。另外，他对界画的大量应用，使得楼台亭阁、雕梁画柱的宫苑景色中主景更加突出。

"小李将军画本"，由郑板桥题写题匾，典出画论，"月为诗源，花为画本"。此处景色优美，东有望春楼，西有熙春台，小李将军对景挥毫，寻找到创作源泉。此建筑西面是两个扇形窗，东面是两个六角窗，站在屋内的不同角度向窗外望去，只见对面景色时时变换，窗框俨然画框，这种框景艺术正是李渔所说的"无心画"，而窗外所见正是花和月，是诗人画家的"本"和"源"。

（5）静香书屋

拾阶走过二十四桥，水东北侧一二百步之遥，有一座青瓦白墙的幽静院落——静香书屋，又一个园中之园。园门南向，中筑水池，池畔有芦苇数丛，蒹葭苍苍，野朴多致，为他园少见。南叠黄石假山，半山建一重檐方亭，虬松扎石、迎春飘逸。主峰高出园墙之上，与园外南坡的群置散石呼应。主峰之西，石山绵延起伏，余脉与土坡花木构成一道若有若无的短墙，为园之西界，使园内景观与湖上风光两不相隔、融为一体。北建书屋，小三楹、宽廊，前筑平台临水。书房东有廊桥一座，曲廊沿池逶迤，南接石舫。围墙的北门临水，门头有如意状砖雕，故称如意门。门外是水码头，可登舟进城或去平山堂；门里有间小斋"清妍室"，室后墙下开一半圆洞，引来湖水与园内小河相通。河上架"天然桥"，过桥是巍巍假山，曲折幽深。

静香书屋，景以水石胜。此园叠巧石，垒奇峰，泻泉水。悬石为巉岩，立石为峭壁，层叠盘曲。峻拔者为岭，耸立其巅者为峰，参差有致。其石峰森然突兀而出，平如刀削、峭如剑利，山顶峭壁摩空，如新篁出箨。泉水从石缝间出，匹练悬空、挂岸盘溪，披苔裂石、激射柔滑，使湖水全活。这潨流，众水攒聚，形成瀑布。其悬瀑下落如风快，声响似惊雷，临水时水花向四面飞溅，蔚为壮观。而建筑则多以"半制"取胜，即舫为半舫，亭为半亭，月洞门旁的美人靠也仅有一半。但这一个个的"半"又以廊墙或遮或掩、或放或收，打破了旧式园林的对称规整，显得轻灵活泼。游人至此，举目四顾，只见山石扑朔迷离，花草千姿百态，意境非凡。

静香书屋又称"石壁流淙"，为二十四景之一。《扬州画舫录》卷十四云："石壁流淙，一名'徐工'，徐氏别墅也。乾隆乙酉（1765 年），赐名'水竹居'。御制诗曰：'柳堤系桂艎，散步俗尘降。水色清依榻，竹声凉入窗。幽偏诚独擅，揽结喜无双。凭底静诸虑，试听石壁淙！'"《扬州画舫录》如此描述水竹居："静照轩东隅，有门狭束而入，得屋一间，可容二三人。壁间桂梅花道人山水长幅，推之则门也。门中又得屋一间，窗外多风竹声，中有小飞罩，罩中小棹，信手摸之而开，入竹间阁子，一窗翠雨，着须而凝，中置圆几，半嵌壁中，移几而入，虚室渐小，设竹榻。榻旁一架古书，缥缈零乱，近视之，乃西洋画也。由画中入，步步幽邃，扉开月入，纸响风来。中置小座，游人可憩，旁有小书橱，开之则门也。"

著名红学家周汝昌先生曾指出，《红楼梦》中最主要景点怡红院，就是以扬州水竹居作为蓝本的。周先生将两者相较，得出怡红园以水竹居为蓝本的结论是可靠的，因为两景的内景大体有几方面相似：一是门壁的设置巧妙，观之为画，推之为门；二是富丽堂皇，不仅中国园林传统的雕空板壁用上，而且西洋玻璃镜、西洋画也设置巧妙，开阖自如，器具多含机关，当有先进技术应用；三是书卷气重，房中画为点缀、书为主体，富贵气之外又带几分雅趣。由此观之，水竹居的设置，确为"富贵闲人"提供了场景，曹雪芹移之用之当是十分自然的了。

现在的静香书屋景观，是按《扬州画舫录》的记载及清代档案中的效果图复制重建的。步行其间，确与大观园景色相契相合：书房内，松竹梅的木雕罩槅，条几上供桌屏、花瓶，书桌上置文房四宝，多宝架上叠放线装古书，圆桌上一盘围棋。驻足其间，立即体味到《红楼梦》中富贵闲人的洒脱和聪慧，仔细赏玩，余味无穷。

（三）传承历史文脉，打造生态福地

隋唐时期，瘦西湖沿岸陆续建园，及至清代，由于康熙、乾隆两代帝王六度"南巡"，形成了"两堤花柳全依水，一路楼台直到山"的盛况。一泓曲水宛如锦带，如飘如拂，时放时收，较之杭州西湖，另有一种清瘦的神韵。瘦西湖风景区为我国湖上园林的精美代表，古典园林群融南秀北雄于一体，组合巧妙，互为因借，构成了一个以瘦西湖为共同空间的景外有景、园中有园的艺术集景。窈窕曲折的一湖碧水，串以卷石洞天、西园曲水、虹桥览胜、长堤春柳、荷浦熏风、四桥烟雨、梅岭春深、水云胜概、白塔晴云、五亭莲花、春台明月、石壁流淙、蜀冈晚照、万松叠翠、花屿双泉诸胜，历史上有二十四景著称于世，颗颗明珠镶嵌交织在玉带上，形成了一幅秀色天然的立体山水画卷，而小金山景区、五亭白塔景区、二十四桥景区是这幅精美画卷的神来之笔。

瘦西湖的美丽景致，很早就为人们所向往。（清）刘大观言："杭州以湖山胜，苏州以市肆胜，扬州以园亭胜"；沈复在《浮生六记》中赞道："奇思幻想，点缀天然，即阆苑瑶池，琼楼玉宇，谅不过此。其妙处在十余家之园亭合而为一，联络至山，气势俱贯。"李白、刘禹锡、白居易、杜牧、欧阳修、苏轼、王渔洋、蒲松龄、孔尚任、吴敬梓、郁达夫、朱自清等名人巨匠，都在这一带留下或深或浅的足迹和脍炙人口的篇章，"园林多是宅，车马少于船"、"烟花三月下扬州"、"珠帘十里卷春风"、"绿杨城郭是扬州"、"二十四桥明月夜，玉人何处教吹箫"等名言佳句，更为瘦西湖的园林风光增添了迷人的浓墨重彩。

瘦西湖风景区正因其悠久丰富的人文景观、秀丽典雅的自然风韵，成为古今中外宾客纷至沓来的著名游览胜地。蜀冈—瘦西湖风景区共占地12.23平方公里，分5大板块，在景区建设中坚持以规划为龙头，做到建设与保护并重，名胜与时代同辉。注重周边环境的协调，严格控制视野范围内的建筑高度、体量、色彩，至今瘦西湖风景区视觉所及基本无高层建筑，同济大学阮仪三教授赞为"目前国内唯一没有视觉污染的风景点"。

2003年，扬州市政府投资1亿多元建设蜀冈西峰生态公园，延续和升华风景区的历史文脉。2005年，瘦西湖新区总体规划经过专家论证，将围绕自然生态和历史文化两条主线，依托瘦西湖古典园林、唐宋古城遗址等名胜，以"淮扬盛世，古运风华"的淮扬文化为特色，高起点规划、高品位建设、高水平管理，打造成"融生态、文化、休闲于一体"的最佳星级旅游景区。正在建设中的瘦西湖新区，包括占地4.92平方公里的笔架山和唐子城两个风景区以及蜀冈的一部分，将成为目前世界上最大的城市公园。

四、欧洲庄苑欣赏——法国凡尔赛宫异国风

1638 年，法国布阿依索写成西方最早的园林专著《论造园艺术》，认为："如果不加以条理化和安排整齐，那么人们所能找到的最完美的东西都是有缺陷的。"17 世纪下半叶，法国造园家勒诺特尔提出要"强迫自然接受匀称的法则"。他主持设计的凡尔赛宫苑，开辟大片草坪、花坛、河渠，创造了宏伟华丽的园林风格，被称为勒诺特尔风格，代表了法国整个黄金时代的顶峰。凡尔赛宫所在地原本是片沼泽，为了填充地基，法王下令从全国各地运来大量泥土，并将森林外迁。为了建造喷水池，又将数条河流改变流向，并制造巨大的抽水机，将塞纳河水抽到 150 米以上高处，可谓是一项改造自然的庞大工程。

图 25　凡尔赛宫景观鸟瞰图

（一）震惊世界的法国封建统治时期的历史丰碑

凡尔赛宫位于巴黎南郊 18 公里处的凡尔赛镇，原是一个小村落，是路易十三于 1624 年在凡尔赛树林中建造的一座普通砖石结构的狩猎宫。

1631 年城堡进行过一次扩建后，路易十三便经常在这里居住、开会和阅兵。1661 年，处于权力极盛时期的路易十四决定在保留小城堡的前提下将其改造成一座豪华的王宫，由著名建筑师勒·沃·哈尔都安和勒诺特尔精心设计，再经路易十五时期的扩建，于 1689 年全部竣工。凡尔赛宫以无与伦比的规模集中表现了豪华和财富，是法国封建统治时期的一座纪念碑，至今已有 300 多年历史，1979 年被联合国教科文组织列入世界文化遗产目录。

从内容上讲，凡尔赛宫不仅是皇帝的宫殿，也是国家的行政中心，还是当时法国社会政治观点、生活方式的具体体现。它是欧洲自古罗马帝国以来，第一次表现出能够集中如此巨大的人力、物力的专制政体力量：路易十四共行政征用了 3 万多名工人和建筑师、工程师、技师，除了要解决建造大规模建筑群所产生的复杂工程技术问题外，还要解决引水、喷泉、道路等各方面的园林技艺。凡尔赛宫的建成，有力地证明了当时法国经济、技术的进步和劳动人民的智慧。

宫前练兵场是向东张开的扇形，中心角为 60 度，有 3 条放射状的大道向东伸展出去。路易十四骑马雄势的铜像屹立在中轴线上，在观感上使凡尔赛宫宛成为整个巴黎乃至整个法国的集中点，体现了当时的中央集权和绝对君权观。至路易十六当权时，凡尔赛宫的富丽堂皇、奢侈豪华更是达到登峰造极、无以复加的地步，终于引起人民的愤慨。1789 年法国大革命成功，民众攻破了"巴士底狱"，并将法王路易十六及玛丽皇后送上断头台，凡尔赛宫几乎被荒废。

19 世纪下半叶，凡尔赛宫又成为全世界瞩目的政治中心，镜厅更是许多政治事件发生的地方：1870 年普法战争爆发，普鲁士军队占领凡尔赛；1871 年法国战败，普鲁士国王威廉一世在镜厅宣布成立德意志帝国，并举行加冕典礼。同年，梯也尔政府盘踞在凡尔赛宫，策划了镇压巴黎公社的血腥计划；1875 年，法国国民议会在凡尔赛宫宣告成立法兰西共和国。1918 年第一次世界大战以德国战败而结束，法国为了报仇雪恨，指定在镜厅签订和约，这就是 1919 年 6 月 28 日法、英等国同德国签订的著名《凡尔赛和约》。如今，法国总统和其他领导人常在此会见或宴请各国国家首脑和外交使节。凡尔赛宫已是举世闻名的游览胜地，参观人数每年达 200 多万。

（二）举世闻名的欧洲古典主义建筑的杰出代表

凡尔赛宫占地 111 公顷，其严格规则化的设计风格，是法国建筑文化鼎盛时期的古典主义艺术结晶，是举世闻名的欧洲古典主义建筑的杰出代表。

王宫包括宫殿、花园与放射形大道三部分。宫内的豪华装饰，配合宫外美轮美奂的御花园，显得布局严密、气势非凡，足以使凡尔赛宫震惊世界。大理石、镜子、绒、绸等所有的建筑材料都是从意大利搜购订制的，凡尔赛宫的美艳绝伦和富丽堂皇，如果不是亲眼所见是很难以想象的。

1. 建筑气势磅礴，布局严密协调

凡尔赛宫建筑面积 11 公顷，这座以香槟酒和奶油色砖石砌成的庞大宫殿，以东西为轴、南北对称，宫殿气势磅礴、布局严密协调，是欧洲最豪华的王宫，也是人类建筑艺术宝库中一颗绚丽灿烂的明珠。

路易十三曾在此建造的一座砖砌三合院式狩猎庄园，开口向东，为法国早期文艺复兴式建筑。1661 年路易十四决定在这里建造凡尔赛宫，以显示君权的威严。新的建筑物都用石头建造，路易十四有意保留原有的三合院作为凡尔赛宫的中心，墙面改为大理石，后来称为大理石院。大理石院的中央部分即旧猎庄的正房，是路易十四的居住区。宫殿南北长 400 米，立面分三段处理，是古典主义风格建筑的典范，对 17、18 世纪的欧洲建筑产生重大影响。主体建筑构架由卢浮宫首席建筑师勒沃规划，室内的雕塑、家具、壁画由崇尚罗马艺术风格的画家勒布伦任总设计和总监。

凡尔赛宫的外观宏伟壮观，宫顶建筑摒弃了巴洛克的圆顶和法国的有尖顶传统风格，采用了平顶形式，显得端正而雄浑。整个建筑物是由层层叠叠的宫殿构成，每个宫殿都会聚了无数艺术家和建筑师的心血结晶，宫殿外壁上端林立着的大理石人物雕像造型优美、栩栩如生。

凡尔赛宫主体长 707 米，中央是呈东西走向的正宫，两端与南宫和北宫相衔接形成两翼，为对称的几何图案。凡尔赛宫现有的规模和面貌主要是在 1678—1688 年间大规模扩建形成的，由学院派古典主义建筑的代表 J. H. 孟萨负责确定。他设计的凡尔赛宫南、北两翼，总长度达 402 米：南翼是王子和亲王们的住处，北翼是法国中央政府办公处所，并有教堂、剧院等；宫内有宽阔的联列厅和堂皇的大理石大楼梯，装饰有壁画和各种雕

像；中央部分西南的著名"镜廊"和大特里亚农宫，也是他最杰出的作品。

路易十四始建凡尔赛宫，这中间还有一段曲折的故事。1661年8月17日，路易十四的财政总监富凯在其府邸沃勒维孔特宫举行了一个非同寻常的晚会，参加晚会的有国王路易十四、王太后、亲王、侯爵及宫廷中所有要人，这个晚会甚至被载入了史册。晚会的东道主富凯是个野心勃勃、贪赃枉法的家伙，在他任财政总监的8年期间，贪污受贿、敲诈勒索了大量钱财。他请来了建筑师勒沃、园艺师勒诺特尔及画师勒布伦，用不到4年的时间便将原有的住宅变成了一座在当时来说称得上前所未有的、真正的宫殿。加之富凯酷爱搜集艺术珍品、名贵字画及各种古董、地毯、家具等，使得沃勒维孔特宫的装饰更加富丽堂皇。漂亮的沃勒维孔特宫吸引了各国的君臣显贵，纷纷来此一饱眼福。沃勒维孔特宫的堂皇、精美及应有尽有，当然也招致了太阳王的妒忌。晚会过后一个月，路易十四派人逮捕了富凯并查抄了沃宫的全部设计图纸、文件及大批珍贵物品，国王同时也没有忘记接收沃勒维孔特宫的建筑大师们——勒沃、勒诺特尔和勒布伦，令他们为自己建造一座比沃宫更为雄伟、壮观，更为豪华、辉煌的宫殿。正是这个著名的晚会，富凯招罪身亡，而凡尔赛宫却由此诞生。

凡尔赛宫最后定型完成于1756年路易十五时期，包括城堡、宫廷、花园在内，共占地2473公顷：哈尔都安在它的南、西、北三面扩建，又把它的南北两翼延长，形成御院。在御院前面，由辅助房屋和铁栅形成凡尔赛宫的前院；再前面是扇形的练兵广场，广场上有放射形的三条大道，是法国专制君权强调严格秩序的唯理主义思想同巴洛克建筑开放布局结合的产物。

2. 装潢豪华非凡，装饰工艺精湛

富丽奇巧的室内装饰是凡尔赛宫的又一大特色，大厅的墙壁和柱子多用大理石砌就，加之金漆彩绘的天花板、雕刻精美的木制家具，以及装饰用的贝壳、花饰及错综复杂的曲线等，完全是"洛可可式"建筑装饰风格，给人以华美、铺张、过分考究的感觉，绘画、雕塑、大理石、水晶、青铜、丝绸饰品均是宫廷装饰的不朽之作，尽显路易王朝的奢华。从国王的卧室开始，国王的首席画师夏尔·勒布伦带领一群画家对凡尔赛宫的天花板进行装修设计。勒布伦是一位卓越的室内装饰家。他对每个房间的设

计都精益求精，甚至对门锁的选择都亲自过问。700 多间大殿小厅处处金碧辉煌、豪华非凡，无论是天花板上绘制的圣经故事壁画或挂在墙上的艺术名画，都价值连城、令人叹为观止。

图 26　镜廊内庭

内部陈设和装潢极富艺术魅力，其中最富有创造性的是左与和平厅相连、右与战争厅相接的二楼国王接待厅——长 76 米、宽 10 米、高 13 米的镜廊：建筑风格属古典主义，立面为纵、横三段处理，上面点缀有许多装饰与雕像，内部装修极尽奢侈豪华之能事。拱顶上布满了描绘路易十四最初 18 年征战功绩的彩色绘画，吊灯、烛台与彩色大理石壁柱及镀金盔甲交相辉映。排列两旁的 8 座罗马帝王半身雕像、8 座古代天神整身雕像及24 支光芒闪烁的火炬，令人眼花缭乱。最为吸引人的，还是厅内侧墙上镶有的每面由 483 块镜片组成的 17 面大平镜，与对面的 17 扇拱形法国式落地窗从户外引入的花园景色相映成辉：白天，漫步在镜廊内，碧澄的天空、静谧的园景映照在镜墙上，满目苍翠，仿佛置身在芳草如茵、佳木葱茏的园林中；夜宴时，400 支蜡烛的火焰一起跃入镜中，镜内外交相辉映、光彩中如梦如幻。镜廊内悬挂了成百盏水晶吊灯，更显得光彩绚烂夺目、美艳惊人绝世。室内装饰，有的还用金属铸造成楼梯栏杆，有些金属配件还镀了金，配上各种色彩的大理石，显得十分灿烂。天花板除了像镜廊那样的半圆拱外，还有平的和半球形穹顶，顶上除了绘画也有浮雕。内壁装饰以雕刻、巨幅油画及挂毯为主，有时候还和兵器、盔甲一起出现在墙面上。除了用人像装饰外，还有狮子、鹰、麒麟等动物形象，作为路易十四象征的太阳也是常用的题材。宫内还配有17、18世纪造型超绝、工艺精湛的家具，陈放着来自世界各地的珍贵艺术品，其中有远涉重洋而来的中国古代的精美瓷器。

1837年，路易·菲利浦将南、北宫和正宫底层处改为法兰西历史博物馆，收藏着大量珍贵的肖像画、雕塑、巨幅历史画以及其他艺术珍品，展出美术、雕刻等许多艺术品。

3. 花园风格独特，设计典雅精致

凡尔赛宫的另一特色，就是占地100公顷、风格独特的法兰西式大花园，它是凡尔赛宫的有机组成部分，是世界著名的大花园之一。设计典雅而精致，完全是人工雕琢的、极其讲究对称和几何图形化，与中国园林有着截然不同的风格，代表了庭园艺术中的一个流派，堪称是法国古典园林的杰出代表，对欧洲地区有着极大的影响，几百年来的欧洲皇家园林几乎都遵循了它的设计思想。

由勒诺特尔设计的凡尔赛宫花园几乎是世界上最大的宫廷园林，其奢华几可与凡尔赛宫相媲美。花园有统一的主轴、次轴，对景、构筑整齐划一。园内道路、树木、水池、亭台、花圃、喷泉等均呈几何图形，透溢出浓厚的人工修凿的痕迹，亦体现出路易十四对君主政权和秩序的追求和规范。两个明镜般的大水池位于宫殿的正后方，左右对称、碧波荡漾。水池中倒映的凡尔赛宫雄姿，看上去规模巨大，似乎绵延数千米。园林共有1400处喷泉、瀑布、雕塑、装饰品和各种几何形状的花坛。众多的喷水池星罗棋布、点缀其间，沿池而塑的铜雕丰姿多态、美不胜收，且多为美丽的神话或传说的表现。园中有20多万株树木，宽阔的道路两旁种满对称又整齐的树林，树木被别具匠心地修剪成几何形。繁花似锦的花圃中，花草排成大幅图案，规整美丽。园中道路宽敞，绿树成荫，草坪树木都修剪得整整齐齐。长、宽分别为1650米×62米、1070米×80米的大、小运河，呈十字交叉排布在中轴线上，为多人文色彩、少自然气息的皇家花园增添了几多天然氛围。

凡尔赛宫花园以水景设计造型著称：喷泉用水以及表演用水都存贮在专门的湖泊和水库中，这些湖泊和水库由一系列水渠和导管供给，它们将

第五章　园林艺术观赏、品评教育

水从凡尔赛宫附近的高地上引下来。喷泉的建造确实让人赞叹不已。设计师大胆地将几条河流改道，并制造大型抽水机把水抽到 150 米的高处。巨大的喷泉颇为壮观、用水很多，每开一次只能维持 3 个小时。工程浩大的十字形人工运河伸展在园中央部位，仅此一项轴线景观工程就修建了 11 年。1669 年，欧洲著名的水城威尼斯前来助兴人工运河建成，送上游船和 4 个会唱歌的船夫，今天游人仍能在人工运河中荡舟。1400 多个出自怪兽口的不息喷泉和赛纳河相连，构成了一幅极富有欧洲古典浪漫色彩的画面，使人流连忘返。它与卢浮宫和埃菲尔铁塔一样，是各国访问及旅游者的必到之处。

拉朵娜池和阿波罗池是凡尔赛宫御苑中两座著名的喷水池，六百个泉眼同时向外喷水，喷泉的水是由专门开掘的大运河从塞纳河引来。水池的设计者从神话故事《变形》中得到灵感，通过雕塑向人们叙述美丽的神话和传说：拉朵娜是太阳神阿波罗和月神黛安娜之母，因被朱庇特之妻诅咒，在精疲力竭的漂泊途中停留于里西的池塘边。但农人们不仅不让她饮水解渴，还把水污染了，拉朵娜一气之下把他们变成了青蛙。1670 年建造的拉朵娜像站在一块岩石上，面对宫殿，周围是六只变成青蛙的里西农人。1687—1689 年间作了重新设计：水池里，一座五层同心圆叠罗汉似地托起扶儿携女的拉朵娜像，里西农人变成的青蛙匍匐脚下，洒在人们身上的水会使亵渎神灵的人变形，有的变成野兽、有的变成昆虫。

图 27　太阳神阿波罗喷水池（背面观）

大运河的起点建有丁字形的阿波罗喷水池，水池中有一个真人般大小的阿波罗雕像和几位升出水面的女神，女神们坐在一辆由三匹马拉的四轮马车上。沿池有一百多尊女神像，各具特色，栩栩如生。

由大运河、瑞士湖和大、小特里亚农宫组成的凡尔赛宫花园，是典型的法国式园林艺术的体现。望不见尽头的两行古树，俯瞰着绿色的草坪、绿色的湖水；千姿百态的大小雕像或静立在林荫道边，或沐浴于喷水池中；大小花坛一畦一样，青青的小松树被有条理地一律剪成圆锥形，布局匀称、有条不紊。

著名的凡尔赛宫大花园的设计者安德烈·勒诺特尔是个正直的园艺师，为人纯朴、坦率、直爽、敦厚。祖父是巴黎种菜的，曾在马丽·德·梅迪西斯的花园里经管施肥和播种。父亲是路易十三时期土伊勒里花园的园丁，他把一个女儿嫁给了国王苗圃里的工人，另一个嫁给了国王陛下橙树园的看守。总之，全家都搞园林，从早到晚忙着除草、剪枝、播种、栽苗和浇水。1630年，年轻的安德烈刚满16岁，表示不愿继承祖业，要求进画家维埃的画坊工作，全家对此非常慌乱和沮丧。当时法国贫穷家庭遵循着子继父业的规矩，除非儿子低能或者逃脱不干。因此，路易十三的园丁看到自己唯一的儿子沉迷于绘画，要到一个建筑师画坊中去工作深感失望，孩子到那么一个喧闹的场所去工作，会不会对祖祖辈辈骄傲地耕耘过的土地失去了热爱？没有，安德烈·勒诺特尔是个深明事理的孩子，懂得圣经中浪子回头的教谕，他也知道国王要他承袭父职，他还想到画画需要有花，搞建筑需要有树，于是丢掉了画笔和圆规回到家里，重新拿起铁锹，全家对此都非常高兴。他憧憬征服大自然，重新安排河山，植树造林，使河水改道，设计出百级台阶的建筑和掩映在绿荫中的教堂。

勒诺特尔是一位天才巨匠，同时也是位正直的好人。他一向不对宫廷趋炎附势，对国王也直言不讳，实话实说。路易十四几乎天天召他聊天，他到国王那里去的时候，穿着很随便，身上披着粗布外套，脚上穿着线袜或是毛线长裤和粗笨的皮鞋。他听完国王陛下设想的计划后，以一个懂行工人的样子撇撇嘴，提出批评，同国王争论，而且坚持己见。勒诺特尔一生中有一点令人感触至深：作为一个声望与日俱增的艺术家，他能够始终保持谦逊的品德。他举世闻名，整个欧洲都赞赏他的杰作，王公显贵都熟识他，路易十四更是待他如友。但他并不倨傲，时刻不忘自己出身贫贱。

有一次国王要授给他纹章，他诙谐地回答说已经有了，而且很好看，纹章上的图案是三只蜗牛，头上顶着白菜根。国王记住了他的话，后来授给他的一枚盾形纹章，图案就是几只钻进沙土里的银蜗牛。

（三）法式庄园凡尔赛宫景观巡礼

凡尔赛宫是早期古典主义建筑的代表，建筑造型严谨，内部装饰华丽而丰富多彩，园林的规模在世界皇家园林中首屈一指。它不仅创立了宫殿和园林的新形制，而且在规划设计和造园艺术上都被当时欧洲各国所效法或直接模仿。凡尔赛宫占地6.7平方公里，从东向西由练兵场、宫殿和园林三部分组成。贯穿东西的中轴线长3公里多，向东延伸穿过凡尔赛镇，向西穿过整个园林。宫殿、园林的布局南北呼应，最宽处约2公里。

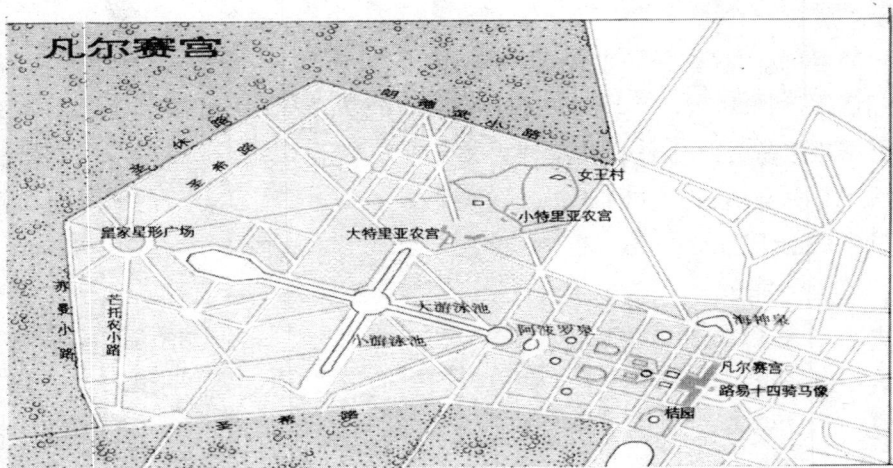

图28　凡尔赛宫景观分布平面图

练兵场是向东张开的扇形，中心角为60度，有3条放射状的大道向东伸展出去，中间一条直通巴黎。大道旁有巨大的马厩。

练兵场向西是宫殿区，宫殿建筑连接在一起，南北长400米，是3层的石建筑，古典主义风格。中心位置的光荣殿为面向东的三合形御院，是国王、王后和公主的居住区；宫殿南翼是王子和亲王的住处，北翼是官员和贵族的住地与办公处所，还有教堂和歌剧院；宫殿东部是官员住地和铁栅围成的前院。

宫殿向西是大面积的园林，大体均等地分布在中轴线两侧。园林从东向西分为 3 个区域，分别是花园、小林园和大林园，越向西面积越大。花园东西宽约 200 米、南北长约 1000 米，中心有一对大水池。南半部是规则的绣花形花坛，最南部地坪下降约 5 米，是一处橘园，有对称的水池和盆栽大树；北半部有绣花形花坛和树林，最北端是面积 2 万平方米的大水池和海神喷泉。

花园向西地坪下降约 5 米，进入小林园，面积是花园的 3 倍。规则的道路把小林园分为 12 块林地，每块林地中有不同的游径、迷宫路、水池、水法场和喷泉。小林园中轴线上的大道称为王家大道，道心有草坪，道旁排列雕像。大道东西两端各有一个喷泉水池，池中分别有拉朵娜和阿波罗组合雕像，这表明王家大道的主题是歌颂太阳神阿波罗的，也就是歌颂号称太阳王的路易十四。

小林园再向西即进入大林园，中轴线长度超过 2 公里，变成一条宽大的人工河，在中点与一条横向的人工河十字相交，如同巨大的十字架。十字架南端有动物园，北端有大、小特里阿农庭园各一个；小特里阿农庭园掇山叠石，是仿中国式林园；大林园内全是高大的乔木林，树木郁郁葱葱。

正宫后面是一座风格独特的法兰西式大花园，规模在世界皇家园林中首屈一指，是法国园林的典范，由路易十四的园林设计师安德烈·勒诺特尔设计建造，他既是一位设计师，同时也是一位植物学家和建筑师。他设计了大运河周围的景观和一座长达 5 公里的观赏湖，花圃的设计使人从宫殿的底层就可以看到它最漂亮的部分。园内树木花草的栽植别具匠心，景色优美恬静，令人心旷神怡。站在正宫前极目远眺，玉带似的人工河上波光粼粼、帆影点点，两侧大树参天、郁郁葱葱，绿荫中女神雕塑亭亭而立。近处是两池碧波，沿池的铜雕塑丰姿多态、美不胜收。

凡尔赛花园的独特之处，是随处可见造型别致的雕塑，在花坛旁、喷泉边和茵茵绿草地上，一座又一座的雕塑作品用它们的洁白和艺趣吸引着游人的目光，点缀着花团锦簇的花圃和大片大片的绿地，透明的喷泉水柱在音乐的伴奏下时高时低地舞蹈着，整座花园给人留下的是既华丽又浪漫的印象。

拜访凡尔赛宫可分三个重点：宫殿、法式庭园及大小特里亚农宫。凡尔赛宫殿内的王室礼拜堂、维纳斯厅、镜廊、皇后寝室等，尤其是位于西翼的十分具有历史意义的镜廊，每个都是富丽堂皇的巴洛可风格。宫殿后方是如诗如画的法式庭园，由皇家御用景观建筑师勒诺特尔所设计，其特色是几何形步道、树丛、池塘、喷泉、雕像、花坛、柱廊等以一种复杂而又和谐的方式排列其中，像是绿意盎然的棋盘。宫殿右侧进入视野的是拉朵娜喷泉，圆形的大理石喷水池像蛋糕似的层层迭立，最上层则是阿波罗与黛安娜的母亲——拉朵娜女神的雕像。

凡尔赛宫所属的园林风景区主要由两部分组成：特里亚农宫和专门为王后修建的游乐村。在围绕着凡尔赛宫而逐步兴建起来的城市中，至今还可以看到许多那个时代所留下的历史遗物。

成三角形环绕着的大、小特里亚农宫和一个幽静的小村子，流传着各自不同的传说：建于 1687 年的大特里亚农宫是路易十四为自己所建的行宫，内设 72 个房间和舞厅，当时经常在此举行舞会和夜宴。小特里亚农宫建于 1762 年，据说是路易十五为他宠爱的庞柏度夫人建造的。其建筑风格典雅别致、与众不同，被认为是新古典主义的杰作。另据传说，那个幽静的小村子曾是被送上断头台的路易十六皇后生前最为倾心的住所。

在凡尔赛宫内，到处能见到象征太阳的阿波罗神像。路易十四，徽号伟大，自诩为太阳王，是与我国清朝康熙皇帝同期执政的君主，在位 70 多年（1643 年至 1715 年）。他是法国最长寿的国王，一生一世史剧一般，有着无数的传奇……

1682 年，宫殿尚未完工时，路易十四便举家并携政府从巴黎迁到了凡尔赛宫，从此宫中欢宴、晚会、狩猎、郊游终日不绝。到 1789 年凡尔赛宫 100 周年时，其奢侈靡费已达登峰造极的地步。1789 年 7 月 14 日的法国大革命，迫使路易十六逃回巴黎，此后凡尔赛宫便冷落起来，并数遭劫难。

由巴黎乘车，只需 45 分钟即可到达凡尔赛宫，交通十分方便，是游客到巴黎不容错过的地方。今日的凡尔赛宫只开放三个展室：一号入口是主宫，主要展示大量精美壁画和重要人物的雕像，亦留下不少珍贵文物和历史见证。由于游客众多，所以参观者必须排队轮候，逐批入内。二号入口是展馆，展出宫内的帝王用品、书房、睡房等，但必须跟随英语或法语导游才可进入参观。三号展室是一间视听室，放映一部关于巴黎 200 年历史的影片。

凡尔赛宫御花园以前是免费的，由于宫殿维护的费用巨大，从 2002 年起开始收费。帝苑的面积非常大，如果要行完一圈，非用全日时间不可，故园内有提供租单车、小汽车和自行车等方便服务。约同三五知己，带备生果、面包、肉酱，便可到帝苑进行一顿快乐的秀色野餐。

附录：凡尔赛宫景区（Versailles）的世界遗产目录遴选

1979 年根据文化遗产遴选标准（I）（II）（VI）被列入《世界遗产目录》。

世界遗产委员会第 3 届会议评审报告：

凡尔赛宫，法国国王路易十四世至路易十六世的王宫，经过数代建筑师、雕刻家、装饰家、园林建筑师的不断改进、润色，一个多世纪以来，一直是欧洲王室官邸的第一典范。

凡尔赛宫自 1661 年起开始建造，曾有过很多模仿凡尔赛宫的努力，但到目前为止，仍然是无法模仿的路易十四的创建：太阳国王的宫殿。

凡尔赛在离巴黎不到 24 公里的地方，路易十三选址此地建立一个规模不大的庄园作为游猎的基地。他的儿子路易十四也喜欢狩猎，但对这块土地却有更为精心的计划。他对现有的宫殿均感不满（包括卢浮宫和杜伊勒利宫），因于 1660 年决定将凡尔赛辟为庞大的雄伟王宫，而且要建成最后可容纳整个法国朝廷的规模。

路易十五请了建筑师加布里埃尔着手进一步的修建工程，包括建造一座歌剧院和特里阿农宫。

路易十六时又增建了漂亮的图书馆。玛丽·安东尼特占用了特里阿农宫。

1789 年 10 月法国革命降临凡尔赛，宫殿被占领。

工程开始于 1661 年，被誉为太阳国王的路易十四在两年内花费的巨资，引起了财政部门极度痛苦的抗议。事实上工程将持续几十年，动用数万名工人，耗资不断增加。最初的建筑师是路易斯·勒伏，后由朱尔斯·哈多依·马沙特接替，他从事凡尔赛的建造达 30 年之久。安德烈·勒诺特尔负责园林，由于他宏大的花园设计大大地超过了原先的庄园，这才决定把它建成一个极其豪华的宫殿。饰以无数的喷泉、雕塑和假山洞的凡尔赛宫花园，在太阳国王在位的头几年成为吸引巴黎贵族阶层的地方，1664

年、1668 年和 1674 年又成为铺张的文艺豪华演出和由拉里创作的经典歌剧以及莫里哀与拉辛戏剧中的背景。从某种意义上来说，整个地方就像一个舞台背景。这个传统留给了路易十四的继承人，特别是臭名昭著的玛丽·安江尼特，她在宫内造了自己的歌剧院，又建了一个富有田园风光的小村庄，配备了一些牧人和农民，以便她和朋友们能扮成农民嬉戏。

凡尔赛宫的花园占地 101 公顷，有数量繁多的人工景色、散步场所和花圃，还有一条大运河及它自己的小"威尼斯"。宫殿本身的花园就令人吃惊，花园的正面有 640 米长，中间有镜廊，那是一个长 72 米、宽 10.6 米、高 12.8 米的长廊。17 扇窗子俯瞰花园，对面墙上装有巨镜与之相对。这里有勒布陀作的画，都是奉承路易十四在 1661—1678 年间的统治，这些颂扬国王的艺术增添了皇位上的光环，这就是路易十四刻意要追求的。1682 年凡尔赛宫成为路易十四的长住之地，整个法兰西朝廷不久在此建立。繁复的程序得以制定，精细的礼仪规定得以遵循。如果赢得国王的宠爱就高升有望，因此抱着希望的奉承者来到凡尔赛，等着君王早晨或夜间寝前的接见，但有时这样的希望不能如愿。

凡尔赛宫的花园设计收藏有大量的雕塑作品。镜廊前面的水坛有两个湖，每个湖内有四个雕塑代表法国的河流：雷诺定代表卢瓦尔河和卢瓦尔特河，图别代表索思河和罗纳河，拉翁格勒代表马恩河和塞纳河，考赛伏克斯代表加龙河和多尔多涅河。还有一些生动的动物群体和无数古典神话中的形象，包括酒神巴克斯、太阳神阿波罗、众神信使墨丘利和森林诸神领袖塞利纳斯。另外还有一些看起来忠实于古代原作的艺术复制品，例如考塞伏克斯所做的维纳斯和福格尼的磨刀匠，法朗哥斯·格拉顿设计的南姆菲斯浴池的喷泉是以一个铅制的浮雕而命名的，图别的光辉杰作则描述了太阳神阿波罗驱赶马车跃出水池的情景。建于 1676 年的恩克拉多斯喷泉是一件巨大的作品，雕刻家加斯帕特·马斯刻画了提坦恩克拉都斯被埋在岩石底下的受苦形象。

园林是一门综合性的艺术形式，其本身结构和性质决定了以其为媒介实施的艺术教育功能和效应具有多样化特点。它通过激发人们对人的生存环境、园林景观以及园林建筑、造园技巧、造园风格等多方面的欣赏和解读，为受教者开启了通往审美意境的途径和方法。应该说，园林艺术教育对人们思维方式的训练，智慧的启迪，知识的积累，思想境界的陶冶，品格性格的培养，以及现实与艺术、个体与社会等问题的处理，都有着极为有价值的教育功能和效应。

第六章 园林艺术教育功能与效应

第一节　园林艺术教育的审美功能与非审美功能

园林艺术教育的功能由两部分组成，即审美教育功能与非审美教育功能。

一、园林艺术教育的审美功能

审美教育功能，是园林作为艺术、作为教育媒介形式，对受教者来说首先体现出来的教育功能。园林这种艺术形式，在于它所表现出来的种种美感强烈地吸引着受教者，通过审美观照、感悟、评判，获得审美愉悦，促进审美境界的呈现和达成，对受教者的智力结构、意志结构的完善和发挥都有着特别重要的意义。

（一）审美能力的培养

审美能力的培养是园林艺术教育的首要功能，它包括对园林艺术的审美感受能力、感知能力、理解能力、联想与想象能力的培养，而最终构成对园林艺术的综合审美能力的培养。

1. 审美感受能力的培养

所谓审美感受能力是对艺术形式及情感意味的直觉把握能力，其形成既有先天的生理与心理及智力因素，也有后天教育联想的培养因素。同样一件园林作品，不同的社会阶层，不同的知识结构、心理状态、心理素质的人所反映出的艺术感受是不同的。这种不同的感受差异，给教育媒介所应具有的教育功能和效应都带来了很大的影响，所以相应的艺术教育活动就是使大多数人获得这种艺术审美感受能力的重要途径。苏东坡《题西林壁》诗中有两句"横看成岭侧成峰，远近高低各不同"，是说看一件事物，视角不同，观赏的感受就不同，也就是说选择最佳视角，是获得最佳美感的重要方法。当然，园林家在造园设计时也已充分考虑到了这一点，其所建亭、台、楼、阁等，基本上都是游人最佳的视角位置。但这远远不够，许多美景的观赏视角，是靠游人根据自身的审美情趣来选择的，那么，我们就可以通过园林艺术教育来引导游人的选择，比如如何注意按景物体积大小来确定距离的远近，还可以注意按景物的形体特征来确定方位的正侧，也可以按你想要达到的审美效果特征来确定位置的高低。正是通过这样的实践过程，使受教者的审美感受能力得到有效的培养和提高。

2. 审美感知能力的培养

我们观赏园林艺术作品时，应该像欣赏一部小说、一幅绘画作品那样，充分调动自身已有的知识储备，带动审美主体，去全身心地感受这些形式和内容。园林艺术教育，大体上包括知识性的教育和操作性的教育。前者是前人所总结的各种知识经验，后者是以园林为媒介，如何调动、启发、引导受教者进入某种艺术经验。因此，有了明晰而丰富的审美知识的积累，作为审美感知能力的基础，它们就会沉淀在你的感受中，被随时调动去服务于审美感受。

石涛是清初画坛上一位富有创造性的杰出画家。他擅画山水，吸收前人经验，尤善于体察自然景物，主张"笔墨当随时代"，认为画家"应脱胎于山川"，"搜尽奇峰打草稿"，进而"法自我立"。所作山水、兰竹、花果、人物，讲求独创，构图富于变化，笔墨恣肆，纵横挥洒，意境苍茫，清新超脱。如带着这一知识去审视石涛参与的"片山石房"叠石，就十分容易理解其"一峰突起，连冈断堑，变化顷刻，似续不续"的美妙意境了。"片山石房"所提供的教育内容也就自然而然地在规定情景中被感知、感受、理解了，受教者的审美感知能力也就提高了。

3. 审美理解能力的培养

审美理解能力较之前两种能力是更进一步的能力结构。一部园林作品融合了建筑、山水、花木等物质性的建构，也融合了文学、书画、雕刻、琴韵、戏曲以及社会性人文内容等精神性的建构，是一个集萃式的综合艺术王国。这一集大成的艺术产品在某一个欣赏者的面前，就会产生许多理解、思维方面的障碍，以一般的知识、文化、思想、社会地位、生活阅历对待园林作品中的种种信息并给以充分足够的理解应该是有相当难度的，最终可能导致这一作品无法被观赏者感知、感受和理解。

一拳知天地，顽石有乾坤。太湖石是中国园林家叠山中的最爱，宋人米芾用瘦、漏、透、皱来评价太湖石，应该说是非常绝妙的。如何理解呢？比如"瘦"，苏州留园冠云峰，孤迥特立，独立高标，有野鹤闲云之情，无萎弱柔腻之态。像一位清癯的老者，拈须而立，超然物表，不落凡俗。当然，瘦与肥是相对的，肥一般理解为落色相，落甜腻，肥艳在中国艺术中就意味着俗气。中国文人常说，什么病都可以医，唯独俗是无可救药的。中国传统艺术强调外枯而中膏，似淡而色浓，朴茂沉雄的生命，并不是从艳丽中求得，而是从瘦淡中撷取。色即是空，空即是色，即色即空，淡去色相而得色之灿烂，停留色相之上，就失去真意。我们从石的"瘦"的理解中，就非常明确地表达了一种逻辑概念和理性认识。所以，园林艺术教育正是通过一座桥梁，帮助受众去阅读并解析这一综合艺术样式中的种种信息。

4. 审美联想与想象能力培养

审美联想及想象能力是审美能力中最高层次能力组成。所谓联想，是指由一事物想到另一事物的心理过程，包括由当前感知的事物想起另一有关的事物。我们在欣赏"个园"冬景时，虽给人以积雪未消的凛冽之感，但靠春景的西墙两个圆形漏窗中的枝枝翠竹，必定使我们联想到就是"严冬过以绽春蕾"。而想象是指人脑中对已有表象进行加工改造而创造新形象的过程。想象的基本材料是表象，但这种表象与记忆的表象完全不同，是重新创造出来的形象。

园林艺术教育应该是培养联想与想象能力的最佳形式之一，为人们展开这种能力的训练提供大量空间和恰当模式。联想可以分为接近联想、相似联想、对比联想、因果联想、自由联想、控制联想，这些联想在园林艺术审美中都能找到对应。比如，中国园林普遍遵循以小见大的原则，所谓"壶纳天地"。不必华楼丽阁，不必广置土地，引一湾清泉，置几条幽径，起几处亭台，便俨然构成一自在圆足的世界。白居易在《南亭闲望》中所谓"闲意不在远，小亭方丈间。西檐竹梢上，坐见太白山"。真是"一勺而江湖万里"，"一拳则太华千寻"。想象有再造想象和创造想象两种。例如，中国古典园林在对客观自然的关系中，其美学定性就是"有若自然"、"假中有真"，可以是自然原型的因凭，也可以是名胜园林的拟仿，更可以是胸有丘壑的意构。相对来说，除了因凭自然原型外，"拟像"、"仿建"总是很少，更多的是胸有丘壑的"意构"，这种"意构"是建立在广泛的江山昔游的自然之"真"的基础上的，所体现出的"真"更有深度。同时，园林的景不仅仅在于呈现自身，它只是一个起点，一个勾起人们想象的空间，使得景中有景，象外有象，这才是园林之大景。[①]

园林艺术在审美和鉴赏活动中，联想和想象占有着十分重要的地位和作用，因此，园林艺术教育是培养发挥这方面能力的重要环节。当然，对于鉴赏主体来说，生活经验愈丰富，艺术素养愈良好，文化层次愈高，联想和想象的翅膀也就愈丰满。丰满的想象力对这种世界赖以进步的动力培养是一种极好的促进，在愉悦的艺术欣赏和教育中，鼓舞起潜在的想象能力，去创造开辟更丰富的明天。

5. 审美情感能力的培养

人都是有情感的，情感是需要宣泄和净化的。艺术教育的目的在于对情感进行引导、疏通，使之无害释放，同时，净化人们内心过分强烈的情绪，使灵魂获得一种新的情感态度。

中外许多美学家都认为，艺术审美中的情感因素是以注意和感知作为基础的，与联想和想象密不可分，并通过理解因素在感性中表现理性，在理性中积淀感性。首先，人的情感总是针对特定的对象而产生的，即所谓的没有无缘无故的爱与恨，日常生活中人们往往会"触景生情"。在园林

---

① 参见朱良志：《曲院风荷》，安徽教育出版社 2003 年版，第 155 页。

艺术审美中，引起审美主体的"注意"有两个方面的动因，一是园林景观美好的外在形象具有较强的吸引力，二是我们审美感官具有发现美和感知美的能力。二者结合便引起了对所观赏园林的注意和兴趣，在此基础上，再进一步对园林艺术形象审美意蕴的情感体验。比如扬州瘦西湖的五亭桥，仿自北京北海五龙亭和金鳌玉蝀桥，又创造性地将亭桥合一，美好外形首先能引起观赏者的注意和兴趣，如果将五亭桥和北京五龙桥、金鳌玉蝀桥相比，五龙亭皆为重檐，形体较大，一亭多达16柱，覆瓦颜色浅绛，多沉重之感，而五亭桥上五亭，中间一亭重檐，四角之四亭为单檐，形体较小，一亭四柱，空花脊，檐角平出略略上举，覆金黄色瓦，显得比较轻盈。从注意到会心，在观照中发现和感知了美。如果在审美感知的基础上，进一步对园林艺术形象审美意蕴的情感体验进行联想、想象，就会表现出一种欣喜、兴奋、惊奇、感叹等审美愉悦，这种愉悦进一步强化，就会达到心旷神怡、如醉如痴、如梦如幻、物我两忘的精神境界，只觉眼前之景美妙无穷，神奇莫测，难以名状。五亭桥桥基雄，桥亭秀，两者共筑一身，却配置得如此协调，所以有人把石砌的桥基比做北方威武的勇士，把木制的桥亭比做南方秀美的少女。这是力和美的结合，壮与秀的和谐。有时候这种感受只可意会，不可言传，心中只有无比的快适和满足。

园林艺术教育中的审美情感能力不像影视绘画、文学等艺术那样直接，可能没有悲喜和愤怒，苦闷和忧愁，但也能与园林艺术中对应情景相交流，也能获得一种理想的解脱，也是对人类生存状态的一种缓解，一种净化，一种调节，也是人们面对纷乱复杂的社会现实获得一份健康心理的有效途径，这也是园林艺术教育对审美情感构建的积极价值之所在。

（二）审美境界的提高

在园林艺术教育活动中，如果说，通过对园林的审美形式秩序的观照、把握可以使感知、想象、理解、情感等一般心理能力得到培养、训练，转变为审美能力并进一步丰富、成熟为自由运用和创造形式的能力的话，那么，通过园林这一审美形式意味的感受、领悟，则会使情感、心灵得到洗涤、净化，从而塑造起一种超越性的审美的人生境界。

1. 感性愉悦的审美境界

这是偏重于感性能力为对艺术形式、结构、节奏的直观感受的审美境界，对园林艺术教育来说，主要是通过园林艺术的造型手段，把山水、花木、虫鱼等自然景物与建筑、雕刻、书画、装饰等巧妙结合，成为富有诗情画意的主体空间艺术，在自然和人文环境中被感染而获得愉快。在这种审美境界中，往往不需对对象内容的深入领悟就能获得愉快，强调的是感官直观，当然，这种审美境界包含有较强的生理快感因素，如观赏园林时的"山重水复疑无路，柳暗花明又一村"，它又不是单纯的感官生理愉快，而是渗透着理解和想象，是多种心理功能共同活动的结果，仍然是一种自由感。

园林艺术教育培养对现实功利的超越能力，使受教者在观照艺术时，能够超脱作为动物性反应的一般生理快感，去自由感受园林形式的轮廓、形态、色彩、节奏等的变化。这样，就要在审美操作活动中如空间分割、奥旷交替、盆景装饰、叠山理水中，注意形式的组合规律、物质材料的情感性质等方面的教育，使受教者的心理机能得到协调发展，培养起一种超越现实功利的审美态度。

2. 领悟愉悦的审美境界

园林艺术教育中的领悟愉悦的审美境界培养，主要来自于园林艺术形式中所蕴涵着的意味。而此蕴涵在园林艺术中被领悟回味，就会关系到一种精神愉悦，从而构成对审美境界的一种深层培训。

如在园林艺术中求色，不能以实来求。北方园林，以翠松朱廊衬以蓝天和白云，以有色胜。而在以苏州为代表的江南园林，小阁临流，粉墙低桠，得万千形象之变。白本非色，而色自生；池水无色，而色最丰。色中求色，不如无色中求色。因此园林当在无景中求景，无声处求声，动中求动，不如静中求动。这种理解想象等心理功能，能够在有限的形式中领悟到无限的本质内容，从而引起深刻而丰富的审美感受。

3. 精神愉悦的审美境界

精神愉悦的审美培养，主要包括两个相互联系的环节，一个环节是伦理情感与哲学思索的交融而形成的相互联系的环节，一个环节是超道德本体的人与自然的交融。前者所谓"悦志"，后者所谓"悦神"。

老子说，"大巧若拙"。这是一条深刻的哲学道理，联系到中国古典园林上，造园家就认同"园林之妙，在于苍古，没有古意，则无好园林"①，

---

① 朱良志：《曲院风荷》，安徽教育出版社 2003 年版，第 135 页。

园林要有古意，要能"大巧若拙"。园林不仅供人所居，更重要的还在于供人们性灵所游，安顿人们失意的灵魂，以提升超越的情致。在中国园林中，常见的是路回阜曲，孤亭兀然，境绝荒邃，曲径上还偶见得苍苔碧藓，斑驳陆离，又有佛慧老树，法华古梅，虬松盘绕，古藤依偎。明代顾大典说他的谐趣园"无伟丽之观，雕彩之饰，珍奇之玩，而惟木石为最古"，他为此而得意；王世贞说他自己的弇山园中亭子为"乾坤一草亭"，把他的亭子和天地乾坤扯到了一起，他要在小天地中观大天地，这小天地就是宇宙，就是完足充满，这短暂的观照，就是永恒。他从园林中获得了一种情感与心理的满足和愉悦。当然对现实社会状况的一种积极观照，更能提醒受教者的自觉意识，去努力将审美的经验转化为内在的心灵生活和生存态度的自律参照，实现园林艺术教育的最大教育功能，构建高尚的审美境界。

（三）陶冶情操

随着社会生产力的不断提高，人类在生产活动和社会活动中，为延续和发展生命所必要的物质需求得到相对满足后，必然会越来越注重审美等方面的文化需求和通过艺术活动实现自我价值的精神需求。园林艺术教育活动正是满足人类这种精神文化需求的基本方式和途径，在自然美和人文美的欣赏和陶醉中，丰富知识，开阔眼界，启迪智慧，陶冶性情。

园林中"比德"的例子很多。如莲藕虽然脆弱，却能在淤泥中节节生长；荷花出自污泥，挺出水面却是纯美芙蓉。莲荷的这种生态特征无疑也蕴涵了深刻的人生哲理，用来比拟在污浊的社会环境中人们应该具备的高尚品德与情操。莲荷出现在园林中，不仅仅其物质形象装点了画面和环境，而且还以它们所具有的人文内涵陶冶人们的情操。圆明园中的"濂溪乐处"景点，水池中遍插荷花，乾隆皇帝特题名为"前后左右皆君子"。这种景观配置能让人们在观赏中获得美好的教益，从而去改善与修补自己性情的不足与缺陷。

二、园林艺术教育的非审美功能

园林艺术教育作为一种丰富的艺术教育媒介，不单单是对受教者进行审美思维、审美情趣、审美功能等审美方面的能力提高，还有一些非审美教育方面的功能，如能给予受教者一种人文精神方面的教养，能扩大视野，激活受教者的一种创造力；还能了解地域风情，感受历史文化等等，具有很强的现实性。

（一）提供一个享受的艺术空间

随着社会生产力的不断提高，人类的社会生产和社会生活已不仅仅只是停留在为延续和发展生命所必须的物质要求上，他们希望走出家庭、走出办公室，通过社会交往，来满足日益增长的精神文化需求。观赏园林，正是人们满足这种精神文化需求的一种重要方式和途径。人们可以在自然美和人文美的欣赏和陶醉中，使自己的身心得到休息，同时能丰富知识，启迪智慧。

作为社会文化现象的游园活动，必然对社会文化、民族素质和社会结构的发展变化发生深远的影响和巨大的推动作用。这种影响和作用，正是通过对大自然呈现给人类的千姿百态、美妙绝伦的景色和人类自身千百年来所创造并仍在继续创造着的历史文化和科研成果的欣赏，在潜移默化中重现。园林艺术教育就是有助于在园林艺术这一艺术空间和氛围内提高人们休闲、娱乐、健身的水平。

（二）给予一种人文知识和人文精神的教育

园林艺术是一个综合性的艺术门类，包含着政治、经济、文化、历史、科学、人与社会、人与自然等许多方面的内容，这就使得它们作为教育媒介有助于完善人们的知识结构，尤其是人文知识方面。在园林艺术发展教育中，从苑囿的具体本性可以了解当时的政治制度、宗教制度，从宋元园林的鼎盛和美的升华，受教者可以了解当时的社会文化、人与自然的关系，从南北园林比较、中西园林比较中可以很清楚地廓清文化、人与社会的发展脉络，从造园的技艺中除了对美的元素把握外，也能看到科学发展的应用和人与自然的和谐，通过园林艺术中的宗教意识、伦理意识的积淀和呈现，我们可以很感性地打开社会史册。

园林艺术教育还能给予受教者一种人文精神的教育。苏州沧浪亭，园名取自《孟子》中"沧浪之水清兮，可以濯我缨；沧浪之水浊兮，可以濯我足"诗意。此处的水清，喻政治清明。水浊，喻政治腐败。这首沧浪歌表达的是儒生"在朝则经世济用，在野则洁身自好"的处世哲学，恰与园主苏舜钦当时的处境和情绪合拍。苏氏自号沧浪翁，闲居园内，纵情山水，饮酒赋诗，以抒不平。诗中所谓"高轩面曲水，修竹慰愁颜"，"迹与豺狼远，心随鱼鸟闲"，正可作沧浪亭景名的注脚。又如扬州个园，园主黄竹筠平生爱竹，显示着自己的志节人品。竹秆的挺拔直立，是正直人品的标志；竹质的坚忍不拔，是刚毅性格的表现；竹心中空有容，是谦虚作风的体现；竹子经冬不凋，则是生机勃勃的象征。我们驻留在这样的空间和氛围内，就会使受教者获得一种人文精神的培育。园林艺术是按照美的规律，巧妙地利用自然精心制造出来的，它是既不失天然野趣，又具有高度艺术价值的审美对象，其中凝聚着更多的人类智慧和创造劳动，体现了人的本质的光辉力量，沉浸其中，民族自豪感和自信心油然而生，这些对知识结构的完善和人文精神的培育都有很强的现实意义。

（三）扩大视野，激发创造力

园林艺术是一个集萃式的艺术王国，其本身所具有的综合性、丰富性，极有助于改善受教者知识面窄的现状，使之有宽博的知识结构，有可能触类旁通，举一反三。园林艺术所具有的特殊表现形式，使受教者在接纳它们的同时，获得思想深处、艺术领域乃至历史、自然、科学技术等方面的生动信息，使自己的信息库不断更新，以达到扩大视野的目的。

知识的丰富开阔了发现问题、思考问题的视野，视野的开阔必然导致想象力的提高，想象力是审美能力中的最高层次能力组成，想象是对已有表象进行加工改造而创造新形象的过程，表现在非审美过程中，艺术创作和艺术欣赏也离不开审美中的想象，想象甚至是一个民族能够持续发展的重要标志之一，没有想象，就没有创新，就没有生命力。如泉水，它本是地下水自然露出地表的一种景观，它生生不息，经久不衰，显示出大自然的蓬勃朝气，泉水引入园林景观成泉景。"泉声咽危石，月色冷青松"，"坐听清泉泻，何须丝竹音"，这都是对泉声的文学描写，造园家结合造园技巧，充分发挥想象力，利用泉水出口处的地形和岩石石质，创造出了水流有急有缓，泉声有高有低的园林胜景，犹如琵琶玉箫，其声悠扬；犹如散珠落盘，其声切切；犹如细雨潇潇，冰弦低语。

（四）了解地域风情，感受历史文化

一般园林都有一些不同寻常的经历，从而构成了社会文化的一些缩影。透过园林的营造和变迁，不仅可以看到王朝的更迭，更可以从中感受到地域风情，世代沧桑。如上海的豫园，不仅仅见证了明清两代主人家世的兴衰，而且沉重地记录了鸦片战争时期英军入侵上海犯下的滔天罪行；绍兴的沈园，一首《钗头凤》，记叙了陆游与唐婉之间生离死别的爱情。园林作为一个文化缩影，时时处处都辐射出巨大的历史文化能量。每个园林，都产生过、活动过或寄寓过数不胜数的文化名人，从文人学者到书家画师，从巧匠能工到杏坛名家，其生动活泼的文化创造与传播、绵延不息的文化承续与延递，从来没有湮灭或消沉。文化底蕴的深厚和文化内涵的博大，成为文化渊薮之区的鲜明形象而日久弥新。

（五）促进人居环境的和谐建设

伴随着个体和群体素质的提高，园林艺术本身的日益完善也便成为必然，而素质日益提高的个体和群体以及园林自身发展的要求，就成为推动其完善的主要力量。这一是由个体和群体与园林之间的关系决定的，二是由园林发展的规律决定的。中国园林艺术发展到今天，经历了古典园林和现代园林两大阶段。接受过园林艺术教育的个体和群体，无疑在园林发展的相对进程中充担着重要的角色并做着自觉或不自觉的努力。

古典园林是封建社会条件下的产物，是当时物质文明和精神文明的反映，也反映了那个时期的政治、经济、文化艺术和科学技术水平；古典园林是为其园主人和眷属服务的，所以其容量和内部设施都无法满足众多游人的需要。此外，时代的发展对园林的要求也不尽相同：古代社会由于交通工具等条件限制，人们通常只能通过园林来体味自然之美，通过一夕水和一峰山去想象真山真水的自然之美，寻求咫尺山林的快乐。即便是它所内含的意境很深，但与自然界中真山真水的广阔雄浑的气势相比也显得在表现上力不从心。另外，大部分古典园林是建筑空间的对外延伸，建筑在园林中占有主导地位，而植物仅起点缀的作用。

现代园林越来越体现出与生态保护运动相结合的趋势，强调引入自然、回归自然，千方百计把大自然引入城市、引入室内。这尤其以西方国家的现代园林为甚：在美国和俄罗斯等一些发达国家，除了自然保护区之外，还有大量的国家公园和森林公园等。1870年美国首创的国家公园，已越来越为更多的国家所仿效，公园建筑有世界化的趋势。在城市花园化的进程中，人们则极力开辟任何可以利用的空间：从屋顶花园到地铁车站，充分把从地面失去的空间从立体上补偿回来。此外还有室内花园，植物组成的自由式庭院。"如果说把园林空间也称做是建筑空间，那么它们是所有建筑中最大的空间，是不定空间，也是活动空间"。

三、审美功能与非审美功能的融合、感性与理性互融互渗

园林艺术教育的审美功能与非审美功能不是截然分开的，它们之间互相渗透，互相交融，表现在感性形式中的理性内容有着很强的社会价值，而非审美的功能又不是外在的强制性的灌输，它只有通过艺术形式来实现。于是，在园林艺术教育中，审美与非审美的功能成了你中有我、我中有你的共生体。没有了审美功能，非审美功能就不能得到很好的体现，而没有了非审美功能，其审美功能也失去了应有的深刻价值。

任何创造性的实践活动都离不开形象思维和逻辑思维的协调活动，园林艺术教育同样如此。落实在个体心理的培养上，园林艺术教育也是感知、想象、联想诸心理活动要素来共同作用为其主要特征，它不排斥逻辑思维，而是将其理性"化"为情感，实现多者的和谐统一。比如联想和想象，不是随心所欲地乱想，联想与想象事物之间总有一定的联系；园林景观的审美意境体验也在因人而异的差别中呈现出某种共同性，必然性。这期间就有理性，有代表客观规律的理念的导引和制约。理性认识越深刻，把握越准确，审美感受的获得就越迅捷，越深入，并符合园林本身具有的审美属性，即在更大程度上呈示和发挥出园林艺术的审美功能。

非审美侧重于理性，但园林艺术的非审美却不像一般的生活教育、知识教育、道德教育那样多以科学的严密推导方式揭示和灌输，而是融会渗透在审美之中不知不觉地进行。如果非要说园林艺术的审美功能和非审美功能有什么界阈的话，那就是审美功能明而显，非审美功能暗而隐。这一点，园林艺术同文学、戏剧、书画一样，一边在欣赏高雅的园林艺术作品，心灵在净化；一边深入其中，体验和追求园林更深遂的底蕴，身心也得到健康的锻炼。所以，我们不能把园林艺术的审美功能和非审美功能割

裂开来，走极端，而是始终明暗显隐相融合；也不能倒置，把非审美功能置于明和显的地位，而把审美功能置于暗而隐的位置，那样就失去了艺术教育的本身意义。

第二节　园林艺术教育的效应

艺术教育的效应就是其功能所产生的反应和结果。园林艺术教育功能的实现，必须导致人的个体素质和群体素质的整体发展与提高，进而促进社会主义物质文明和精神文明的全面进步。

一、个体素质效应

在新世纪，"素质"和"素质教育"的概念已被人们广泛接受，甚至已被提到衡量国民总体情况和适应新环境需求的人才培养目标具体构成指数的高度，成了极富时代感和紧迫感的名词和社会行为。社会结构越趋复杂多元，高科技与信息网络将人们的交流变得越发方便，硬件形成的环境迫使生存其间的人们去适应它，以使自己走向更丰富，使社会走向更发展与更美好。这就更需要人们不断发挥先天的优势素质，更应努力在后天的教育中使某些潜质得到更大发挥，使生理、心理、精神、智慧、性格、情感等素质都得到和谐而全面的发展，具有良好的素质，提高生存质量，进而改善生存环境。园林艺术由于其独富个性的多元化结构、综合代表能力等特点，给人们的素质提高与发展提供了极好的教育媒介，对个体产生着多方面的效应。

（一）超越的理想人生

艺术教育包括价值教育、道德理想教育，它以意象的形式向受教者提供的人生经验、知识，都超越了个体私欲的层次。艺术教育在意象形式中，使受教者和作品的情境打交道，使含有私欲的个体性情感、观念受到人生理想、信念的整理、规范、提升，把欲求形式化、规范化，使它趋向普通的伦理精神，改变受教者对人生的观念。这是以理性因素的明显渗入、理性内容的"显"，对个体感性的约束、调节，是超越精神的理性保证。艺术教育是以审美的形式进行的，但在许多时候，受教者不一定欣赏到教育媒介的"美"，却已经在为其中的道德内容所感动、所激励，受到了教育。如，古人以自然比人的德，即所谓的"比德"，使人进行对道德的印证，以显示道德的无限性和可亲性。园林中的观赏花木，不仅由于其物理属性很具美学特征，而且其精神属性更具内涵。兰花，屈原虔诚地将它奉为君子，深情地誉为美人，甚至要忘情地"纫秋兰以为佩"，"浴兰汤而沐芳"，"朝饮木兰之坠雾"。孔子也把自然景观和人的品格相比附，发现了它们的"异质同构"特点，所谓"智者乐水，仁者乐山"。智者之所以乐水，因水"动"，可比智者的德；水有深有浅，浅可流行，深者不测，而智者却捷于应对，敏于事功。仁者之乐山，因山"静"，可比仁者的德：山阔大宽厚，可以使草木生长，鸟兽繁衍，财用增值。仁者能宽厚得众、稳重沉重，老吾老以及人之老，幼吾幼以及人之幼。孔子还说，君子看到大水，一定要前往观看。因为水可以看到君子的美好品格。它滋润万物而无所私，似德；它所到之处给万物带来生机，似仁；向低流，舒缓湍急循其理，似义；它奔腾澎湃冲过千山万壑之间，似勇；它有深有浅，似智。屈原、孔子这种"比德"，就是一种道德观的"外化"，以自然美作为媒介使道德变成可观，可赏，可以体验把玩的对象，使人在对自然景观的崇敬和亲近中获得自然的切近感和道德情感的陶冶。园林艺术教育对于人性的陶冶就在于这种提升人的境界，从而使人从束缚中解脱，从而步入超越的理想人生。

艺术构成的前提条件是它和实用功利拉开一定的距离。从个人实用利害的情感体验中升华出一种普遍性的人生情境，创作虚幻而真实的时空意象来打动受众。园林艺术教育的运行过程就是以园林为媒介，对受教者进行感染的过程，园林中所体现出的诸如许多园主的造园思想，美好理想，崇高品格，丰富情感等这些精神载体，感化着观赏者，使观赏者的心灵在潜移默化的影响下，长久地产生着某种积极的效应，从而建构超越性的理想人生。

（二）知识结构的健全

个人的生活、活动空间极其有限，艺术教育可以为受教者开拓一个广阔的空间，在这个广阔的空间里享受知识及文化的滋养，就可以对自己科学创造的人生的形成产生积极作用。

陈从周先生认为："中国园林如诗如画，是集建筑、书画、文学、园艺等艺术的精华，在世界造园艺术中独树一帜"。也就是说，园林从技术手段上，它包括建筑、山水、花木、自然天时；表现形式上，它又融合文学、书画、雕刻、琴韵、戏曲等艺术及社会性的人文之美于一体，它以直观、多元化、多功能、多方位、综合性等一系列优势，提供题式丰富、信息量较大的文化形式和内容。园林艺术教育使这些知识和内容串联在一起，使传播更具体，更形象，更生动，从而得到单纯的知识讲授所不能达到的诸多效果，并且是受教者喜闻乐见的。一切知识门类，政治的伦理的改善着我们的知识结构，丰富着我们的信息体。比如，扬州园林的雕刻，技法层次丰富、空间深邃、人物栩栩如生，突现在背景之上，富于装饰、神韵、谐隐，如果我们对比苏、杭园林中的雕刻，而又有不同。扬州园林雕刻借鉴着大批徽派建筑的雕刻风格，其神韵表现在它刻画了社会生活中所蕴藏着的丰富浓郁的人情美和风俗美，既突现出徽派建筑艺术在扬州园林突出自身风格特色方面的作用，又可以使园林艺术注意到雕刻及其置放环境在精神内涵和形式上的联系。这样我们既懂得了欣赏，又丰富了知识，且生动、深刻、印象深远，为受众提供了创造性思维与活动的基础和素材。

（三）自我实现的自由人生

超越就是一种自由，是一种主观精神驰骋的境界。创造是一种改造客观世界的能力，当超越与创造结合而最终自我实现的时候，就成为一种最高境界的自由人生。园林艺术教育正是以其意象创造的训练和意象情境的观照，充分培养人的创造力和超越境界，从而实现主客观的高度统一与自由和和谐。从改造客观世界方面来说，高超的创造能力只有在高尚美好的精神境界的规范下才能转化为造福人类、推动人类生活前进的物质成果，而在某些功利私欲阴影下的物质创造活动甚至会成为人类生活的灾难；从主体精神实现方面来说，超越的理想境界必须以创造世界、造福人类的价值实现为归宿。只有同时具有创造能力和超越境界的主体，才是完美的主体。而这一主体只有以超越的态度现实地、创造性地投入人类社会生活和自然界，在主体与客体、个体与社会、人类与自然、感性与理性的多层次统一中实现其自身价值的时候，才称得上自我实现的自由人生。

园林艺术教育同其他门类的艺术教育一样，其内在平等精神和人道内涵是个体人生意义实现的精神动力。从前面一些问题的讨论中我们可以看出，从园林艺术教育中培养起来的超越境界和创造能力，给人以心灵的释放和创造力的激活，实现两者的结合，主体的人生价值在人与自然、人与社会的和谐统一中得到最充分、最完美的体现。

二、群体素质效应

当全社会成员的个体素质得到普遍提高而充分显示出自身的人生价值的时候，必然导致这一社会群体素质的优化。如果说园林艺术教育的个体素质效应在于对个体人生价值的实现产生一定影响的话，那么，园林艺术教育的群体素质效应在于对整个社会的物质文明和精神文明产生巨大的影响。

（一）指导生存质量

随着物质生活的不断丰富，为延续和发展生命所需的物质需求得到相对满足后，必然需要一些精神上的丰富。漂亮的建筑，舒适的布置，愉悦的活动空间，成为人们生活中所渴望和追求的重要方面。园林空间的构图与布局，园林造景手法，园林植物景色已在城市建设大量使用，旧城改造、小区规划无不受中西方园林艺术的影响甚至模仿。园林艺术中所表现的美无疑给人们以极大的引诱，诱导人们创造物质的文明，以提高生存质量。园林艺术教育，不但将有形的构成与组织提供给社会群体艺术地享受，并且提高了他们的审美素质和品位，从而更鼓励他们成为园林艺术中美的物质文明的创造者和拥有者。在这种良性的互动与环境中，物质文明的创造欲望得到实践，生存环境得到改善，生存质量得到提高。

（二）实现人的自然化

人与自然的和谐是近年来人类为谋求可持续发展投入极大努力的课题。人和自然的关系，应该是一种和谐、平衡的状态。从能源使用来说，随着人口的增长，当人类对树木的砍伐不足以支撑生活和生产的需求时，人类开始了对石油、煤的大规模开采，然而地球的资源是十分有限的，培养人保护自然环境、维护生态自然的意识，培养人身心节律与自然节律相吻合呼应就显得十分重要了。园林艺术教育在实现人的自然化过程中充分发挥了这一作用，通过对景观自然的生命体验和艺术自然的人性关怀，恢复自然的尊严，实现人与自然的统一。

通过园林教育，激发人们对自然家园的保护，学会以自然景观的生命形态和人类生存的优美环境，化解和节制人的情欲，转换人的观念，使人从欣赏的角度来对待自然，保护自然家园。比如在自然环境和家居环境上，要充分发挥城市自然景观的美育作用，要保护并不断开拓城市自然风景地区，并发挥其作用。园林艺术教育还可以以艺术的生命精神，涵化自然人化和人的自然化，落实为人的精神境界的提高、自然家园的建设。

（三）创建更高的精神文明

园林艺术，是生动的综合艺术，随着精神文明建设的不断深入，更具有深刻的内涵和极大的影响力。其中反映出的政治体制观念，宗教思想影响，还有风土人情，历史知识等，都对受众群体构成了十分直接的教育效益，可以优化社会人文环境提高全民族整体精神文明质量。社会是由无数个个体组成的，个体素质的优劣直接影响了整个社会群体，而由群体形成的大氛围也会影响着每个个体的健康发展。园林作品给人提供了一种美的享受的艺术空间和氛围，不但可以增长有益发展的知识、智慧、能力，训练成熟完善的技巧、方法，而且可以扩大视野，激活人的创造力，努力使受众成为全面发展的高素质人才，去为整个社会群体的精神文明建设添砖加瓦。

园林艺术教育除在提高人文修养、促进人和自然的和谐等方面给予精神文明的指导外，还可以以美启真，以美怡情，以美爱国，促进精神文明素质的含量加大。每个人都有了一定的超越精神，整个社会才能走向更加美好。这样，园林艺术教育的个体效应与社会群体效应高度融合、互补，从而使每个受教者在提高自身精神文明素质的同时，提高整个社会的精神文明程度。

第三节　园林艺术教育的层面局限

的确，园林艺术教育有种种的审美功能和非审美功能，已成为美育与素质教育的重要内容，但在具体教育过程中，其操作方法和动作模式基于种种原因还有一些不尽如人意的地方，尤其是园林艺术教育的层面局限。

一、园林艺术教育的非专业化

在我国，目前园林艺术教育的专业化程度还很低，即便在一些高校中开设的园林艺术教育课程也都是处于辅助地位，这和社会对园林艺术人才的要求日益提高的现状是不相符合的。剖析起来，造成这种现象的原因大概有以下几个：

一是园林艺术教育本身的要求过高。由于园林艺术是一门综合性很强的艺术，所以能够熟练掌握它并不是一件容易的事情，这需要熟练掌握多门艺术方可实现。

二是园林艺术教育在我国还没有引起足够的重视。一方面由于我国的经济发展状况，另一方面与长期以来我国忽视生态建设有很大的关系。值得庆幸的是，近几年随着创建和谐社会、加强环境保护等一系列政策的出台，越来越多的人开始关注城市建设和园林建设，这对以园林为授教研究对象的园林艺术教育来说确为一件喜事。

三是教育政策方面。虽然近年来以市场为导向的教育政策促成了园林及相关专业的蓬勃发展，但历史遗留的积欠太多，师资队伍的人手不足、功底疏浅，再加上急功近利的社会氛围干扰，园林艺术教育的发展远跟不上时代的步伐。另外，由于人才个性难以得到完全解放，一些爱好园林艺术的人也因此丧失了深入研究园林艺术教育的耐心和勇气。

二、园林艺术教育本身的零散琐碎

综合以上原因，园林艺术教育至今在我国仍未形成规模，应该具备的一些相关资料也少得可怜，零星的园林艺术教育只能出现在一些高校的选修课堂上，从而严重限制了园林艺术教育自身的发展。

这主要是由于园林艺术教育相对应的经济支持、保障及回报决定的。目前我国负责园林管理的人员整体水平仍有待提高。即使有一些农林院校的专业人才从事园林管理工作，但由于经济方面的原因其相关研究成果比起其他专业来仍然要少得多。况且在人们的思想深处，对园林艺术的态度仍停留在过去"工匠之事"的层面上，无形中制约了园林艺术教育的发展。所以园林艺术教育的发展是一个综合力量共同作用的结果，缺少了政府行政、经济基础、人才力量等任何一方，都会使其受到实质性的影响。

从学科建设的角度看，园林艺术教育首先应该加强师资方面的建设，有了过硬的师资队伍方可逐渐完善教育资料的不足，也才有可能加强学科的系统化建设。第二要加强园林艺术与园林艺术教育之间的交流，充分了解吸收西方一些先进的园林艺术教育理念，尽快完善我们自己的教育体系。

三、园林艺术教育的现阶段层面

园林艺术教育的主要功能为审美教育，但并不等于说审美教育是园林艺术教育唯一的功能，问题是我们目前的园林艺术教育现状便是过于注重其审美功能而忽视了非审美功能。随着园林艺术发展的社会化、开放性的日益凸显，园林艺术教育的非审美功能也就愈发成为时代发展的要求。因此我们在进行园林艺术教育的审美教育的同时，还应充分发掘其中的非审美教育因素，以达到综合的教育效果。

园林艺术教育过程中存在着的一些问题和我国整个社会的发达程度有着密切的关系，目前虽尚不能一蹴而就、完美解决，但认识到这些问题的存在对于园林艺术教育的发展和完善总是有所裨益的。

图片索引

主要参考文献

1. 计成著，刘乾先注译：《园冶》，吉林文史出版社 1998 年版。

2. 李斗撰，汪北平、涂雨公点校：《扬州画舫录》，中华书局 1997 年版。

3. 杜顺宝：《中国园林》，人民出版社 1997 年版。

4. 蔡方鹿：《华夏圣学——儒学与中国文化》，四川人民出版社 1995 年版。

5. 周维权：《中国名山风景区》，清华大学出版社 1996 年版。

6. 刘托：《园林艺术欣赏》，山西教育出版社 1997 年版。

7. 过元炯：《园林艺术》，中国农业出版社 1996 年版。

8. 胡长龙：《园林规划设计》，中国农业出版社 2002 年版。

9. 潘宝明：《扬州园林》，内蒙古人民出版社 1994 年版。

10. 许少飞：《扬州园林》，苏州大学出版社 2001 年版。

11. 何小弟：《园林树种选择与应用实例》，中国农业出版社 2003 年版。

12. 何小弟：《彩色树种选择与应用集锦》，中国农业出版社 2005 年版。

13. 张振：《传统园林与现代景观设计》，《中国园林》2003 年第 8 期。

14. 俞孔坚："风水说"的生态哲学思想及理想景观模式，景观中国 http://paper. Lamdscape. cn. 2007.

主要参考文献

后　记

　　园林艺术教育，是融美学、艺术、绘画、文学、行为学、心理学等多学科理论对造园艺术运用的综合阐述，需要深厚的理论功底和系统的鉴赏能力。承蒙杨恩寰先生和梅宝树先生的垂爱、信任，本书的撰写完全缘于一次偶然。编著者虽长期以来一直从事园林专业的教学、科研和实践应用，有些许教学经验、理论体会和实践积累；本书虽作为扬州大学园林特色专业建设的成果之一，并得到江苏省高校精品教材立项建设资助，但距离丛书的撰写要求仍相去甚远，其中难免不到、差错之处，敬请有识之士不吝指正。

　　全书撰写过程中参考、引用、融会了他人的若干图书资料和文献报导，杨恩寰、梅宝树两位先生在百忙中对初稿进行了认真审阅，纠正舛误，在体例和内容上有点石成金之力、画龙点睛之功，在此深表谢意。刘世斌、张明才两位先生在编写过程中也给予了较大的支持和帮助，在此一并表示谢意。

编著者

2007 年 7 月

策划编辑:柯尊全
责任编辑:张怀海
装帧设计:徐　晖
责任校对:张　彦

图书在版编目(CIP)数据

园林艺术教育/何小弟　仇必鳌　著.-北京:人民出版社,2008.10
(艺术教育丛书/杨恩寰　梅宝树　主编)
ISBN 978-7-01-007248-2

Ⅰ.园… Ⅱ.①何…②仇… Ⅲ.园林艺术 Ⅳ.TU986.1

中国版本图书馆 CIP 数据核字(2008)第 130753 号

园 林 艺 术 教 育

YUANLIN YISHU JIAOYU

何小弟　仇必鳌　著

人民出版社 出版发行
(100706　北京朝阳门内大街166号)

北京市文林印务有限公司印刷　新华书店经销
2008 年 10 月第 1 版　2008 年 10 月北京第 1 次印刷
开本:710 毫米×1000 毫米 1/16　印张:18.25

ISBN 978-7-01-007248-7　定价:35.00 元

邮购地址 100706　北京朝阳门内大街 166 号
人民东方图书销售中心　电话 (010)65250042　65289539